大跨度空间结构的鲁棒性

高博青　张　成　单艳玲　著

科 学 出 版 社

北　京

内 容 简 介

本书基于鲁棒性的结构设计理论，探讨提高空间结构鲁棒性的有效途径。主要内容包括绪论、线性结构系统的鲁棒性评价方法、非线性结构系统的鲁棒性评价方法、空间网格结构的鲁棒性分析、空间网格结构的优化及鲁棒性、基于鲁棒性的自由曲面形态优化、弦支网格结构的鲁棒性优化及易损性、基于鲁棒性的网格结构全寿命周期造价分析及试验研究。

本书可为从事空间结构教学、科研、设计及施工人员提供参考。

图书在版编目（CIP）数据

大跨度空间结构的鲁棒性 / 高博青, 张成, 单艳玲著. -- 北京 : 科学出版社, 2025.6

ISBN 978-7-03-077245-9

Ⅰ. ①大… Ⅱ. ①高… ②张… ③单… Ⅲ. ①大跨度结构-鲁棒控制 Ⅳ. ①TU399

中国国家版本馆 CIP 数据核字（2023）第 247761 号

责任编辑：王 钰 / 责任校对：王万红
责任印制：吕春珉 / 封面设计：东方人华平面设计部

科学出版社出版
北京东黄城根北街 16 号
邮政编码：100717
http://www.sciencep.com
北京中科印刷有限公司印刷
科学出版社发行　各地新华书店经销
*
2025 年 6 月第 一 版　开本：B5（720×1000）
2025 年 6 月第一次印刷　印张：15 3/4
字数：302 000

定价：158. 00 元

（如有印装质量问题，我社负责调换）
销售部电话 010-62136230　编辑部电话 010-62151061

前 言

目前，借助优化准则法等数学工具，现代结构设计理论能够给出满足承载力要求的最优设计；但是，只有在结构的特征（包括概率特征）能够被数学模型精确无误地描述时，这种理想的性能目标才能得以模拟实现。工程结构的实际抗力和环境作用往往存在不确定性，这些不确定性包括人们认知的不完善、意外荷载、人为失误和材料退化等。因此，结构的实际抗力和环境作用与理想化的数学模型之间，不可避免地存在着偏差。这些偏差的干扰可能严重影响有些结构的安全性，乃至发生与干扰不相称的破坏。为了提高结构抵抗不相称破坏的能力，如何选择合理的结构形式、合理的构件布置，使结构对干扰不敏感，这就是本书探讨的课题——大跨度空间结构的鲁棒性。空间结构具有跨度大、构件多、应用广的特点，但已经屡次出现空间结构发生与起因不相称破坏的案例。现有鲁棒性的评价和设计方法在高层建筑结构设计规程中有所体现，但存在操作性差、过于依赖经验等问题，而目前对空间结构鲁棒性的研究尚少。本课题组花费十余年的时间，经过理论分析、试验研究，建立全面、明确的空间结构鲁棒性定量评价体系，分析空间结构的重要构件和关键路径，明晰其失效模式，基于鲁棒性的结构设计理论，提出空间结构抵抗不相称破坏的有效途径，可为从事空间结构教学、科研、设计及施工人员提供参考。

全书共 9 章：第 1 章介绍大跨度空间结构及其失效机理，结构鲁棒性的概念、评价及基于鲁棒性的结构设计；第 2 章介绍线性结构系统的鲁棒性评价方法；第 3 章介绍非线性结构系统的鲁棒性评价方法；第 4 章介绍空间网格结构的鲁棒性分析；第 5 章介绍空间网格结构的优化及鲁棒性；第 6 章介绍基于鲁棒性的自由曲面形态优化；第 7 章介绍弦支网格结构的鲁棒性优化及易损性；第 8 章介绍基于鲁棒性的网格结构全寿命周期造价分析；第 9 章介绍鲁棒性理论的试验研究。

本书研究内容得到国家自然科学基金项目“大跨度弦支结构的鲁棒性理论及试验研究”（项目编号：51178414）、“基于鲁棒构型的自由曲面网壳结构形状、拓扑、网格一体化设计理论研究”（项目编号：51378457）、教育部博士点基金项目“基于连续体拓扑优化的大跨度网格结构鲁棒性设计方法研究”（2012）、浙江省自然科学基金项目“基于结构鲁棒性的自由曲面弦支网格结构布索理论研究”（项目编号：LY15E080017）的资助，作者在此表示由衷的感谢。浙江财经大学吴慧副教授，浙江大学硕士研究生何江飞、赵兴忠、朱吉吉、吴诚斌等参加了本书内容的研究工作，同时，成果的积累，也包含了历届研究生的付出；本书的研究还得到先生董石麟院士的关心、指导和鼓励，以及浙江大学空间结构研究中心同仁的支持和帮助，在此一并致谢。

由于作者水平所限，书中难免存在不妥之处，恳请读者批评指正。

高博青

2024 年 5 月于浙江大学紫金港校区

目　录

第 1 章　绪论 …… 1

1.1　大跨度空间结构及其失效机理 …… 1

1.1.1　大跨度空间结构 …… 1

1.1.2　大跨度空间结构的失效机理 …… 2

1.1.3　结构鲁棒性的提出 …… 9

1.2　结构鲁棒性的概念 …… 10

1.2.1　鲁棒性的概念 …… 10

1.2.2　建筑结构的鲁棒性及相关概念 …… 12

1.3　结构鲁棒性的评价 …… 15

1.3.1　确定性结构鲁棒性评价指标 …… 15

1.3.2　不确定性结构鲁棒性评价指标 …… 18

1.4　基于鲁棒性的结构设计 …… 20

1.4.1　直接设计 …… 20

1.4.2　间接设计 …… 20

第 2 章　线性结构系统的鲁棒性评价方法 …… 22

2.1　引言 …… 22

2.2　H_2/H_∞鲁棒控制的基本理论 …… 22

2.2.1　基于状态空间表达的结构系统 …… 22

2.2.2　系统传递函数矩阵的 H_2 范数 …… 24

2.2.3　系统传递函数矩阵的 H_∞范数 …… 26

2.3　线性结构的能量鲁棒性与位移鲁棒性 …… 27

2.4　线性结构鲁棒性的影响因素 …… 29

2.4.1　承载力影响对比分析 …… 29

2.4.2　意外损伤影响对比分析 …… 33

2.4.3　关键构件影响对比分析 …… 35

2.5　小结 …… 37

第 3 章　非线性结构系统的鲁棒性评价方法 …… 38
3.1　引言 …… 38
3.2　非线性结构的鲁棒性评价指标 …… 38
3.2.1　结构的能量鲁棒性评价指标 …… 38
3.2.2　结构的位移鲁棒性评价指标 …… 39
3.3　单输入单输出结构系统的非线性位移鲁棒性 …… 40
3.3.1　只有一根竖杆的情况 …… 40
3.3.2　*n* 根竖杆的情况 …… 42
3.4　多输入多输出结构系统的非线性位移鲁棒性 …… 45
3.4.1　不确定性静力荷载的影响 …… 45
3.4.2　不确定性动力荷载的影响 …… 47
3.5　鲁棒性与应变能关系 …… 48
3.6　结构鲁棒性评价指标的物理意义 …… 53
3.6.1　结构传递函数矩阵的物理意义 …… 53
3.6.2　结构能量鲁棒性评价指标的物理意义 …… 54
3.6.3　结构位移鲁棒性评价指标的物理意义 …… 55
3.6.4　非线性结构鲁棒性评价指标的性质 …… 56
3.7　结构鲁棒性评价指标的性质 …… 57
3.8　结构鲁棒性评价指标的比较 …… 57
3.9　小结 …… 59
第 4 章　空间网格结构的鲁棒性分析 …… 62
4.1　引言 …… 62
4.2　典型单层球面网壳结构的鲁棒性分析 …… 62
4.2.1　参数分析 …… 63
4.2.2　单层球面网壳结构构件的重要性 …… 67
4.2.3　单层球面网壳结构的关键路径 …… 73
4.3　典型单层圆柱面网壳结构的鲁棒性分析 …… 75
4.3.1　参数分析 …… 76
4.3.2　单层圆柱面网壳结构构件的重要性 …… 79
4.3.3　单层圆柱面网壳结构的关键路径 …… 82
4.4　双层网壳工程实例分析 …… 85
4.5　网架结构动力失效机理及鲁棒性 …… 86
4.5.1　网架结构计算模型 …… 86

4.5.2　网架结构地震作用下失效特征分析 …… 87
4.5.3　模糊 C-均值理论的思想和方法 …… 89
4.5.4　网架结构动力失效模式的模糊划分 …… 91
4.5.5　空间网格结构的失效模式与鲁棒性 …… 95
4.6　小结 …… 96

第 5 章　空间网格结构的优化及鲁棒性 …… 97

5.1　引言 …… 97
5.2　连续体拓扑优化理论 …… 97
5.3　渐进结构优化及网架结构鲁棒性 …… 101
5.3.1　创建初始优化模型 …… 101
5.3.2　网架结构优化算例分析 …… 102
5.4　变密度法及曲面网格优化 …… 109
5.4.1　球面壳网格拓扑优化算例 …… 110
5.4.2　双曲面网格结构的拓扑优化 …… 113
5.5　多工况下网格结构的鲁棒设计 …… 115
5.5.1　多工况下网格结构的鲁棒设计方法 …… 115
5.5.2　网格结构在多工况下的鲁棒设计算例 …… 119
5.6　小结 …… 124

第 6 章　基于鲁棒性的自由曲面形态优化 …… 125

6.1　引言 …… 125
6.2　基于鲁棒性的自由曲面形态优化模型 …… 125
6.3　差分演化算法 …… 126
6.4　考虑不同约束条件下自由曲面形状优化算例 …… 129
6.4.1　算例 1　以控制点为变量的形状优化 …… 130
6.4.2　算例 2　以权因子为变量的形状优化 …… 131
6.4.3　算例 3　同时以控制点、权因子为变量的形状优化 …… 131
6.4.4　结果分析 …… 132
6.5　给定曲面下的形状微调算例 …… 134
6.5.1　均布荷载作用下的正方形球面壳形状微调 …… 134
6.5.2　复杂曲面的形状调节 …… 135
6.6　基于鲁棒性的联合优化 …… 137
6.6.1　联合优化数学模型 …… 138
6.6.2　形状和厚度的联合优化 …… 138

6.6.3 联合优化与单独优化结果比较 …… 140
6.7 小结 …… 146

第 7 章 弦支网格结构的鲁棒性优化及易损性 …… 148

7.1 引言 …… 148
7.2 基于鲁棒性的结构连续体拓扑优化 …… 148
7.2.1 基于鲁棒性的连续体拓扑优化数学模型 …… 149
7.2.2 基于鲁棒性的结构连续体拓扑优化方法 …… 150
7.2.3 鲁棒性及拓扑优化验证 …… 151
7.3 基于 Hough 变换的布索理论 …… 153
7.3.1 Hough 变换提取布索曲线方向 …… 153
7.3.2 布索曲线端点优化 …… 154
7.3.3 布索理论流程 …… 155
7.3.4 弦支心形曲面网格结构的布索位置研究 …… 155
7.4 现有弦支结构的合理性验证 …… 158
7.4.1 张弦梁的合理性验证——弦支柱面网壳的布索方案设计 …… 158
7.4.2 弦支穹顶的合理性验证——弦支球面网壳的布索方案设计 …… 163
7.5 基于概率的弦支网格结构易损性评估及分析 …… 167
7.5.1 引言 …… 167
7.5.2 结构计算模型 …… 168
7.5.3 静力易损性分析 …… 169
7.5.4 地震易损性分析 …… 175
7.5.5 不同预应力水平对地震易损性的影响 …… 179
7.6 小结 …… 180

第 8 章 基于鲁棒性的网格结构全寿命周期造价分析 …… 182

8.1 引言 …… 182
8.2 基于输入干扰正态分布的非线性结构系统鲁棒性 …… 182
8.3 基于鲁棒性的全寿命周期造价计算 …… 184
8.3.1 全寿命周期造价基础理论 …… 184
8.3.2 基于鲁棒性的全寿命周期造价计算 …… 185
8.4 结构鲁棒性与全寿命周期造价实例分析 …… 186
8.4.1 结构鲁棒性与全寿命周期造价 …… 187
8.4.2 全寿命周期造价的合理构成 …… 188

8.4.3 网壳结构的经济性对比 …… 198
8.5 小结 …… 200
第 9 章 试验研究 …… 202
9.1 引言 …… 202
9.2 网壳模型设计 …… 202
9.3 网壳静力超载试验 …… 205
9.3.1 试验测量系统 …… 205
9.3.2 试验测点选择与布置 …… 206
9.3.3 应变结果比较 …… 210
9.3.4 位移结果比较 …… 212
9.4 网壳动力冲击试验 …… 215
9.4.1 试验测量系统 …… 215
9.4.2 试验测点选择与布置 …… 216
9.4.3 结果比较 …… 217
9.5 弦支网壳试验研究 …… 218
9.5.1 试验模型 …… 218
9.5.2 试验及结果分析 …… 220
9.6 小结 …… 229
参考文献 …… 230

第1章 绪　　论

1.1 大跨度空间结构及其失效机理

1.1.1 大跨度空间结构

大跨度空间结构按其组成单元的刚度特性，可分为三类：由刚性单元组成的刚性结构，如薄壳结构、折板结构、网格结构等；由刚性单元和柔性单元组成的刚柔性结构，如弦支穹顶结构、张弦梁结构、刚性膜结构、索穹顶结构、索桁结构等；由柔性单元组成的柔性结构，如悬索结构、充气膜结构、张拉膜结构等。大跨度空间结构也可按有限元分析的单元类型来划分，单元类型包括板壳元、梁元、杆元、索元、膜元等。通过这些不同类型单元的一类或几类组合，形成不同特性的空间结构。例如，由板壳元组成的薄壳结构，由板壳元、梁元、杆元组成的组合网架结构，由索元、杆元组成的弦支穹顶结构等。

大跨度空间结构，由于其跨越幅度大、结构形式丰富，被广泛应用于体育场馆、文教艺术展馆、交通设施、工业厂房等建筑中，而且很多已成为标志性建筑。图 1-1 为典型的大跨度空间结构应用实例。

(a) 澳大利亚悉尼歌剧院（薄壳结构）　　(b) 深圳湾体育场（网格结构）

图 1-1　典型的大跨度空间结构应用实例

（c）上海浦东机场（张弦梁结构）

（d）深圳宝安体育场（索膜结构）

图 1-1（续）

对大跨度空间结构，借助优化准则法等数学工具，现代结构设计理论能够给出满足承载力要求的最优设计；但是，只有在结构的特征（包括概率特征）能够被数学模型精确无误地描述时，这种理想的性能目标才能得以模拟实现。实际情况是，由于人们认知的不完善，结构的实际抗力和环境作用与理想化的数学模型之间不可避免地存在着偏差。面对诸如意外荷载、人为失误、材料退化等因素的干扰，空间结构的实际性能可能受到影响，乃至发生与干扰不相称的破坏。因此，为了提高结构抵抗不相称破坏的能力，如何选择合理的结构形式、布置合理的构件，使结构对干扰不敏感，是值得探讨的课题。

1.1.2　大跨度空间结构的失效机理

我们来看空间结构失效破坏的几个例子。

例 1，1978 年，美国哈特福德（Hartford）市民中心体育馆的平板网架屋面发生整体倒塌，如图 1-2 所示。事后调查表明[1]，由于在雪荷载作用下超载，加之悬挑部分上弦杆偏心支撑不能有效减小压杆计算长度（平面外实际无支撑长度 9.14m，设计时认为 4.57m）、未考虑扭转屈曲及施工缺陷，使得部分支座附近上弦杆发生弯曲失稳，并引起相邻上弦受压杆件失稳，进而使下弦杆由受拉状态转为受压并失稳，最终导致结构整体倒塌。此例说明，由于网架部分支座附近上弦杆发生弯曲失稳，引起相邻杆件的连锁失效，造成结构的整体倒塌。由此可得知，即使结构的极少数构件失效，也有可能造成整体倒塌。因此，找出这些关键构件，进行适当的加强，是避免大跨度空间结构整体失效的有效手段之一。

图 1-2　美国哈特福德市民中心体育馆倒塌

例 2，丹麦西门子（Siemens）竞技场设置 12 榀木质桁架，由于设计时将支座处下弦构件的材料强度高估了 50%，且未考虑支座处构件截面高度的减小和连接件对截面的削弱，2001 年在几乎没有风、只有几毫米雪的情况下，首先在一个支座处下弦受拉构件发生破坏，进而导致两榀主桁架倒塌，如图 1-3 所示[2]。此例说明，在关键部位构件强度的降低，导致了结构的两榀主桁架倒塌。幸运的是，倒塌桁架与其他桁架连接较少，因而没有波及更多的桁架。由此可见，计算参数取值必须与实际相符，这是设计完善的前提；而采取隔离方法，使大体量的建筑分成相对独立的几块，是防止大跨度空间结构整体倒塌的一个途径。

图 1-3　丹麦西门子竞技场主桁架倒塌

例 3，德国巴特赖兴哈尔冰上竞技场建于 1971 年，屋顶采用木质双层网格结构。2006 年，结构东侧一个主网格的部分节点，其胶合部分由于长期暴露在室外而损伤累积导致失效；相邻网格由于无法承受附加的荷载，破坏范围通过支撑系统向周围扩展，并最终导致结构整体倒塌，如图 1-4 所示[3]。此例说明，结构的部分构件失效，而相邻构件又无法承担失效构件传递过来的荷载，会造成结构整体倒塌。因此，结构连成整体具有两面性，一方面，连成整体加强了结构的刚度，在个别构件失效时，倘若剩余结构能承担由于个别构件失效而传递过来的荷载，这时连成整体是有利的；另一方面，倘若不能承担由于个别构件失效而传递过来的荷载，这时反而会引起结构整体倒塌，此种情况，如结构具有抗连续倒塌的隔离带，结构具有分块特性，每块结构之间相对独立，即使个别分块结构破坏，也不致结构整体倒塌。

图 1-4　德国巴特赖兴哈尔冰上竞技场连续倒塌

例 4，2010 年，内蒙古鄂尔多斯市那达慕大会的主会场钢架结构，由于西侧看台钢结构罩棚部分焊缝存在严重质量缺陷，个别杆件连接不够规范，遇到骤冷的天气，钢结构罩棚出现较大伸缩而发生塌落，如图 1-5 所示。中国钢结构协会组成的事故调查组初步认为，这是一起施工质量事故；同时，105 天不科学的工期，2 万吨钢结构工程实行边设计边施工，也是导致工程事故的原因之一[4]。此例说明，结构任何一个环节出现问题，都可能造成重大损失。为了结构的安全运行，需要设计、施工、管理等多方的有效合作。节点传力直接、构造简单，构件加工精细、焊接规范，监理监督认真、管理到位，是必须执行的基本准则。

图 1-5　鄂尔多斯市那达慕大会主会场钢结构倒塌

例 5，2004 年，法国戴高乐机场候机厅网壳结构发生顶棚坍塌事故，如图 1-6 所示。调查表明，该结构在设计时存在应对偶然荷载的安全系数不足问题，使得整个结构处于承载力极限状态下，又由于混凝土材料不合格，使得拱顶被金属柱刺穿。顶棚上出现穿孔这样一个微小的起因，削弱了顶棚的刚度，随着时间的推移，导致结构抵抗外力的强度不断减弱，最终发生了与起因不相称的坍塌事故[5]。由此可见，如果结构抗力本来就处于临界状态，没有足够的冗余度，没有足够的安全储备，出现微小的刚度削弱即可能导致结构的倒塌。说明结构在关键传力部位安全冗余度过低，是非常危险的。

图 1-6　法国戴高乐机场的候机厅屋顶坍塌

例 6，马来西亚苏丹再纳阿比汀（Sultan Zainal Abidin）体育场为椭圆形，全长 134m，2009 年发生了屋顶大面积坍塌事故，如图 1-7 所示。调查表明，该结构在设计时对屋顶支承条件的考虑不充分，建造屋顶时产生了较大的几何偏差，受这些因素综合影响，在常规荷载作用下，占总面积 60%的屋顶突然发生大规模坍塌[6,7]。此例再次说明，即使采用最精细的分析理论，如计算模型不符合实际结构状况，也都是无效的。大跨度空间结构下部一般是有限刚度，不宜作为抗侧刚度无穷大来处理，尤其是存在水平推力的结构。一方面，设计时忽略了下部结构实际较大的水平变形，使上部空间结构构件的受力发生变化。另一方面，施工偏差造成与计算模型的差距，使得计算结果与实际结构受力相差甚远。

图 1-7　马来西亚苏丹再纳阿比汀体育场屋顶大面积坍塌

例 7，在强雪、强风、强暴雨等偶然荷载作用下，结构产生严重破坏的例子更为繁多。美国明尼苏达州维京人（Vikings）索膜结构体育馆，多次被暴雪压垮，如图 1-8 所示；阿根廷某网架结构的加油站在暴风雨下倒塌，如图 1-9 所示。强风、强雪、暴雨，这些荷载的随机性比较大，《工程结构通用规范》（GB 55001—2021）等规范虽然考虑了 1.5 的分项系数，但往往由于荷载的标准值取得过小而造成实际荷载超过设计值。

图 1-8　美国维京人体育馆被暴雪压垮

图 1-9　阿根廷某加油站在暴风雨下倒塌

下面再举两个结构倒塌的例子。2008 年 1 月 19 日凌晨 4 时许，湖北省武汉市江夏区郑店街黄金桥中国石化岳皇加油站顶棚突然整体坍塌，钢架结构伴随着厚厚的积雪坠到地面（图 1-10）。2010 年 3 月 19 日，哈尔滨市南岗区红旗加油站被积雪压垮倒塌（图 1-11）。这两个例子的破坏路径刚好相反。前者网架结构的整体性非常好，而柱这个关键构件，4 根柱中的 2 根失效，引起结构的整体倒塌；后者则是由于钢桁架失效，包括与柱的连接失效，而造成的倒塌。四支承钢结构加油站比较常见，四支承柱与基础相连，不宜设计为铰接，柱顶与上部钢结构一般可设计为铰接。当然，无论柱还是上部钢结构，均需要足够的安全储备。

图 1-10　武汉市江夏区郑店街黄金桥中国石化岳皇加油站倒塌

（资料来源：人民图片网）

图 1-11　哈尔滨市南岗区红旗加油站倒塌

（资料来源：中国新闻网）

其实，结构的失效发生在施工阶段更为常见。主要有以下几方面原因。

第一，对安装对象的空间状态验算不全。施工安装过程往往比结构服役阶段更为复杂，安装对象常处于空间不断变化的状态，此过程中安装对象的刚度要求是不断变化的，因此需要考虑安装对象在此过程的所有空间状态。尤其是安装对象在安装过程中与使用阶段受力截然不同时，全过程验算显得尤为重要，此时，若安装对象无安全冗余度，只要个别构件失效，就可能造成整个安装对象的失效。这种事故在国内发生过许多次，有些工程还有专家参与。并非这些专家不懂设计原理、不做施工分析，而是没有严格执行规定，由于疏忽而造成事故。这说明结构设计过程中设计、校对、审核、审定及施工过程中结构各状态下的验算等各个环节的重要性和必要性，需要“多双眼睛、多个脑袋”，才可尽量避免失误。此外，在安装过程中，即使安装对象就位后，若尚未与下部结构连接，安装验算模型也不能按设计模型处理。

第二，对安装对象的受力状态计算错误。例如，一是疏忽了安装过程可能出现的大风，对风荷载估计不足。二是计算中未考虑可能在安装过程中多台机械设备不同步情况，造成实际情况与计算模型不符，致使有的机械设备超过承载能力，从而引起连锁反应，这属于施工过程模拟计算分析不完备。图 1-12 为贵州一网架采用 8 台吊机，试图同步吊装，但吊装过程中严重不同步造成倒塌。三是设置吊车的场地松软不稳定，水平抗摩擦不足，造成吊车吊载能力与计算不符。四是对安装过程中的动力荷载、活荷载估计不足，临时施工荷载超过验算值等。

(a) 两台吊车折臂

(b) 一台吊车被拉翻

图 1-12 贵州一网架在 8 台吊机吊装过程中倒塌

第三，设计、加工、安装混合问题。例如，计算假定与实际受力不符，如下部四角柱支承的结构，设成四角点三向线位移约束；加工材料与设计不符，生产管理混乱，质量意识差；加工尺寸误差大，或安装过程没有及时消除误差，形成误差积累，最后实施强迫就位，造成安全隐患；焊接质量差，如有的焊工甚至用钢筋段来填补焊缝，有高强螺栓掉入钢管时，将锥头、套筒、螺栓球相互焊接，作为产品来验算。

第四，施工组织不到位，违背了设计意图。例如，设计的吊点在现场随意更改，固定缆风绳的桩随意设置或根本不重视，随意用一根钢管甚至钢筋打入土中即作为锚固点，导致抵抗风荷载的缆风绳由于锚固点的失效而发挥不了作用。

下面几个例子，虽然只是围护系统的损坏，而不是结构的倒塌，但对于十分繁忙的公共场所，影响比较大，须加以重视。北京首都国际机场 3 号航站楼分别在 2010 年 12 月 10 日(最大风速 26m/s)、2011 年 11 月 22 日(最大风速 24m/s)、2013 年 3 月 9 日（最大风速 30m/s），围护系统 3 次受到损坏（图 1-13）。武汉机场二期工程的主候机楼于 2007 年 7 月 27 日，在 11 级大风作用下，金属屋顶被掀起 100 多平方米（图 1-14）。2012 年 8 月 8 日，因受到台风“海葵”影响，苏州市有 8～10 级大风，苏州园区火车站站房金属屋面 15 块 1.0mm 厚铝镁锰合金直立锁边屋面板遭到破坏（图 1-15），苏州园区火车站站房金属屋面是按《建筑结构荷载规范》（GB 50009—2012）进行设计的，应能够抵抗 12 级大风，但在 10 级大风下便破损。图 1-16 为某工程膜结构在风中破坏后的场景，对行人造成很大威胁。

图 1-13　北京首都国际机场 3 号航站楼

图 1-14　武汉机场二期工程的主候机楼

图 1-15　苏州园区火车站站房金属屋面风损

图 1-16　膜结构在风中破损

综上，结构的失效有诸多因素，但从结构设计理论角度看，如何实现结构对环境作用变化的不敏感性，实现环境作用变化与结构失效的相称性，是值得探讨的课题。

1.1.3　结构鲁棒性的提出

对于一般结构，在其服役期内，为了抵抗难以预测的意外荷载而大幅提高结构的设计标准是不经济的，在意外事件中要求一般结构保持完好也是不现实的，同时要求人们的认知彻底完善也是不可能的，而一味想通过健康监测来提高建筑的安全性也是有前提条件的。一个缺少韧性的结构，即使进行健康监测，其结果往往是意外发生时人们还来不及做出反应结构已经倒塌。提高结构的鲁棒性，即通过合理的拓扑、刚度设计，使结构对干扰不敏感，提高结构抵抗不相称破坏的能力，这才是结构设计的一种合适、可行的途径。

鲁棒性（robustness）的概念于 20 世纪 60 年代提出后[7]，首先在系统控制、计算机网络等领域得到应用。1968 年，伦敦罗南角（Ronan Point）公寓第 18 层发生煤气泄漏并引发爆炸，致使该层承重墙破坏，而该层结构的局部破坏，致使该公寓东南角产生连续倒塌，如图 1-17 所示[8]。在此之后，鲁棒性的概念开始应用于建筑结构领域。

1995 年，美国艾尔弗雷德·P·默拉联邦大楼一根底层中柱受到汽车炸弹袭击破坏，进而导致底部 4 层楼面的破坏，如图 1-18 所示，其后果“远超过爆炸直接影响的区域”[9]。2001 年在“9·11”事件中，美国世贸中心大楼由于飞机撞击而发生倒塌。此后建筑结构的鲁棒性逐渐成为研究的热点。2005 年和 2008 年，国际结构安全联合委员会分别组织了鲁棒性结构和结构的鲁棒性两次学术会议，

图 1-17　伦敦罗南角公寓局部连续倒塌

图 1-18　美国艾尔弗雷德·P·默拉联邦大楼不相称倒塌

讨论了结构鲁棒性的概念与评价，以及提高鲁棒性的一些定性措施[10,11]；2008 年和 2009 年，美国土木工程师学会（The American Society of Civil Engineers，ASCE）组织的“结构 2008：超越”和“结构 2009：不要让结构工程师毁誉”学术会议上，也对结构鲁棒性进行了探讨[12,13]。在此基础上，ASCE[14]、美国国防部[15]、欧洲[16]均更新了规范，对结构的鲁棒性提出要求。2007 年末至 2008 年初，我国东北和南方地区遭遇 50 年不遇的冰雪灾害，造成大量输电塔、轻钢结构的倒塌[17]。2008 年，在汶川特大地震中大量建筑物倒塌，造成了巨大的经济损失和人员伤亡[18]。因此，近年来建筑结构的连续倒塌和鲁棒性也引起我国研究人员的广泛关注[19,20]。目前，结构鲁棒性研究对象主要包括砌体结构[21]、框架结构[22]、框架核心筒结构[23]、桥梁结构[24]、地下结构[25]等。

空间结构具有跨度大、构件多、应用广的特点，但是如前所述，空间结构已经屡次出现与起因不相称的破坏，造成了严重的后果。现有鲁棒性的评价和设计方法存在操作性差、过于依赖经验等问题，而且目前对空间结构鲁棒性的研究尚少。本书的目的是建立全面、明确的结构鲁棒性定量评价体系，分析空间结构的重要构件和关键路径，明确其失效模式，基于鲁棒性的结构设计理论，提出空间结构抵抗不相称破坏的有效途径，为今后空间结构的设计提供参考。

1.2　结构鲁棒性的概念

1.2.1　鲁棒性的概念

鲁棒（也可译为稳健）性理论，是 20 世纪 60 年代为解决传统数学统计中优化过程的不稳定问题而创建的，其本意是“对假设条件的微小偏差不敏感”。目前，鲁棒性理论在经济管理、自动控制、计算机网络等领域得到广泛应用，表 1-1 列举了常见的鲁棒性在不同领域中的概念。可见，不同学科领域中的“鲁棒性”具有一些共同的特征，例如，都分析实际情况与假设条件间存在偏差时系统的性能，都强调系统对干扰应具有不敏感性，并且体现出不同学科的特定含义。

表 1-1　鲁棒性在不同领域中的概念

应用领域	鲁棒性的描述
数学	鲁棒的参数模型，当观测值的分布有微小变化时，估计值的分布变化很小[26]
经济管理	决策对可能的偏差不敏感[27]
自动控制	动态系统在有界模型不确定性下保持性能（稳定性、可控性等）的能力[28]
计算机网络	在内部结构和外部环境发生变化时，系统仍然能够保持其功能的能力[29]
生态系统	生态系统的特征在指定扰动下的持续性[30]

1. 鲁棒性与稳定性、敏感性

Lee 等[31]参考以田口方法（Taguchi method）为代表的质量控制理论，认为鲁棒性就是产品的性能对材料、生产过程和操作环境的变化不敏感。简单地说，系统输出的性能指标对输入因素变化不敏感。如图 1-19 所示鲁棒设计与不稳定设计，给出了某系统在不同输入变量下，其性能与输入变量的关系。在图中 A 点，尽管有较好的性能指标，当输入变量在其名义值附近有小幅波动时，系统的目标性能就会大幅下降，也就是说，在此变量附近，系统的目标性能对输入变量非常敏感，表现出系统性能的不稳定性，是一个不稳定的最优解。因此，尽管此区域有优良的性能指标，但是不符合鲁棒性的要求；在图中 B 点，系统的性能劣于 A 点，但系统在输入变量名义值附近有小幅波动时，仍能相当程度地保有其设计性能，因此，在该变量附近，系统是鲁棒的。此时鲁棒性的概念与敏感性接近，但是在结构工程领域，敏感性主要用于分析结构某个参数产生单位变化对结构性能的影响，进而找出最敏感的参数[32]；鲁棒性则考虑可能同时存在多个参数的波动，而且鲁棒性主要用于描述结构整体的性能[33]。

2. 鲁棒性与可靠性

Doltsinis 等[34]从结构性能的概率特性出发，认为结构性能的标准差σ与其均值μ同样重要，而结构的鲁棒性可以通过σ评价。σ越小，则结构性能在不确定性的干扰下的波动越小，鲁棒性也越强，如图 1-20 所示。Zang 等[35]认为鲁棒性可以通过图 1-21 表示，图中大圆代表设计目标，实心圆点代表在不确定性下结构响应的分布，下部曲线表示与实心圆点对应的响应概率密度函数。图 1-21（a）中尽管结构的响应变化较小，但是均偏离了设计目标；图 1-21（b）中结构的响应均值在设计目标上，但是其方差较大，因此图 1-21（a）、（b）都不是鲁棒的设计；只有如图 1-21（c）所示均值和方差都是最优的，才是鲁棒的设计。

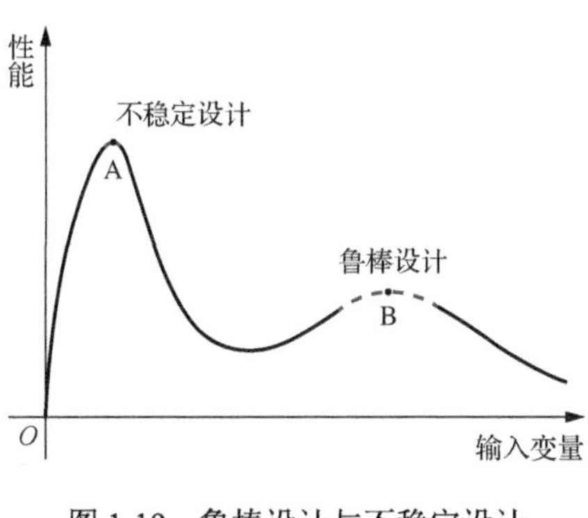

图 1-19 鲁棒设计与不稳定设计

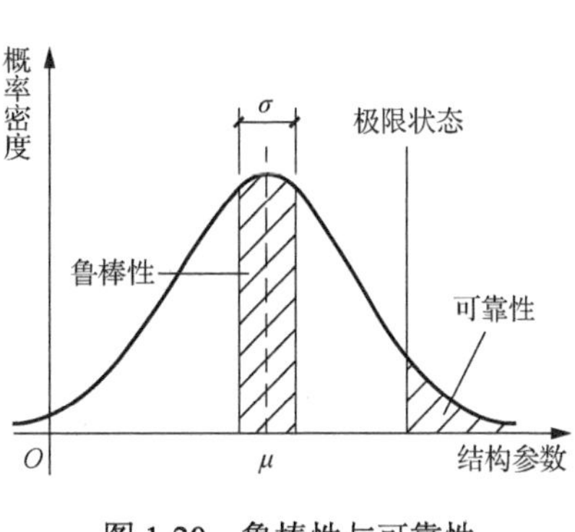

图 1-20 鲁棒性与可靠性

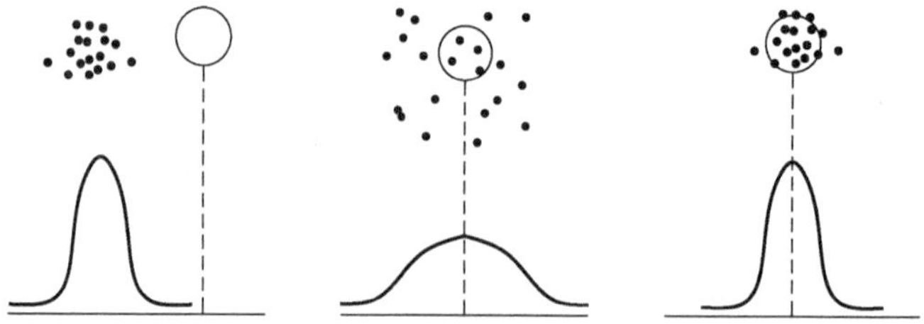

图 1-21　不确定性变量影响下结构的性能

但是，我们从后面的章节可以看到，结构性能的标准差σ和均值 μ 只是与结构鲁棒性相关的两个指标，结构鲁棒性终究与结构的形状、拓扑有着直接的关系，进入非线性时，还与环境作用有关。同时需要指出的是，可靠性与鲁棒性不同。工程结构的可靠性，是指在规定时间和条件下，工程结构具有的满足预期的安全性、适用性和耐久性等功能的能力。由于影响可靠性的各种因素存在着不确定性，如荷载、材料性能等的变异，计算模型的不完善，制作质量的差异等，而且这些影响因素是随机的，因而工程结构完成预定功能的能力只能用概率度量。结构能够完成预定功能的概率，称为可靠概率。结构可靠性主要研究在极端情况下的安全度，以及在概率分布尾部的小概率事件发生的可能性，并不能关注结构的破坏程度。鲁棒性则关注结构实际抗力和环境作用在均值附近波动时，结构性能将会受到多大的影响，更多的是关注环境作用的变化，尤其是偶然作用下结构的响应变化，以及响应变化是否与环境作用变化相称。由于结构在线性阶段，环境作用变化与响应变化之间为常量，因此，结构鲁棒性更注重于结构进入非线性阶段性能的变化，从而为结构抗连续倒塌提供量化依据。

1.2.2　建筑结构的鲁棒性及相关概念

在建筑结构领域，鲁棒性的概念最初主要应用于结构振动控制领域，其目标是在被控结构具有不确定性的条件下，控制系统仍然能够达到预定的要求[36]。对于结构的鲁棒性，不同的研究者根据自身的经验提出了各种定义。

Agarwal 等[37]、Starossek 等[38]认为鲁棒的结构不应产生与起因（the original cause）不相称的后果（disproportionate consequences），这一定义随后得到了更多研究者的认可[39,40]。其中对于起因的范围，欧洲规范 EN 1991-1-7: 2006[16]认为应包括超载、火灾、爆炸、冲击等荷载的作用，以及材料性能的偏差与退化、几何缺陷、实际性能与设计模型的偏差等结构本身的偏差。“不相称”是指整体结构的破坏后果远大于最初的起因，例如，静定结构中任一构件的失效均会导致结构整体的倒塌，就是一种典型的不成比例破坏，是最不鲁棒的结构。

与鲁棒性相关的概念还有连续倒塌与不相称倒塌。其中连续倒塌（progressive collapse）表示意外荷载引起的局部破坏导致结构其余部分相继倒塌[41]，其研究的重点主要在于分析模型与计算方法[42]、倒塌过程的仿真分析[43]等，也就是说，关注于结构是如何倒塌的，没有给出评价结构优劣的指标。不相称倒塌（disproportionate collapse）重点表达起因与结构倒塌的结果之间不相称的关系[38]。连续倒塌往往是不相称倒塌；但是不相称倒塌也可能是部分倒塌，由于起因小而认为“不相称”。因此不相称倒塌包含了连续倒塌，而连续倒塌是不相称倒塌的特殊情况[44]。结构鲁棒性的概念可以用图1-22表示。

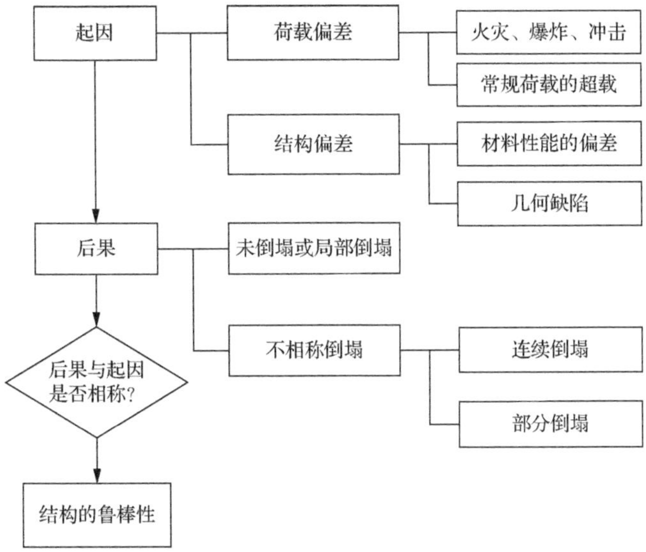

图1-22 结构鲁棒性的概念

抗连续倒塌曾经是研究的热点，其主要目标是揭示结构连续倒塌机理，提出如何避免连续倒塌的途径。但多数研究[45,46]是通过各种环境作用下的结构全过程分析，指出该结构在该环境作用下的失效历程，通过改变或修正结构刚度来防止发生连续倒塌，而这些工作与研究结构易损性比较类似。

以Wu等[47]和Lu等[48]为代表的学者认为，尽管设计荷载始终对结构起作用，结构本身也存在不确定性，但引起不相称破坏的可能起因往往并不是常规荷载，而是爆炸、冲击等不可预测的偶然荷载造成构件损伤和结构破坏。因此，可以不关心产生破坏的原因和概率，而专注于结构破坏的内在联系，通过逐步“概念移除”结构部分构件，比较结构性能变化与移除构件的关系，分析不同初始破坏与结构稳定性的几何拓扑关系，从图论的观点提出结构易损性（vulnerability）。

易损性是指意外事件或者超越正常设计荷载（简称超越荷载）下，结构受到伤害或者损伤的程度，它反映了意外事件或超越荷载作用产生的初始干扰和最终后果之间的关系，着重关注造成结构损伤和倒塌的难易程度。研究易损性的目的是找出结构中所固有的致命缺陷和先天性的薄弱点，避免其受到意外事件或超越荷载时，引起结构整体使用功能的丧失和严重的倒塌事故，从而在未来结构设计中或者在现有结构的防护中采取一定措施，避免结构中的“命门”受到攻击，保证结构的安全。

如图 1-23（a）所示平面桁架结构，通过易损性分析可得到杆①、②、③、④为结构中存在的先天性弱点，即结构的“命门”所在，这些薄弱点并不是由外荷载产生的，而是结构自身所固有的。通过分析，建议合理的结构设计应该如图 1-23（b）所示。

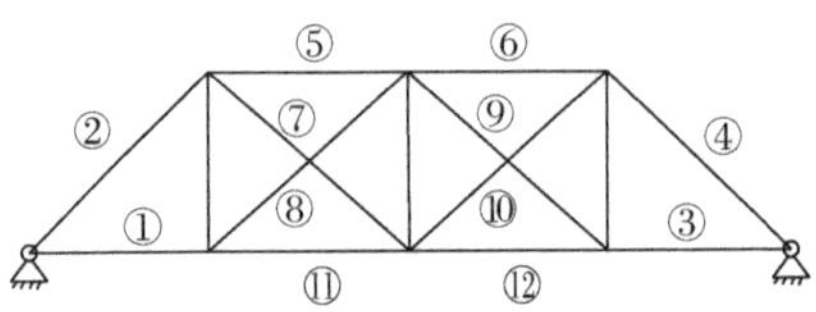

（a）平面桁架结构

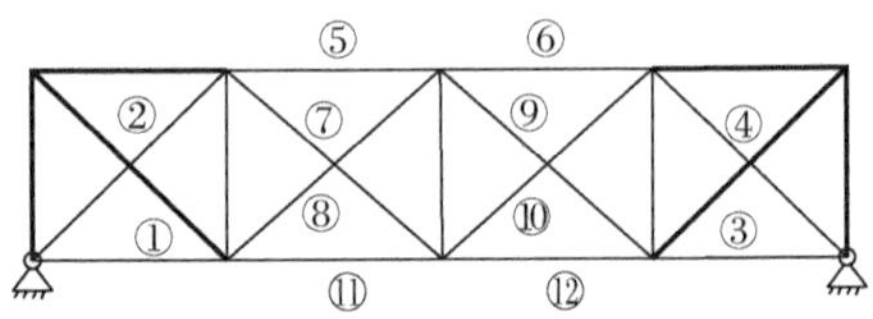

（b）改进后的平面桁架结构

图 1-23　平面桁架结构易损性

从易损性研究背景和定义可看出，结构的易损性可理解为鲁棒性的反面，通过分析结构的薄弱环节研究鲁棒性。通过对结构易损性的研究，可为结构防止意外破坏提供一定的理论基础，识别出结构中的关键路径和薄弱环节，提供偶然荷载作用下的防御策略和途径。此外，通过易损性研究，识别出来的关键路径和关键构件，也可以为结构健康监测提供合理的监测位置和监测策略。

早期对结构易损性的研究以定性描述为主，提出了一些改善结构易损性的工程措施。国内外均有规范对结构易损性作相应的说明，例如，《高层建筑混凝土结构技术规程》（JGJ 3—2010）[49]中要求，高层建筑结构应避免部分结构或构件遭受破坏而导致整个结构丧失承受重力荷载、地震荷载和风荷载的能力，明确地反映了该规范对结构易损性方面的重视，但仍处在定性描述的阶段，没有提出定量的计算方法。在美国，自从“9·11”事件以来，制定了涉及连续倒塌分析及设计指导方针、建筑的最低反恐袭击标准等文件[50,51]，其中的相关条文对建筑物在抵抗连续倒塌方面的设计，提出了指导性意见，但清晰而明确的定量方法比较缺乏。

其他改善结构易损性措施主要有加强关键构件法、备用荷载路径法、能量吸收装置法和事件控制法[52-54]。实际工程中比较常用的是前面两种，但都是一些定性的措施，缺乏有效合理的定量表达。

1.3 结构鲁棒性的评价

定性描述结构鲁棒性，在工程应用中难以把握统一的标准，只有明确结构鲁棒性的定量评价指标，才能评估不同结构布置的优劣，识别影响鲁棒性的关键构件，进而进行鲁棒性优化设计并形成设计规范[55]。但是定量地评价结构的鲁棒性、比较不同结构体系的鲁棒性差异，一直以来也是困扰学术界和工程界的难题之一[56]。Starossek 等[57]认为结构鲁棒性评价指标应该满足如下几个条件：表述全面明确；客观存在而不需要评价者的主观推断；表达式简单且易于计算；具有普遍性。目前结构鲁棒性评价指标主要可以分为确定性和不确定性两类指标。

1.3.1 确定性结构鲁棒性评价指标

评价结构鲁棒性的经典思路是计算结构损伤状态下性能的变化[58]。从承载力的角度，Frangopol 等[59]提出以下指标。储备冗余系数（reserve redundant factor）R_1：

$$R_1 = \frac{L_{\text{intact}}}{L_{\text{design}}} \tag{1.1}$$

残余冗余系数（residual redundant factor）R_2：

$$R_2 = \frac{L_{\text{damaged}}}{L_{\text{intact}}} \tag{1.2}$$

强度冗余系数（strength redundant factor）R_3：

$$R_3 = \frac{L_{\text{intact}}}{L_{\text{intact}} - L_{\text{damaged}}} \tag{1.3}$$

损伤强度比（damaged strength ratio）R_4：

$$R_4 = R_1 \cdot R_2 = \frac{L_{\text{damaged}}}{L_{\text{design}}} \tag{1.4}$$

式中：L_{intact}、L_{damaged} 分别表示完好结构与损伤结构的承载力；L_{design} 表示设计荷载承载力。

Yan 等[24]利用式（1.3）定义的强度冗余系数 R_3 分析了斜拉桥的易损性。高扬等[60]也利用 R_3 计算构件的重要性系数，并分析了桁架结构的破坏路径。Wisniewski 等[61]综合以上指标分析了混凝土连续梁桥的鲁棒性。吕大刚等[62]分别采用以上指标分析了钢筋混凝土框架结构抵抗连续倒塌的鲁棒性，并认为式（1.4）定义的损伤强度比最为直观方便。上述量化指标给出的仅是一个结果，而没有细述结构鲁棒性的前因与后果，没有给出提高鲁棒性的途径和策略，在表述的全面性上存在欠缺。

位移是结构性能最重要也是最明显的体现。Biondini 等[63]提出了基于结构损伤前后位移比的鲁棒性指标：

$$\rho = \frac{\|\boldsymbol{s}_0\|}{\|\boldsymbol{s}_\mathrm{d}\|} \tag{1.5}$$

式中：$\boldsymbol{s}_0$、$\boldsymbol{s}_\mathrm{d}$ 分别表示结构处于完好状态和损伤状态的位移向量；$\|\cdot\|$为欧氏范数。但该指标对结构的位移分布表达不够清晰，尤其对于存在局部破坏的结构难以体现出来。

耗能能力是结构抗破坏能力的重要指标，足够的耗能能力有利于避免结构的突然倒塌。Smith[64]计算构件各种破坏模式（如拉伸、弯曲、失稳等）所需的破坏功 W_f，定义各工况下构件实际应变能 E_i 与 W_f 之差与结构总应变能 $\sum E_i$ 的比值为能量比，按照能量比从小到大的顺序逐步概念移除构件，从而分析结构的最低能量状态。张雷明等[65]通过分析荷载作用下框架结构的节点和构件中的应变能，建立能量流网络并认为应变能较大的节点为关键节点，进而得到考虑荷载分布形式的结构关键传力路径。Beeby[66]定义与材料性能和结构失效形式有关的系数，将结构的耗能能力表示成该系数与结构体积的乘积，分析结构倒塌所需的最小能量，并以此衡量结构的鲁棒性。方召欣等[67]将其发展为结构达到破坏极限状态时耗能量 E_u 与设计目标状态时耗能量 E_d 之比。

基于能量吸收思想的结构鲁棒性理论，即结构系统需要吸收由于突发事件产生的损伤能量，而不至于引起结构的不相称破坏，实际是要求结构在延性和变形方面有足够的储备和冗余度[68]。针对复杂结构的易损路径搜索困难的问题，Liu 等[69]基于结构中的应变能建立了结构易损性分析理论，根据分支界限法探索了破坏路径的搜索方法；从结构的能量流网络出发，通过考察框架结构的能量流动情况，提出了确定杆件重要性及最重要破坏路径的能量流网络方法，并用算例验证了该理论的正确性。

基于能量评价的易损性研究比结构拓扑研究更加具有实际物理意义，可以考虑到结构所承受的具体荷载，更加直观、细致，为易损性的研究提供了一种新的思路。在结构概念设计和初步设计中，可以采用该方法来考虑结构的鲁棒性，但是基于能量的评价指标其范围为开区间［1,+∞)，其数值表达和构件的重要性并不是线性关系，在反映杆件对结构整体性影响时存在一定的缺点。此外，基于能量的分析方法一般只能考虑常规荷载的影响，对于复杂动力荷载，如地震作用，计算比较复杂。

以上指标都是从结构系统响应的角度评价结构鲁棒性，需要首先进行结构受力分析，获得结构响应指标；而另一类研究，则从结构自身的属性出发，更加关注结构本身，如对结构易损性的研究。

明确结构的失效过程和失效机理是研究结构鲁棒性的基础[70]，目前的研究除了采用传统的全过程响应数值分析之外，还有基于拓扑的结构易损性研究，其中比较有代表性的是 Blockley 等[71]、Agarwal 等[72,73]和 Lu 等[74]，他们发表了一批研究成果，并编制了结构易损性分析程序。他们首先提出了节点构形性（well-formedness）、结构环（structural ring）、结构簇（structural cluster）、破坏场景（failure scenario）和损伤需求（damage demand）等概念。根据节点构形性和损伤需求两个参数，提出了结构易损性评价指标，然后通过一定规则对结构进行拆解（unzipping），通过寻找最易失效场景、最大破坏场景、最小破坏场景、完全倒塌场景等，从而确定结构中的薄弱环节和关键构件。

以结构拓扑为基础的易损性理论，将平面三角形[75]和空间三角锥[72]定义为基本单元即结构环，定义构形性以评价结构的连接性能。结构环中节点 i 的构形性 q_i：

$$q_i = \det(\boldsymbol{K}_{ii}) \tag{1.6}$$

式中：$\boldsymbol{K}_{ii}$ 表示结构刚度矩阵中节点 i 对应的刚度子矩阵；$\det(\bullet)$为矩阵的行列式。对于动力系统[73]，则有

$$q_i = \det(\boldsymbol{K}_{ii} + \omega_n^2 \boldsymbol{M}_{ii}) \tag{1.7}$$

式中：$\boldsymbol{M}_{ii}$ 为连接第 i 个节点的所有构件组成的质量子矩阵；ω_n 为结构的第 n 阶自振频率。整个结构环的构形性：

$$Q = \sum q_i / N \tag{1.8}$$

式中：Q 为某个群集（可以是结构簇、结构环、结构圆等）的构形性；N 为群集中所有节点的个数；q_i 为第 i 个节点的构形性测度值。假设最大、最小等损伤场景，并将结构的损伤程度用分离系数（separateness）γ 表示[76]

$$\gamma = \frac{Q(S) - Q(S')}{Q(S)} \tag{1.9}$$

式中：$Q(S)$和 $Q(S')$ 分别为完好结构和损伤结构的构形性。使构件完全破坏所需的能量为 D_i，至此可以定义结构的易损性指标 φ 为

$$\varphi = \frac{\gamma}{D_i / \sum D_i} \tag{1.10}$$

易损性理论可理解为鲁棒性的反义，通过分析结构的薄弱环节研究鲁棒性。

在此基础上，England 等[77]通过竖向推覆分析检验假设的损伤场景；李志安等[78]研究了大跨度张弦梁的易损性；叶继红等[79,80]分析了网壳结构的易损性并通过振动台试验验证了损伤场景。利用易损性理论分析结构的鲁棒性，需要对结构构件进行“拆解”“集簇”，分析工作量较大，结构也不一定全由三角形、三角锥单元组成；同时，该方法不能考虑局部破坏后剩余构件的弹塑性，因此目前实际应用还较少。

1.3.2 不确定性结构鲁棒性评价指标

根据对不确定性数学描述的不同，结构鲁棒性评价指标可以分为概率指标和非概率指标。

使用概率模型评价结构鲁棒性，其中最简单的评价指标就是采用结构响应的方差或标准差[81,82]，如果在随机变量作用下结构响应的方差较小，可以认为其不易受变量的影响，即较为鲁棒。近年来提出的百分位差（percentile difference）[83]与方差类似，也可以用来衡量结构的鲁棒性，定义为

$$\Delta y_{\alpha_1}^{\alpha_2} = y^{\alpha_2} - y^{\alpha_1} \tag{1.11}$$

其中对于某一目标函数 Y，百分位数 y^{α_1}、y^{α_2} 满足

$$\text{Prob}\left\{Y \leqslant y^{\alpha_i}\right\} = \alpha_i \qquad (i=1,2) \tag{1.12}$$

式中：Prob 为概率函数；α_1、α_2 通常取 0.05、0.95 或 0.01、0.99。降低百分位差可以缩减目标函数的随机性，且计算较方差更为简单。Mourelatos 等[84]以百分位差为目标分析了悬臂梁的鲁棒性。

同样考虑结构损伤状态和未损伤状态下性能的变化，Fu 等[85]采用局部破坏后结构失效概率的增大值与完好结构的失效概率之比评价结构的冗余度 RI：

$$\text{RI} = \frac{P_{\text{f}} - P_0}{P_0} \tag{1.13}$$

式中：P_{f}、P_0 分别为损伤结构和完好结构的失效概率。Lind[86]定义结构的易损性 V 为局部破坏后和完好状态下结构的失效概率之比：

$$V = \frac{P_{\text{f}}}{P_0} \tag{1.14}$$

Čizmar 等[87]假定了 4 种损伤场景，使用可靠度指标分析了一座体育馆木结构屋顶的鲁棒性。Husain 等[88]和 Tsopelas 等[89]提出了“冗余性强度指标”和“冗余性变异指标”两个测度来分析钢筋混凝土结构的地震冗余性。宋春雷等[90]将概率方法与鲁棒性裕度分析相结合，实现在概率意义下提高系统的鲁棒性裕度。

Ellingwood 等[91]针对意外事件，认为结构产生不相称破坏的概率 $P[C]$为

$$P[C]=P[C\mid D]\cdot P[D\mid E]\cdot P[E] \tag{1.15}$$

式中：$P[E]$表示意外事件 E 发生的概率，主要通过间接措施控制；$P[D|E]$为结构在意外事件中产生初始局部破坏 D 的条件概率，可以通过调整构件的性能控制；$P[C|D]$为局部破坏 D 扩展进而产生不相称破坏 C 的条件概率，需要通过增强结构整体的鲁棒控制。Baker 等[39]则进一步提出基于风险的结构鲁棒性评价模型，如图 1-24 所示。意外事件 E 如果没有造成结构损伤（D 的补集 $\bar{D}$），则分析停止；当产生局部损伤 D，如果没有引起结构整体损伤（C 的补集 $\bar{C}$），则产生直接损失 $C_{\rm Dir}$；否则产生直接损失 $C_{\rm Dir}$ 和间接损失 $C_{\rm Ind}$。损失与其发生概率之积为风险，结构的鲁棒性 $I_{\rm R}$ 可以用直接风险 $R_{\rm Dir}$ 与间接风险 $R_{\rm Ind}$ 表示如下：

$$I_{\rm R}=\frac{R_{\rm Dir}}{R_{\rm Dir}+R_{\rm Ind}} \tag{1.16}$$

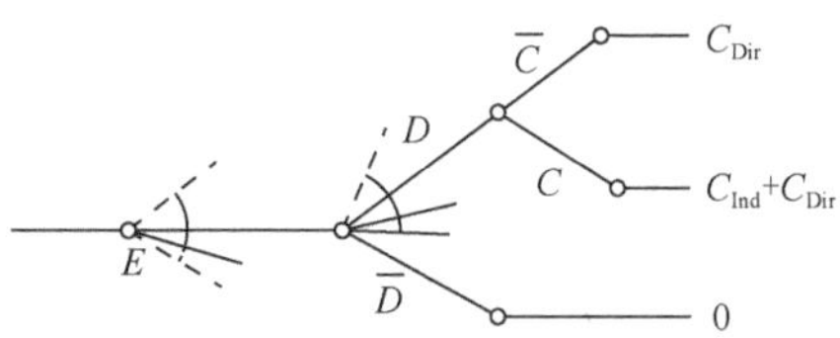

图 1-24 基于风险的结构鲁棒性评价模型

非概率模型方面，Ziha[92]通过引入不确定测度的概念，提出了基于不确定性信息熵的系统鲁棒性和冗余度的理论。Beer 等[93]将参数的不确定性归为模糊性，通过隶属度函数 $\mu(x)$计算变量的香农熵 $H(x)$。

用结构输入$\{x_k\}$和输出$\{z_j\}$的香农熵 $H(\cdot)$的比值表示结构的鲁棒性：

$$R\left(\{x_k\},\{z_j\}\right)=\frac{\sum\limits_{k=1}^{n_x}H\left(x_k\right)}{\sum\limits_{j=1}^{n_z}H\left(z_j\right)} \tag{1.17}$$

采用区间模型[94]或者 Info-Gap 理论描述不确定性，结构鲁棒性的概念可以表述为“结构的性能在不确定性的干扰下不会产生不相称的波动”，此时评价结构的鲁棒性主要有两种思路。一是分析结构在满足某种性能要求下，允许存在多大幅度的不确定性干扰，即对损伤的容许度。例如，苏永华等[25]以软岩隧道围岩内壁处支承应力不小于围岩产生的荷载应力为约束条件，分析了围岩参数不确定性对地下结构鲁棒性的影响；Au 等[95]使用物理规划的优化方法，通过定义不满意度函数计算鲁棒性；Kanno 等[96]同时考虑荷载和结构刚度的不确定性，并假设二者可

以互相独立地存在于结构的不同位置，定义了鲁棒性函数并分析其下界。二是分析在指定幅度的干扰下，结构性能的波动大小。例如，Lignon 等[97]使用积分能量界限凸集模型描述地震作用的不确定性，分析了单自由度线性系统位移的上界。

1.4　基于鲁棒性的结构设计

1.4.1　直接设计

基于鲁棒性的直接设计是直接以结构的鲁棒性为目标，确定结构的拓扑形式和刚度分布，其典型过程[56,98]如图 1-25 所示。

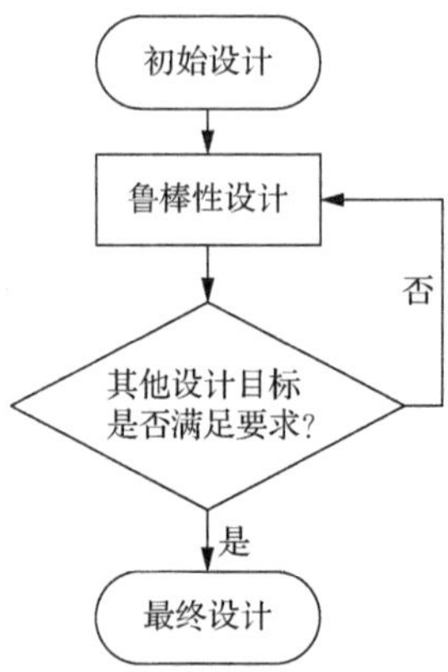

图 1-25　基于鲁棒性直接设计的典型过程

直接基于鲁棒性的结构设计难度较大，目前只有一些初步的探索，主要是以结构响应的方差作为鲁棒性指标，将鲁棒性设计转化为以均值和方差为目标的多目标优化问题。采用这种思路，Zang 等[35]计算了两个自由度的弹簧质量模型的鲁棒性。陈联盟等[99]进行了基于鲁棒性的索穹顶结构形状优化设计。Lagaros 等[100]分析了钢框架结构在地震下的鲁棒性。

1.4.2　间接设计

由于直接基于鲁棒性的结构设计难度较大且尚不成熟，目前主要通过概念设计增强结构的鲁棒性。一般认为鲁棒性是结构的综合性能，与结构的冗余度、整体稳固性（integrity）、连接性能、规则性[101]以及强度、延性、耗能能力等有关[102,103]。冗余度描述了主要受力构件达到极限承载力后，结构系统对荷载进行重分布的能力[104]，可以为抵抗连续倒塌提供备用传力路径[105]，因此提高冗余度是增强结构鲁棒性的重要措施[59]。整体稳固性强调结构部分破坏后剩余部分仍能保持整体稳定的能力，提高连接性能及设计专门构件（如圈梁、构造柱）可以增强结构的整体性，抗倒塌设计中的拉结力法就是着眼于整体稳固性[106]。

我国现行结构设计规范《建筑抗震设计规范（2016年版）》（GB 50011—2010）[107]、《混凝土结构设计标准》（GB/T 50010—2010）[108]及《高层建筑混凝土结构技术规程》（JGJ 3—2010）[49]将以上概念细化，从结构体系方面提出了一系列抗连续倒塌的设计原则和基本要求，如“提高薄弱部位抗震能力”“不应采用单跨框架”“设置多道防线”“强节点弱构件”等思想。《混凝土结构设计标准》（GB/T 50010—2010）[108]进一步推荐了局部加强法、拉结构件法和拆除构件法等。

基于上述研究现状，作者课题组对大跨度空间结构的鲁棒性进行了较系统的研究[109-115]，得到了一些有参考价值的结论，供相关学者参考。

第 2 章　线性结构系统的鲁棒性评价方法

2.1 引　　言

目前，对结构鲁棒性已经有比较统一的定性描述，即“鲁棒的结构不应产生与起因不相称的破坏”[38]。但是这一定性描述还无法为工程应用提供可执行的标准，还不能形成普遍认可的结构鲁棒性定量分析理论和鲁棒性设计方法。结构鲁棒性的评价方法研究多集中在多高层框架类结构，而大跨度空间结构的构件布置形式复杂、节点自由度数目较多、难以确定初始损伤场景和位移特征节点，因此现有方法并不适合评价大跨度空间结构的鲁棒性。本章以控制系统中的鲁棒性研究为基础，从结构的自身属性和动力方程出发，将结构的鲁棒性分拆为结构鲁棒性的能量输出指标与结构鲁棒性的位移放大指标，探讨适合线性结构体系的鲁棒性定量评价指标。

2.2 H_2/H_∞鲁棒控制的基本理论

鲁棒性的概念可以追溯至微分方程对参数和初值连续依赖性的计算[116]，用于表示“对假设条件微小偏差的不敏感性”[117]，进而在不同领域中演化出略有不同的概念。自 20 世纪 80 年代以来，控制领域发展了较为完善的 H_2 和 H_∞鲁棒控制理论体系，将鲁棒性定义为“系统不会产生与起因不相称破坏的能力”[118]，以小增益原理[119]和系统鲁棒特征[120]为基础，相继发展了系统 H_2 鲁棒性[121]、系统 H_∞鲁棒性[122]等理论，随后在基于 H_2 鲁棒控制[123]、H_∞鲁棒控制[124]和 H_2/H_∞混合控制[125]的鲁棒设计领域取得了令人瞩目的进展[126]。

如果在某一类外部扰动信号的作用下，系统产生的输出总能量保持较小，我们就认为系统具有鲁棒性，可以有效抑制外部扰动[127]。为了获得更加稳健的系统，使系统在不确定输入的作用下，始终保持良好性能，需要对系统的鲁棒性进行评价和分析。

2.2.1 基于状态空间表达的结构系统

在对系统的鲁棒性进行分析前，首先需要建立被描述对象集的数学模型 Σ，参考现代控制理论的通常做法，采用状态空间描述结构系统，即从输入输出角度描述结构系统的性能。将结构系统定义为一个从输入函数空间到输出函数空间的映射，此时结构承担的外部作用为系统的输入变量，结构的位移、速度、加速度等响应为系统的输出变量，结构自身的刚度、质量、阻尼等固有属性则决定了结构由输入到输出的响应。

结构系统的动态方程式表示为状态方程与输出方程，对于线性定常系统 Σ_0 的描述[128]如下：

$$\Sigma_0:\begin{cases}\dot{\boldsymbol{x}}(t)=\boldsymbol{A}\boldsymbol{x}(t)+\boldsymbol{B}\boldsymbol{u}(t)\\ \boldsymbol{y}(t)=\boldsymbol{C}\boldsymbol{x}(t)+\boldsymbol{D}\boldsymbol{u}(t)\end{cases} \tag{2.1}$$

式中：$\boldsymbol{x}(t)\in\mathbf{R}_n$ 为系统的 n 维状态列向量，是描述系统任意时刻状态所需要的最少独立状态变量；$\boldsymbol{u}(t)\in\mathbf{R}_r$ 为系统的 r 维输入列向量；$\boldsymbol{y}(t)\in\mathbf{R}_m$ 为系统的 m 维输出列向量。$\boldsymbol{A}$、$\boldsymbol{B}$、$\boldsymbol{C}$、$\boldsymbol{D}$ 为系统特性矩阵，均为常数矩阵：$\boldsymbol{A}_{n\times n}$ 为系统矩阵，由系统内部特性决定；$\boldsymbol{B}_{n\times r}$ 为输入矩阵，体现系统输入的施加情况；$\boldsymbol{C}_{m\times n}$ 为输出矩阵，表达输出变量与状态变量间的关系；$\boldsymbol{D}_{m\times r}$ 为直接转移矩阵，对于线性结构系统通常为 $\mathbf{0}$。

动态系统的结构可由图 2-1 表示，其中$\int$表示积分：

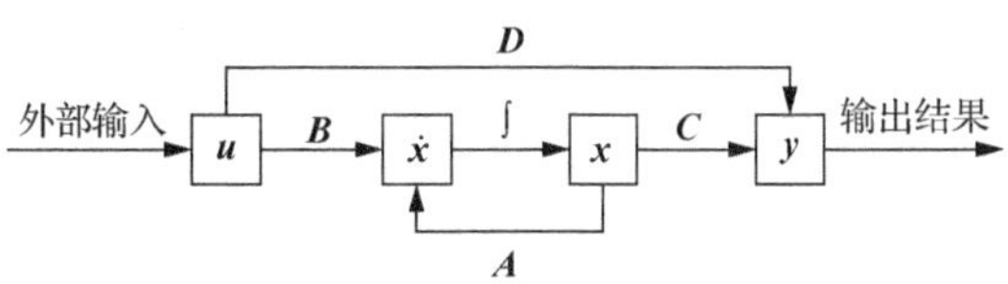

图 2-1　基于状态空间法的动态系统结构图

对式（2.1）中的系统状态方程和输出方程进行拉普拉斯变换[129]，同时令系统的初始条件为零，即 $\dot{x}(0)=0$，$x(0)=0$，则有

$$\Sigma_0:\begin{cases}s\boldsymbol{X}(s)=\boldsymbol{A}\boldsymbol{X}(s)+\boldsymbol{B}\boldsymbol{U}(s)\\ \boldsymbol{Y}(s)=\boldsymbol{C}\boldsymbol{X}(s)+\boldsymbol{D}\boldsymbol{U}(s)\end{cases} \tag{2.2}$$

式中：式（2.1）的时间变量 t 变换为复数域的变量 s；有关时间的变量 $\boldsymbol{x}(t)$、$\boldsymbol{u}(t)$、$\boldsymbol{y}(t)$在拉普拉斯变换后用对应的大写字母 $\boldsymbol{X}(s)$、$\boldsymbol{U}(s)$、$\boldsymbol{Y}(s)$表示；系统特性矩阵 $\boldsymbol{A}$、$\boldsymbol{B}$、$\boldsymbol{C}$、$\boldsymbol{D}$ 与时间 t 无关，故与式（2.1）中相同。

在式（2.2）中消除 $\boldsymbol{X}(s)$，可得拉普拉斯变换后的输入 $\boldsymbol{U}(s)$与输出 $\boldsymbol{Y}(s)$间的关系表达式：

$$\boldsymbol{Y}(s)=\boldsymbol{G}(s)\boldsymbol{U}(s) \tag{2.3}$$

且有

$$\boldsymbol{G}(s)=\boldsymbol{C}(s\boldsymbol{I}-\boldsymbol{A})^{-1}\boldsymbol{B}+\boldsymbol{D} \tag{2.4}$$

式中：$\boldsymbol{G}(s)$为线性系统 Σ_0 的传递函数矩阵；$\boldsymbol{I}$ 为单位对角矩阵。系统的传递函数矩阵 $\boldsymbol{G}(s)$代表了从输入空间 $\boldsymbol{U}(s)$到输出空间 $\boldsymbol{Y}(s)$的一个映射关系，对线性结构系统，$\boldsymbol{G}(s)$并不受 $\boldsymbol{U}(s)$与 $\boldsymbol{Y}(s)$的影响，仅与系统自身的属性相关。

在实际结构系统中，存在系统外部荷载干扰和系统内部参数误差等两类不确定性。考虑不确定性的系统不再是单一固定不变的系统，如果将这种不确定性理解为取自某个集合，则结构系统 Σ 可以表述为一个系统集合$(\Sigma_0,\Delta\Sigma)$[130]，其中，Σ_0 是模型的精确已知部分，$\Delta\Sigma$ 表示不确定性因素构成的一个可描述集，如图 2-2 所示。

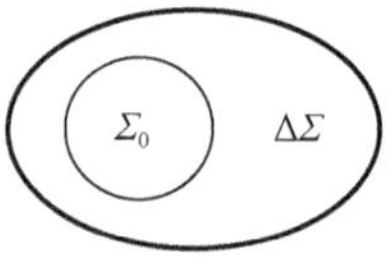

图 2-2　结构系统 Σ 的构成图

此时，线性不确定系统 Σ 可以描述为

$$\Sigma:\begin{cases}\dot{\boldsymbol{x}}(t)=(\boldsymbol{A}+\Delta\boldsymbol{A})\boldsymbol{x}(t)+(\boldsymbol{B}+\Delta\boldsymbol{B})[\boldsymbol{u}(t)+\boldsymbol{w}(t)]\\ \boldsymbol{y}(t)+\Delta\boldsymbol{y}(t)=(\boldsymbol{C}+\Delta\boldsymbol{C})\boldsymbol{x}(t)+(\boldsymbol{D}+\Delta\boldsymbol{D})[\boldsymbol{u}(t)+\boldsymbol{w}(t)]\end{cases} \tag{2.5}$$

式中：$\boldsymbol{w}(t)$表示系统外界输入的不确定干扰向量；$\Delta\boldsymbol{A}$、$\Delta\boldsymbol{B}$、$\Delta\boldsymbol{C}$、$\Delta\boldsymbol{D}$ 表示结构系统内部的不确定性矩阵；$\Delta\boldsymbol{y}(t)$表示由不确定性引起的系统输出，这部分输出向量即是在鲁棒性优化中需要被控制的。

式（2.4）中将系统的传递函数 $\boldsymbol{G}(s)$看作一个从输入函数空间到输出函数空间的映射。当引入范数概念来表述输入信号 $\boldsymbol{U}$ 和输出信号 $\boldsymbol{Y}$ 在工程意义上的强度时，传递函数 $\boldsymbol{G}(s)$的范数就反映了系统在传递信号过程中的一种增益[131]。度量信号大小的方式有很多种，以下分别介绍表达信号大小的 H_2 范数和 H_∞范数。

2.2.2　系统传递函数矩阵的 H_2 范数

系统传递函数矩阵 $\boldsymbol{G}(s)$的 H_2 范数[132]定义为

$$\|\boldsymbol{G}(s)\|_{H_2}=\left[\frac{1}{2\pi}\int_{-\infty}^{+\infty}\text{trace}\left[\boldsymbol{G}^*(\text{j}\omega)\boldsymbol{G}(\text{j}\omega)\right]\text{d}\omega\right]^{\frac{1}{2}} \tag{2.6}$$

式中：trace[•]表示矩阵的迹；j 表示虚数单位；ω 表示复数域变量 s 在频域对应的变量；$\boldsymbol{G}^*(\bullet)$表示 $\boldsymbol{G}(\bullet)$的共轭转置；H_2 范数表达了系统对能量有界信号的传递特性。需要指出的是，$\boldsymbol{G}(s)$的 H_2 范数是系统传递函数在 H_2 空间的一个范数的简称，通常可采用$\|\boldsymbol{G}(s)\|_2$表示。该表达式与 $\boldsymbol{G}(s)$的元 2 范数、$\boldsymbol{G}(s)$的诱导 2 范数表达方式

均一样，但含义则完全不同，求解过程中需要注意区分，因此本书采用$\|\boldsymbol{G}(s)\|_{H_2}$的方式以强调求解的是系统传递函数矩阵的 H_2 范数。

为更好地理解 H_2 范数在能量信号传递过程中的物理意义，设作用在系统中的输入函数为如下脉冲形式[133]：

$$\boldsymbol{u}(t)=\delta(t)\boldsymbol{\psi}_i \tag{2.7}$$

式中：$\delta(t)$为单位脉冲函数；$\boldsymbol{\psi}_i\in\mathbf{R}_m$表示 m 维标准基的第 i 个基向量，$i=1,2,\cdots,m$。

当初始条件为$\boldsymbol{x}(0)=0$时，通过式（2.1）可以确定系统的输出$\boldsymbol{y}^i(t)$：

$$\boldsymbol{y}^i(t)=\begin{cases}\boldsymbol{C}\mathrm{e}^{\boldsymbol{A}t}\boldsymbol{B}\boldsymbol{\psi}_i & t>0\\ \boldsymbol{D}\boldsymbol{\psi}_i\delta(t) & t=0\\ 0 & t<0\end{cases} \tag{2.8}$$

系统的脉冲传递函数矩阵为

$$\boldsymbol{G}(t)=\boldsymbol{C}\mathrm{e}^{\boldsymbol{A}t}\boldsymbol{B}+\boldsymbol{D}\delta(t) \tag{2.9}$$

对任意函数$\boldsymbol{f}\in L_p$，定义 L_p 空间上一个范数，即函数$\boldsymbol{f}$的 L_p 范数为

$$\|\boldsymbol{f}\|_{L_p}=\left(\int_0^{\infty}|\boldsymbol{f}|^p\,\mathrm{d}t\right)^{1/p} \tag{2.10}$$

式中：p 可取值为任意自然数，当 p=2 时，L_p 范数在工程上描述了信号$\boldsymbol{f}$所蕴含的能量。通常采用$\|\boldsymbol{f}\|_p$表示$\boldsymbol{f}$的 L_p 范数，该表达式与$\boldsymbol{f}$的元 p 范数、诱导 p 范数表达方式相同，但含义完全不同，同样，本书为强调 L_p 范数采用形如$\|\boldsymbol{f}\|_{L_p}$的表达式。

对于稳定的系统，当$\boldsymbol{D}=\boldsymbol{0}$时，$\boldsymbol{y}^i(t)$为平方可积的，故有

$$\sum_{i=1}^{q}\left\|\boldsymbol{y}^i(t)\right\|_{L_2}^2=\mathrm{trace}\int_0^{\infty}\boldsymbol{B}^{\mathrm{T}}\mathrm{e}^{\boldsymbol{A}^{\mathrm{T}}t}\boldsymbol{C}^{\mathrm{T}}\boldsymbol{C}\mathrm{e}^{\boldsymbol{A}t}\boldsymbol{B}\mathrm{d}t \tag{2.11}$$

依据帕塞瓦尔定理，进行傅里叶转换，并与式（2.6）对比后得

$$\sum_{i=1}^{q}\left\|\boldsymbol{y}^i(t)\right\|_{L_2}^2=\frac{1}{2\pi}\mathrm{trace}\int_{-\infty}^{+\infty}\left[\boldsymbol{G}^*(\mathrm{j}\omega)\boldsymbol{G}(\mathrm{j}\omega)\right]\mathrm{d}\omega=\left(\left\|\boldsymbol{G}(s)\right\|_{H_2}\right)^2 \tag{2.12}$$

由此可见，系统传递函数矩阵的 H_2 范数的平方等于系统脉冲响应的输出总能量，或者当输入由单位脉冲改为具有均匀功率谱密度的随机输入信号（白噪声）激励时，系统传递函数矩阵的 H_2 范数也可以用系统的稳态输出方差来解释。在控制系统中常用 H_2 范数来衡量系统的鲁棒性，即评价系统在有界不确定性干扰下的性能。

为求解系统的 H_2 范数，在 $\boldsymbol{D}=\boldsymbol{0}$ 的条件下定义如下两个李雅普诺夫方程：

$$\boldsymbol{A}\boldsymbol{L}_{\rm c}+\boldsymbol{L}_{\rm c}\boldsymbol{A}^{\rm T}+\boldsymbol{B}\boldsymbol{B}^{\rm T}=\boldsymbol{0} \text{ 或 } \boldsymbol{A}^{\rm T}\boldsymbol{L}_{\rm o}+\boldsymbol{L}_{\rm o}\boldsymbol{A}+\boldsymbol{C}^{\rm T}\boldsymbol{C}=\boldsymbol{0} \tag{2.13}$$

则 $\boldsymbol{L}_{\rm c}$ 和 $\boldsymbol{L}_{\rm o}$ 矩阵均存在，且为各自方程的唯一正定解。$\boldsymbol{L}_{\rm c}$ 和 $\boldsymbol{L}_{\rm o}$ 分别为系统的能控性格拉姆矩阵与能观性格拉姆矩阵，表达式如下：

$$\boldsymbol{L}_{\rm c}=\int_0^{+\infty}{\rm e}^{\boldsymbol{A}t}\boldsymbol{B}\boldsymbol{B}^{\rm T}{\rm e}^{\boldsymbol{A}^{\rm T}t}{\rm d}t \tag{2.14}$$

$$\boldsymbol{L}_{\rm o}=\int_0^{+\infty}{\rm e}^{\boldsymbol{A}^{\rm T}t}\boldsymbol{C}^{\rm T}\boldsymbol{C}{\rm e}^{\boldsymbol{A}t}{\rm d}t \tag{2.15}$$

通过将 $\boldsymbol{L}_{\rm c}$ 或 $\boldsymbol{L}_{\rm o}$ 代入式（2.11）可得系统的 H_2 范数的表达式：

$$\|\boldsymbol{G}(s)\|_{H_2}=\sqrt{{\rm trace}\left(\boldsymbol{C}\boldsymbol{L}_{\rm c}\boldsymbol{C}^{\rm T}\right)}=\sqrt{{\rm trace}\left(\boldsymbol{B}^{\rm T}\boldsymbol{L}_{\rm o}\boldsymbol{B}\right)} \tag{2.16}$$

2.2.3 系统传递函数矩阵的 H_∞ 范数

本节探讨系统的 H_∞ 范数。系统传递函数矩阵 $\boldsymbol{G}(s)$ 的 H_∞ 范数[134]被定义为

$$\|\boldsymbol{G}(s)\|_{H_\infty}=\sup_{\omega}\sigma_{\max}[\boldsymbol{G}({\rm j}\omega)] \tag{2.17}$$

式中：sup(•)表示上确界；$\sigma_{\max}$(•)表示矩阵的最大奇异值。同样，这里 $\boldsymbol{G}(s)$ 的 H_∞ 范数表达式采用了 $\|\boldsymbol{G}(s)\|_{H_\infty}$，而非通常文献中的表达式 $\|\boldsymbol{G}(s)\|_{H_\infty}$，意在强调求解的是 H_∞ 范数，以区别于其他的∞范数。H_∞ 范数表达了系统对峰值有界信号的传递特性，即系统传递函数矩阵的 H_∞ 范数等于系统频率响应最大奇异值的峰值。该值代表了一定时间内扰动所能达到的最大增长率，其所对应的奇异向量就是增长最快的初始扰动方向。

依据有界实引理，将式（2.17）的求解转化为如下间接优化问题的求解[133]：

$$\|\boldsymbol{G}(s)\|_{H_\infty}<\gamma \tag{2.18}$$

即通过求解满足式（2.18）的最小 γ 值来逼近 $\boldsymbol{G}$(s)的 H_∞ 范数。γ 的最小值可以通过求解如下优化问题获得

$$\begin{cases}\min \quad \gamma \\ {\rm s.t.} \quad \begin{bmatrix}\boldsymbol{A}^{\rm T}\boldsymbol{P}+\boldsymbol{P}\boldsymbol{A} & \boldsymbol{P}\boldsymbol{B} & \boldsymbol{C}^{\rm T} \\ \boldsymbol{B}^{\rm T}\boldsymbol{P} & -\gamma\boldsymbol{I} & \boldsymbol{D}^{\rm T} \\ \boldsymbol{C} & \boldsymbol{D} & -\gamma\boldsymbol{I}\end{bmatrix}<\boldsymbol{0} \\ \qquad \boldsymbol{P}>\boldsymbol{0}\end{cases} \tag{2.19}$$

当系统稳定时，$\boldsymbol{P}$ 存在且是唯一满足式（2.19）的对称正定矩阵。可借助

MATLAB 软件 LMI 工具箱中的求解器 mincx 直接求解式（2.19），获得的γ最优解即为 $\boldsymbol{G}(s)$的 H_∞范数。

2.3　线性结构的能量鲁棒性与位移鲁棒性

鲁棒性较为通用的定义是指系统不会产生与起因不相称破坏的能力。当结构的输入和干扰信号被定义为起因，那么结构的输出信号则为相应的结果。对于线性系统来说，传递函数矩阵 $\boldsymbol{G}$ 决定了结构由输入到输出的响应，仅与结构自身的固有属性有关。考虑在有界不确定性干扰的输入条件下，分别从能量和位移的角度反映系统的鲁棒性，记 I_{R1} 为结构能量鲁棒性评价指标，I_{R2} 为结构位移鲁棒性评价指标，依据 2.2 节的鲁棒控制理论有

$$\begin{cases} I_{\mathrm{R1}} = \left\| \boldsymbol{G}_{uy} \right\|_{H_2} \\ I_{\mathrm{R2}} = \left\| \boldsymbol{G}_{w\Delta y} \right\|_{H_\infty} \end{cases} \tag{2.20}$$

式中：$\boldsymbol{G}_{uy}$ 和 $\boldsymbol{G}_{w\Delta y}$ 分别为结构能量和结构位移的传递函数矩阵。

为得到结构系统的传递函数矩阵 $\boldsymbol{G}$，定义作用在结构上的外荷载为输入变量 $\boldsymbol{u}(t)$、结构的节点位移为输出变量 $\boldsymbol{y}(t)$，在符合线弹性材料与小变形的条件下，具有 n 个自由度的结构系统运动方程与初始条件为

$$\begin{cases} \boldsymbol{M}_0\ddot{\boldsymbol{z}}(t)+\boldsymbol{C}_0\dot{\boldsymbol{z}}(t)+\boldsymbol{K}_0\boldsymbol{z}(t)=\boldsymbol{u}(t) \\ \text{s.t.}\quad \boldsymbol{z}(\boldsymbol{0})=\boldsymbol{0} \end{cases} \tag{2.21}$$

式中：$\boldsymbol{z}(t)$表示结构的 n 维位移向量；$\dot{\boldsymbol{z}}(t)$表示结构的 n 维速度向量；$\ddot{\boldsymbol{z}}(t)$表示结构的 n 维加速度向量；$\boldsymbol{M}_0$、$\boldsymbol{K}_0$、$\boldsymbol{C}_0$ 分别为初始状态下 $n\times n$ 维的结构质量矩阵、刚度矩阵与阻尼（系数）矩阵。

定义结构系统的状态向量为

$$\boldsymbol{\eta}(t)=\begin{bmatrix} \boldsymbol{z}(t) \\ \dot{\boldsymbol{z}}(t) \end{bmatrix} \tag{2.22}$$

可以将结构运动方程（2.21）用状态方程和输出方程的形式表示为

$$\begin{cases} \dot{\boldsymbol{\eta}}(t)=\boldsymbol{A}\boldsymbol{\eta}(t)+\boldsymbol{B}\boldsymbol{u}(t) \\ \boldsymbol{y}(t)=\boldsymbol{C}\boldsymbol{\eta}(t)+\boldsymbol{D}\boldsymbol{u}(t) \end{cases} \tag{2.23}$$

式中：$\boldsymbol{A}=\begin{bmatrix} \boldsymbol{0}_n & \boldsymbol{I}_n \\ -\boldsymbol{M}_0^{-1}\boldsymbol{K}_0 & -\boldsymbol{M}_0^{-1}\boldsymbol{C}_0 \end{bmatrix}$，$\boldsymbol{B}=\begin{bmatrix} \boldsymbol{0}_n \\ \boldsymbol{M}_0^{-1} \end{bmatrix}$，$\boldsymbol{C}=\begin{bmatrix} \boldsymbol{I}_n & \boldsymbol{0}_n \end{bmatrix}$，$\boldsymbol{D}=\boldsymbol{0}_n$，$\boldsymbol{0}_n$为 $n\times n$

维的零矩阵；$\boldsymbol{I}_n$ 为 $n\times n$ 维的单位矩阵。

将结构基于状态空间法表达成式（2.23）的形式时，依据式（2.4）可得结构系统的传递函数矩阵表达式：

$$\boldsymbol{G}(s)=\frac{\boldsymbol{Y}(s)}{\boldsymbol{U}(s)}=\boldsymbol{C}(s\boldsymbol{I}_n-\boldsymbol{A})^{-1}\boldsymbol{B}+\boldsymbol{D} \tag{2.24}$$

式中：$\boldsymbol{U}(s)$和 $\boldsymbol{Y}(s)$分别为拉普拉斯变换后的外荷载输入和节点位移输出。

由分块矩阵求逆公式可知，对形如$\boldsymbol{Q}=\begin{bmatrix}\boldsymbol{Q}_1 & \boldsymbol{Q}_2\\ \boldsymbol{Q}_3 & \boldsymbol{Q}_4\end{bmatrix}$的分块可逆矩阵，若其子块方阵 $\boldsymbol{Q}_1$ 可逆，则$\boldsymbol{Q}_5=\left(\boldsymbol{Q}_4-\boldsymbol{Q}_3\boldsymbol{Q}_1^{-1}\boldsymbol{Q}_2\right)^{-1}$存在，且$\boldsymbol{Q}^{-1}$为

$$\boldsymbol{Q}^{-1}=\begin{bmatrix}\boldsymbol{Q}_1^{-1}+\boldsymbol{Q}_1^{-1}\boldsymbol{Q}_2\boldsymbol{Q}_5 & -\boldsymbol{Q}_1^{-1}\boldsymbol{Q}_2\boldsymbol{Q}_5\\ -\boldsymbol{Q}_5\boldsymbol{Q}_3\boldsymbol{Q}_1^{-1} & \boldsymbol{Q}_5\end{bmatrix} \tag{2.25}$$

令待求逆的矩阵为$\boldsymbol{Q}=(s\boldsymbol{I}-\boldsymbol{A})=\begin{bmatrix}s\boldsymbol{I}_n & -\boldsymbol{I}_n\\ \boldsymbol{M}_0^{-1}\boldsymbol{K}_0 & s\boldsymbol{I}_n+\boldsymbol{M}_0^{-1}\boldsymbol{C}_0\end{bmatrix}$，相应地$\boldsymbol{Q}_1=s\boldsymbol{I}_n$，$\boldsymbol{Q}_2=-\boldsymbol{I}_n$，$\boldsymbol{Q}_3=\boldsymbol{M}_0^{-1}\boldsymbol{K}_0$，$\boldsymbol{Q}_4=s\boldsymbol{I}_n+\boldsymbol{M}_0^{-1}\boldsymbol{C}_0$，借助式（2.25）得

$$\begin{aligned}\boldsymbol{G}(s)&=\begin{bmatrix}\boldsymbol{I}_n & \boldsymbol{0}_n\end{bmatrix}\begin{bmatrix}\boldsymbol{Q}_1^{-1}+\boldsymbol{Q}_1^{-1}\boldsymbol{Q}_2\boldsymbol{Q}_5 & -\boldsymbol{Q}_1^{-1}\boldsymbol{Q}_2\boldsymbol{Q}_5\\ -\boldsymbol{Q}_5\boldsymbol{Q}_3\boldsymbol{Q}_1^{-1} & \boldsymbol{Q}_5\end{bmatrix}\begin{bmatrix}\boldsymbol{0}_n\\ \boldsymbol{M}_0^{-1}\end{bmatrix}\\ &=-\boldsymbol{Q}_1^{-1}\boldsymbol{Q}_2\boldsymbol{Q}_5\boldsymbol{M}_0^{-1}\\ &=\left(s^2\boldsymbol{I}_n+s\boldsymbol{M}_0^{-1}\boldsymbol{C}_0+\boldsymbol{M}_0^{-1}\boldsymbol{K}_0\right)^{-1}\boldsymbol{M}_0^{-1}\end{aligned} \tag{2.26}$$

特殊地，当 n=1 时，若 m_0、c_0、k_0 分别表示单自由度结构体系的质量、阻尼系数和刚度，系统的传递函数为

$$\boldsymbol{G}(s)=\frac{1}{m_0s^2+c_0s+k_0} \tag{2.27}$$

考虑外界输入的不确定性，荷载输入分为两部分：用干扰向量 $\boldsymbol{w}(t)$表示具有不确定性的荷载输入，用 $\Delta\boldsymbol{y}(t)$表示由干扰引起的输出，设由 $\boldsymbol{w}(t)$到 $\Delta\boldsymbol{y}(t)$的传递函数矩阵为 $\boldsymbol{G}_{w\Delta y}$；用输入向量 $\boldsymbol{u}(t)$表示确定性的荷载输入，相应的输出用 $\boldsymbol{y}(t)$表示，设由 $\boldsymbol{u}(t)$到 $\boldsymbol{y}(t)$的传递函数矩阵为 $\boldsymbol{G}_{uy}$，可得

$$\begin{bmatrix}\Delta\boldsymbol{y}(t)\\ \boldsymbol{y}(t)\end{bmatrix}=\begin{bmatrix}\boldsymbol{G}_{w\Delta y} & 0\\ 0 & \boldsymbol{G}_{uy}\end{bmatrix}\begin{bmatrix}\boldsymbol{w}(t)\\ \boldsymbol{u}(t)\end{bmatrix} \tag{2.28}$$

当结构为线性系统时，$\boldsymbol{G}_{w\Delta y}$ 与 $\boldsymbol{G}_{uy}$ 等价，依据系统 H_2/H_∞理论，结构的鲁棒性评价指标为

$$\begin{cases} I_{\mathrm{R1}} = \left\| \boldsymbol{G}_{w\Delta y} \right\|_{H_2} = \left\| \boldsymbol{G}_{uy} \right\|_{H_2} \\ I_{\mathrm{R2}} = \left\| \boldsymbol{G}_{w\Delta y} \right\|_{H_\infty} = \left\| \boldsymbol{G}_{uy} \right\|_{H_\infty} \end{cases} \tag{2.29}$$

2.4　线性结构鲁棒性的影响因素

为详细分析影响结构鲁棒性的因素，本节以 21 杆桁架等为例，考虑不同构件横截面面积、支座约束、结构刚度分布等的情形，分析影响结构鲁棒性的因素；通过逐根削弱杆件面积、拆除构件的方式，研究不同杆件的意外损伤程度与关键构件对结构鲁棒性的影响；进而提出增强结构鲁棒性的有效措施。

2.4.1　承载力影响对比分析

在工程设计中常通过控制构件应力水平、提高结构的承载力储备，来提高结构的安全性，作为应对不确定干扰的手段。为分析结构承载力对鲁棒性的影响，设有如图 2-3 所示的 21 杆悬臂桁架结构，长 L=2m，杆件横截面面积为 800mm^2，采用钢材，弹性模量为 2.06×10^{5}MPa，密度取 7.85×10^{3}kg/m^3，系统阻尼采用瑞利阻尼：

$$\boldsymbol{C} = \frac{2\omega_1\omega_2\zeta}{\omega_1+\omega_2}\boldsymbol{M} + \frac{2\zeta}{\omega_1+\omega_2}\boldsymbol{K} \tag{2.30}$$

式中：ω_1 和 ω_2 分别为结构的第一、二阶自振频率；阻尼比 ζ=0.02；$\boldsymbol{M}$ 为结构的集中质量矩阵；$\boldsymbol{K}$ 为结构的刚度矩阵。

依据式（2.29）计算知：结构的鲁棒性评价指标 I_{R1}=16.116mm，I_{R2}=53.771mm/kN。

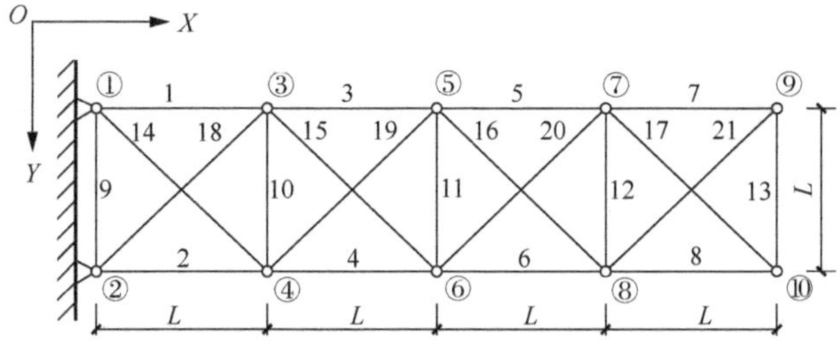

图 2-3　平面 21 杆悬臂桁架结构

1. 构件截面整体增强的影响

设平面桁架中杆件应力达到 235MPa 极限应力时，外荷载值为结构的承载力 P，荷载作用在节点⑥处，方向竖直向下。初始状态时，桁架的承载力为 125kN，若全部杆件横截面同时增大，则平面桁架的承载力也增加。绘制结构能量鲁棒性评价指标 I_{R1}、位移鲁棒性评价指标 I_{R2} 与承载力的关系曲线如图 2-4 所示。

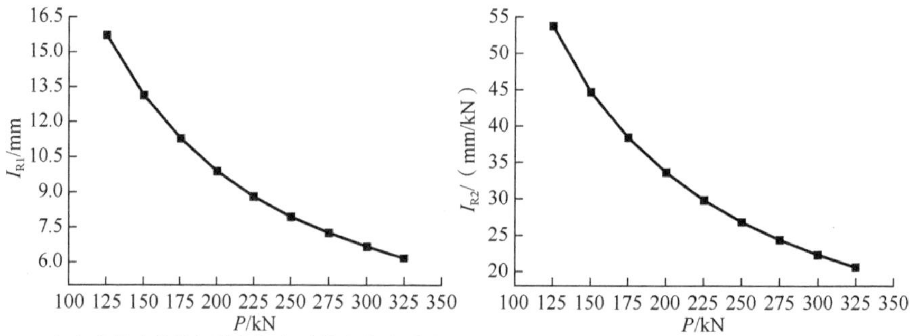

（a）能量鲁棒性评价指标与承载力的关系曲线　（b）位移鲁棒性评价指标与承载力的关系曲线

图 2-4　平面 21 杆桁架能量鲁棒性、位移鲁棒性评价指标与承载力的关系曲线

从图 2-4 可以观察到，结构的鲁棒性评价指标 I_{R1}、I_{R2} 的走势一致，对于杆件横截面同时增大带来的影响，二者具有相同的敏感性。评价指标 I_{R1}、I_{R2} 均随着承载力的提高而降低，说明随着桁架整体承载力的提高，结构具有了更好的鲁棒性。但是由于两条曲线斜率逐渐减小，提高承载力对增加结构鲁棒性的效果越来越弱。

2. 支座约束的影响

适当地增加约束，可以显著改变结构的承载力和位移响应，对图 2-3 中的悬臂桁架右端增加固定约束，获得对称的两端固支桁架结构，如图 2-5 所示。

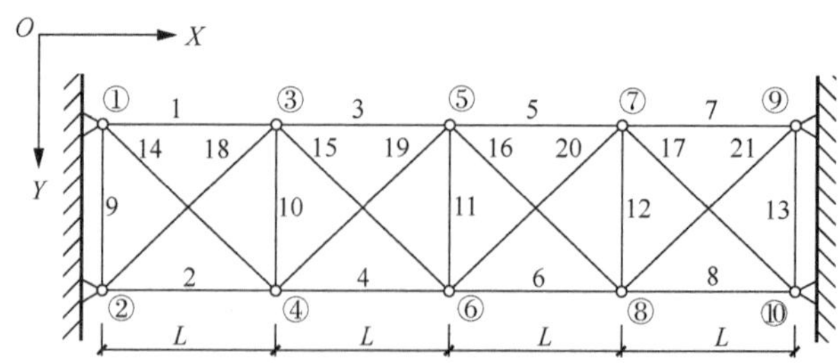

图 2-5　平面 21 杆两端固支桁架结构

依据式（2.29）计算知：此时结构的鲁棒性评价指标 I_{R1}=1.387mm，I_{R2}=1.949mm/kN，桁架的承载力 P=441kN。

表 2-1 中展示了桁架悬臂端固定约束的增加导致结构承载力、鲁棒性的大幅改善。约束显著改善了结构的静荷载位移响应、共振响应等，提高了结构的性能。其中，鲁棒性评价指标 I_{R2} 的改善幅值较 I_{R1} 更佳，该现象与结构的低阶共振响应密切相关。

表 2-1　不同约束条件的平面 21 杆桁架性能对比

桁架	$I_{R1}(H_2)$	$I_{R2}(H_\infty)$	承载力 P
悬臂	16.116mm	53.771mm/kN	125kN
两端固支	1.387mm	1.949mm/kN	441kN
性能波动幅值 Δ	−91.4%	−96.4%	252.8%

对于结构位移鲁棒性评价指标 I_{R2}，在满足每阶振型阻尼比相同的条件下，两结构的动力放大系数 $\tilde{R}_d$ 相同。结构的鲁棒性与结构在最大共振响应下的广义刚度成反比，即与特定荷载分布下的位移响应成反比：

$$I_{R2} = \tilde{R}_d \frac{1}{\tilde{k}_0} = \tilde{R}_d \frac{\tilde{z}}{\tilde{\boldsymbol{P}}} \tag{2.31}$$

式中：$\tilde{k}_0$ 为结构广义刚度；$\tilde{z}$ 表示结构在 $\tilde{\boldsymbol{P}}$ 作用下的位移响应；$\tilde{\boldsymbol{P}}$ 表示使结构产生最大响应的单位静荷载，此处指仅引起结构出现一阶振型分布位移响应的荷载，即

$$\tilde{\boldsymbol{P}} = a_0 \tilde{\boldsymbol{m}} \boldsymbol{\Phi}_1 \tag{2.32}$$

式中：$\tilde{\boldsymbol{m}}$ 为集中质量矩阵；$\boldsymbol{\Phi}_1$ 为一阶振型；a_0 为系数，使得 $\tilde{\boldsymbol{P}}$ 的全部荷载分量之和为 1。

对于能量鲁棒性 I_{R1}，由于考虑了结构在均匀功率谱密度随机作用下的全部响应，结构的鲁棒性 I_{R1} 与随机荷载作用过程中的稳态输出方差成正比，即与整个过程中结构的位移响应波动成正比：

$$I_{R1} = \lim_{t \to +\infty} E\left[\Delta\tilde{z}^{\mathrm{T}}(t)\Delta\tilde{z}(t)\right] \tag{2.33}$$

式中：$\Delta\tilde{z}$ 表示结构在均匀功率谱密度随机作用下的位移响应波动。通过振型分解知，虽然一阶振型的位移响应占 $\Delta\tilde{z}$ 的主要部分，但高阶振型响应也是不可或缺的。

图 2-6、图 2-7 所示为悬臂及两端固支的 21 杆桁架模型前两阶振型图，同时依照振型分布布置单位荷载，作用于两种桁架上，计算各自最大的节点静位移，如表 2-2 所示。

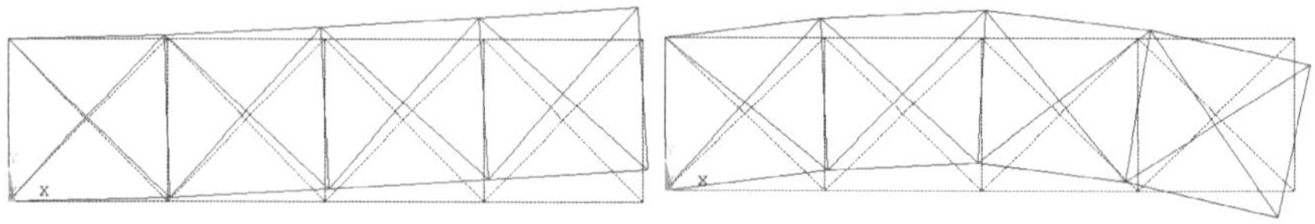

（a）一阶振型图　　（b）二阶振型图

图 2-6　平面悬臂 21 杆桁架的振型图

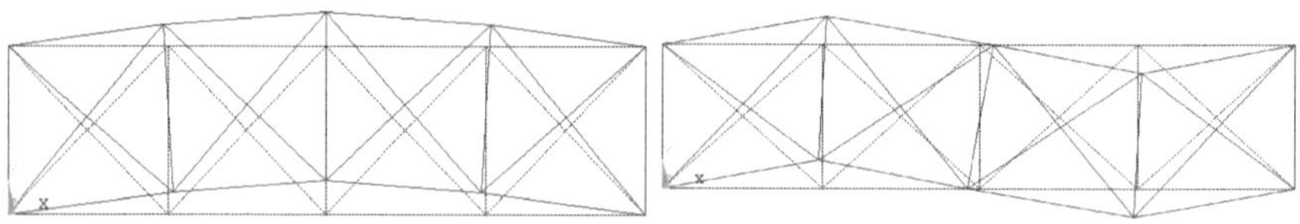

（a）一阶振型图　　（b）二阶振型图

图 2-7　平面两端固支 21 杆桁架的振型图

表 2-2　按振型分布的单位荷载作用下结构的最大节点静位移及降幅

项目	一阶分布的单位荷载作用下	二阶分布的单位荷载作用下
悬臂桁架最大静位移/mm	0.589	0.194
两端固支桁架最大静位移/mm	0.026	0.012
位移降幅Δ/%	−95.6	−93.8

结构位移鲁棒性评价指标 I_{R2} 是指结构系统频率响应的最大奇异值的峰值。参考单自由度体系的 H_∞范数的物理意义可知，当不确定性变化范围不受限制时，I_{R2} 直接受结构的一阶振动影响。图 2-6（a）中悬臂桁架的一阶响应最大处位于悬臂端，增加的固定支座直接约束了该点，结构的一阶振型变为图 2-7（a）中所示。表 2-2 给出了在单位荷载作用下桁架的最大静位移，数据显示，增加约束大幅降低了桁架的位移，从而提高了结构的鲁棒性。

结构能量鲁棒性评价指标 I_{R1} 反映了系统的输出总能量，受结构系统的所有阶振动影响，当然通常一阶振型的影响较高阶振型更为明显。因此，尽管支座约束使得结构最大静位移降低了 95.6%，受高阶振型的影响，鲁棒性改善的幅度略有降低。

3. 刚度分布的影响

相比于前两种增加承载力的方法，更为经济高效的方法是合理分配材料，通过良好的刚度、质量、阻尼分布充分发挥材料性能，提高结构的整体承载力。

通过不同位置杆件刚度变化分析，可知结构刚度分布对鲁棒性具有明显影响。结构的鲁棒性由结构的自身属性决定，直接受刚度、质量、阻尼矩阵的影响，因此为获得鲁棒性优良的结构，有必要从结构刚度分布、拓扑连接的角度入手。本书将在结构的鲁棒性优化设计中对该问题进行详细探讨。

2.4.2　意外损伤影响对比分析

在分析结构的鲁棒性时，不确定性因素除了荷载波动，还包括意外事件对构件产生的意外损伤。为了简化计算，采用减小构件横截面面积百分比来反映构件的意外损伤程度 δ_D：

$$\delta_D = \frac{A_0 - A_D}{A_0} \tag{2.34}$$

式中：A_D 表示构件损伤后剩余的横截面面积；A_0 表示初始横截面面积；$\delta_D \in [0,1]$，δ_D 越接近于 1 则表示构件的意外损伤越严重。

为分析构件意外损伤对结构鲁棒性的影响，对图 2-3 中的悬臂 21 杆桁架进行杆件逐个损伤分析，分别计算单根构件横截面削弱后结构的鲁棒性 I_{R1}^D、I_{R2}^D，与完好的结构鲁棒性 I_{R1}^0、I_{R2}^0 的对比。构件意外损伤对悬臂 21 杆桁架鲁棒性的影响如表 2-3、表 2-4 所示。

表 2-3　构件意外损伤对悬臂 21 杆桁架的能量鲁棒性的影响

损伤场景	损伤构件	意外损伤后结构的能量鲁棒性的变化幅度 $\left(\frac{I_{R1}^D - I_{R1}^0}{I_{R1}^0} \times 100\%\right) / \%$			
		δ_D=0.2	δ_D=0.4	δ_D=0.6	δ_D=0.8
1	1 或 2	4.992	12.597	25.589	52.946
2	3 或 4	2.005	5.204	10.932	23.784
3	13	3.715	8.099	13.300	19.515
4	17 或 21	2.311	5.602	10.241	16.821
5	7 或 8	1.538	3.544	6.168	9.738
6	5 或 6	0.058	0.490	1.677	4.969
7	14 或 18	0.424	1.020	1.903	3.328
8	15 或 19	0.194	0.577	1.266	2.519
9	9	0.000	0.000	0.000	0.000
10	10	−0.028	−0.047	−0.052	−0.031
11	16 或 20	−0.471	−0.735	−0.700	−0.178
12	11	−0.246	−0.458	−0.631	−0.754
13	12	−0.812	−1.559	−2.233	−2.820

表 2-4　构件意外损伤对悬臂 21 杆桁架的位移鲁棒性的影响

损伤场景	损伤构件	意外损伤后结构的位移鲁棒性变化幅度 $\left(\frac{I_{R2}^{D}-I_{R2}^{0}}{I_{R2}^{0}}\times 100\%\right)/\%$			
		δ_D=0.2	δ_D=0.4	δ_D=0.6	δ_D=0.8
1	1 或 2	6.852	17.503	36.271	77.919
2	3 或 4	2.649	6.918	14.697	32.707
3	13	2.977	6.542	10.821	15.978
4	17 或 21	1.564	4.048	7.788	13.329
5	7 或 8	1.002	2.436	4.431	7.245
6	5 或 6	−0.036	0.369	1.685	5.585
7	14 或 18	0.565	1.355	2.526	4.413
8	15 或 19	0.260	0.761	1.661	3.313
9	9	0.000	0.000	0.000	0.000
10	10	−0.047	−0.089	−0.126	−0.157
11	16 或 20	−0.688	−1.136	−1.232	−0.734
12	11	−0.348	−0.666	−0.951	−1.200
13	12	−1.150	−2.234	−3.247	−4.181

在表 2-3 和表 2-4 中，展示了整个桁架不同杆件意外损伤程度对结构鲁棒性影响。支座附件的弦杆 1～4 对结构鲁棒性影响最为明显，靠近悬臂端的杆件次之，结构对竖杆和跨中的少数斜杆的损伤不敏感，甚至会出现评价指标微幅降低的现象；结构鲁棒性受不同杆件损伤的影响在整体趋势上较为一致，其中位移鲁棒性评价指标 I_{R2} 的最大影响程度 77.919%，较 I_{R1}=52.946%更为剧烈，侧面反映了位移鲁棒性评价指标 I_{R2} 对评价结构受意外干扰的效果更佳，能量鲁棒性评价指标 I_{R1} 更偏向于反映结构的整体性能。

选取表 2-3 和表 2-4 中对结构鲁棒性影响最剧烈的杆件 1、2 和 3、4，绘制构件截面削弱后结构的鲁棒性评价指标 I_{R1}^{D}、I_{R2}^{D} 与构件意外损伤程度的曲线，如图 2-8 所示。

图 2-8 中 I_{R1}^{D} 和 I_{R2}^{D} 的数值分别对应左、右竖坐标，虽然这两个评价指标因物理意义不同而不能直接对比，但可以清晰地看出，I_{R1}^{D} 和 I_{R2}^{D} 受构件意外损伤 δ_D 的影响程度较为一致，并且随着支座附件杆件 1 或 2、3 或 4 意外损伤程度的增加，损伤后结构的鲁棒性评价指标迅速增加，具有较高的敏感性。

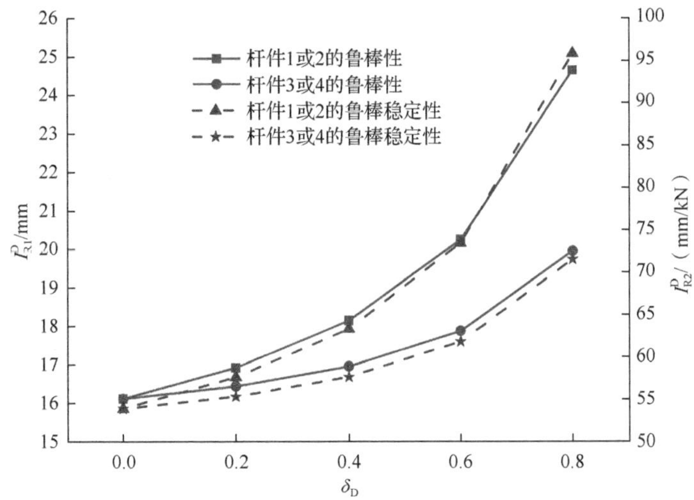

图 2-8　构件损伤对悬臂 21 杆桁架鲁棒性的影响

构件意外损伤这种不确定性的干扰，造成了结构自身属性的不同程度变化，进而反映在结构的鲁棒性评价指标中，基于 H_2/H_∞理论的鲁棒性评价指标，均可较好反映干扰状态下结构的性能。

2.4.3　关键构件影响对比分析

将 2.4.2 节表 2-3 和表 2-1 中对结构鲁棒性具有重要影响的构件定义为关键构件，提取出关键构件，并根据不同构件对结构鲁棒性的影响程度大小，采用不同粗细的线型示意，且舍弃次要杆件后得到如图 2-9 所示的结构。

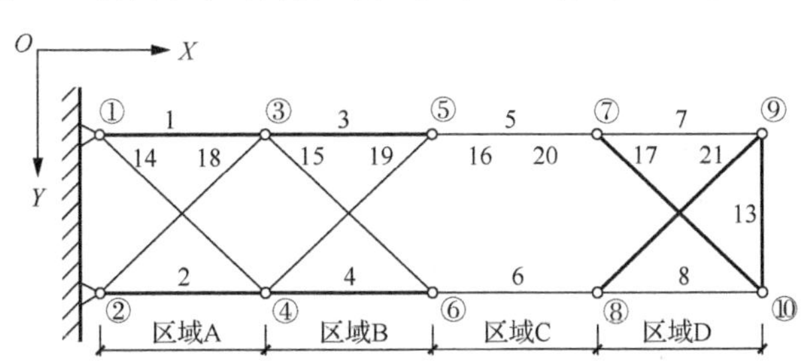

图 2-9　影响悬臂 21 杆桁架鲁棒性的关键构件

为详细分析上述关键构件，绘制悬臂 21 杆桁架，在引起一阶振型分布位移响应的荷载作用下，杆件轴力分布如图 2-10 所示。同时，依据计算得出产生一阶振型响应的单位荷载，分别施加在拆除单根杆件后的不同结构上，位移响应如表 2-5 所示。

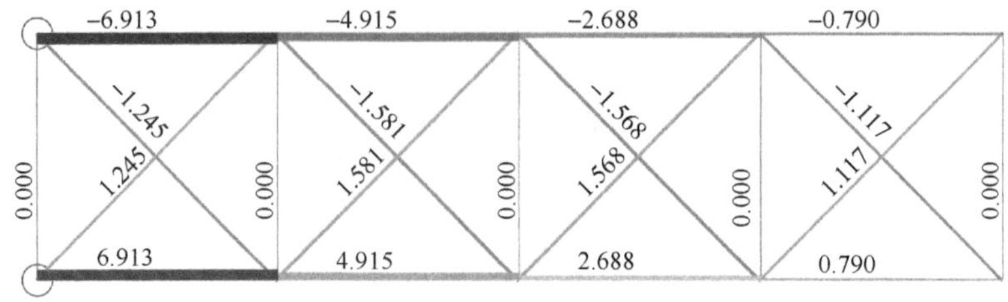

图 2-10　平面悬臂 21 杆桁架一阶振型单位荷载下的杆件轴力分布图（单位：MPa）

表 2-5　拆除单根杆件对 21 杆悬臂桁架的位移及鲁棒性影响

拆除杆件	Z_{max}	Z_{max} 增幅/%	I_{R1}/mm	I_{R1} 增幅/%	I_{R2} /（mm/kN）	I_{R2} 增幅/%
无	0.59	—	16.12	—	53.77	—
1 或 2	1.89	220.3	40.47	246.7	186.44	151.1
3 或 4	1.34	127.1	28.53	114.1	115.11	77.1
13	0.61	3.4	20.48	22.2	65.73	27.1
17 或 21	0.61	3.4	20.38	21.7	65.43	26.4
12	0.59	0	15.59	−5.0	51.07	−3.3

图 2-10 和表 2-5 中可以看出，杆件 1～4 号承受的轴力最大，因此拆除以后对结构的位移、鲁棒性影响至关重要。对于其余杆件的拆除，结构的位移响应并不明显，鲁棒性评价指标变化不大。此外，与表 2-3 和表 2-4 相比，拆除杆件与高达 δ_D=0.8 的构件损伤比，拆除杆件对结构的影响更加剧烈，使得结构鲁棒性评价指标 I_{R1} 的增幅从 52.946%急剧上升到 246.7%，I_{R2} 的增幅从 77.919%急剧上升到 151.1%。对于关键构件的破坏，结构鲁棒性评价指标 I_{R1} 的敏感性要比 I_{R2} 更高，这一点与构件损伤刚好相反。

观察图 2-9，影响结构鲁棒性的关键构件分布区域包括如下三部分：①靠近支座处的区域 A、区域 B，如上述分析，它们的上下弦杆对结构最为重要；②靠近悬臂端的区域 D，区域 D 是结构产生最大位移响应时主要荷载的作用位置，它的竖杆和斜杆为影响荷载的刚度、阻尼矩阵产生直接贡献，尽管对静位移的影响有限，但是对结构鲁棒性的影响明显；③区域 C、D 的弦杆和区域 A、B 的斜杆，这部分杆件为前面的关键构件提供了必要的连接和支撑，加强了单个构件之间的联系，在结构中形成了关键路线。

对跨度更长的 31 杆悬臂桁架，做同样的鲁棒性计算分析，得到关键构件分布图（图 2-11）。

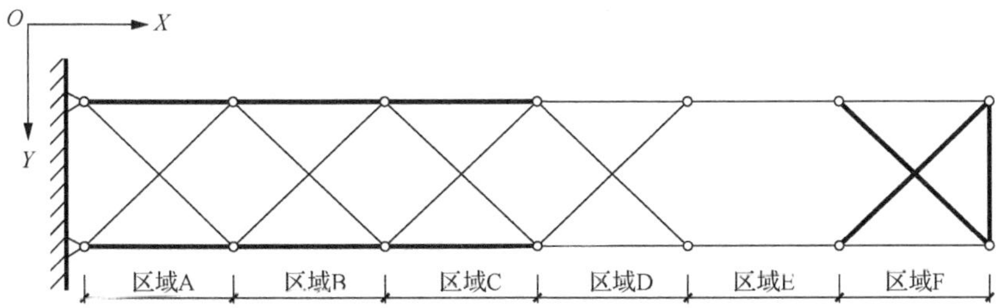

图 2-11　影响悬臂 31 杆桁架鲁棒性的关键构件

图 2-11 中影响鲁棒性关键构件分布规律与 21 杆桁架类似。由此可见，关键位置的杆件加固与保护，对提高结构在不确定性干扰下的性能和安全性是必要的，尤其是支座处的弦杆和悬臂端的竖杆、斜杆，这些关键构件的破坏会带来灾难性的后果。此外，并不是增加杆件就一定会对结构产生有益的影响，表 2-5 中给出了例子，对于节点⑦、⑧之间的 12 号竖杆，拆除之后对结构的位移几乎没有影响，鲁棒性反而有小幅提高。

2.5　小　　结

本章借鉴系统控制领域的 H_2/H_∞鲁棒控制思想，引入系统状态空间方程，基于结构的自身属性定义了结构鲁棒性的能量输出评价指标和位移放大评价指标，并对线性结构体系给出计算方法。最后通过分析 21 杆平面桁架，探讨了结构承载力、构件损伤、关键构件等因素对结构鲁棒性的影响规律，为加强结构的鲁棒性提供了方法与思路，可得到如下三点结论。

（1）基于系统传递函数矩阵 H_2 范数的结构能量鲁棒性评价指标 I_{R1}，可以表征结构体系在不确定性干扰下的总输出响应，从能量角度衡量了在干扰状态下结构的整体性能。

（2）基于系统传递函数矩阵 H_∞范数的结构位移鲁棒性评价指标 I_{R2}，可以体现结构对干扰产生的位移放大程度，衡量与起因所对应的结果是否相称。

（3）对 21 杆平面桁架的鲁棒性分析表明，构件截面整体加大、增加支座约束、合理的刚度分布等提高结构整体承载力的措施，有助于提高结构的鲁棒性；构件的意外损伤通常会降低结构的鲁棒性，结构鲁棒性对不同位置杆件的损伤具有不同的敏感性；拆除关键位置的杆件，对结构的鲁棒性有剧烈影响。

第 3 章　非线性结构系统的鲁棒性评价方法

3.1　引　　言

第 2 章中引入 H_2/H_∞鲁棒控制理论，建立了线性结构的鲁棒性评价指标，但分析结构的鲁棒性时，通常需要考虑局部破坏、超越荷载等可能的初始起因，应允许结构部分进入塑性状态，此时结构成为非线性系统，其传递函数矩阵不只与结构自身的属性有关，外部的输入干扰也会影响结构的鲁棒性，因此不能直接根据第 2 章的方法计算鲁棒性指标。

本章将在第 2 章的基础上，引入 L_2 性能准则，建立非线性状态下结构的鲁棒性评价指标。

3.2　非线性结构的鲁棒性评价指标

在 2.3 节的运动方程基础上，考虑非线性及干扰，具有 n 个自由度的结构系统运动方程与初始条件如下：

$$\begin{cases}\boldsymbol{M}_0(\boldsymbol{y})\ddot{\boldsymbol{y}}(t)+\boldsymbol{C}_0(\boldsymbol{y})\dot{\boldsymbol{y}}(t)+\boldsymbol{K}_0(\boldsymbol{y})\boldsymbol{y}(t)=\boldsymbol{u}(t)+\boldsymbol{w}(t)\\ \text{s.t.}\quad \boldsymbol{y}(\boldsymbol{0})=\boldsymbol{0}\end{cases} \tag{3.1}$$

式中：$\boldsymbol{M}_0(\boldsymbol{y})$、$\boldsymbol{K}_0(\boldsymbol{y})$、$\boldsymbol{C}_0(\boldsymbol{y})$分别为结构质量矩阵、刚度矩阵与阻尼（系数）矩阵。

3.2.1　结构的能量鲁棒性评价指标

线性结构定义的鲁棒性评价指标 I_{R1} 描述了系统在外界作用下的结构输出总能量。非线性情况下 I_{R1} 可以定义为在能量有界的外部不确定荷载作用下，结构非线性响应输出的能量：

$$I_{\mathrm{R1}}=\left\{\left[\int_0^\infty \boldsymbol{y}^*(\lambda,t)\,\boldsymbol{y}(\lambda,t)\,\mathrm{d}t\right]^{\frac{1}{2}},\left\|u(\lambda,t)\right\|_2\leqslant 1\right\} \tag{3.2}$$

式中：λ 表示不确定性变量，通过$\left\|u(\lambda,t)\right\|_2$求解荷载输入的能量；$\boldsymbol{y}(\lambda,t)$为结构的位移输出变量。此时，非线性的存在使叠加原理不再适用，为获得更为准确的

结构响应 $\boldsymbol{y}(\lambda,t)$，求解过程可用增量法，通过有限元软件对结构进行非线性响应分析得到。

3.2.2　结构的位移鲁棒性评价指标

$\boldsymbol{G}(s)$的 H_∞范数反映了系统对扰动响应的最大放大倍数，对于确定系统，可以依据诱导范数计算[130]：

$$\left\|\boldsymbol{G}(s)\right\|_{H_\infty}=\sup\left\{\frac{\left\|\boldsymbol{Y}(s)\right\|_{L_2}}{\left\|\boldsymbol{U}(s)\right\|_{L_2}},\ \boldsymbol{U}(s)\in L_2,\ \left\|\boldsymbol{U}(s)\right\|_{L_2}\neq 0\right\} \tag{3.3}$$

L_2范数又称欧几里得范数，定义为向量所有元素平方和的平方根。对属于 L_2时域函数空间的输出向量 $\boldsymbol{y}(t)$、输入向量 $\boldsymbol{u}(t)$和属于 H_∞频域函数空间的传递函数矩阵 $\boldsymbol{G}(s)$，根据帕塞瓦尔定理及 L_2性能准则，得出 $\boldsymbol{G}(s)$的 H_∞范数满足：

$$\left\|\boldsymbol{G}(s)\right\|_{H_\infty}=\sup\left\{\frac{\left\|\boldsymbol{y}(t)\right\|_{L_2}}{\left\|\boldsymbol{u}(t)\right\|_{L_2}},\ \boldsymbol{u}(t)\in L_2,\ \left\|\boldsymbol{u}(t)\right\|_{L_2}\neq 0\right\} \tag{3.4}$$

这里 $\boldsymbol{y}(t)$和 $\boldsymbol{u}(t)$的 L_2范数依据式（2.10）分别计算。

在有界的外部不确定荷载作用下，系统的位移鲁棒性 I_{R2}为

$$I_{\mathrm{R2}}=\left\|\boldsymbol{G}_{w\Delta y}\right\|_{H_\infty}=\sup\left\{\frac{\left\|\Delta\boldsymbol{y}(\lambda,t)\right\|_{L_2}}{\left\|\boldsymbol{w}(\lambda,t)\right\|_{L_2}},\ \boldsymbol{w}(\lambda,t)\in L_2,\ \left\|\boldsymbol{w}(\lambda,t)\right\|_{L_2}\neq 0\right\} \tag{3.5}$$

最后，综合以上分析，依据系统 H_2/H_∞理论，可得结构的多重鲁棒性评价指标为

$$\begin{cases}I_{\mathrm{R1}}=\left\{\left[\int_0^\infty \boldsymbol{y}^*(\lambda,t)\boldsymbol{y}(\lambda,t)\mathrm{d}t\right]^{\frac{1}{2}},\ \left\|u(\lambda,t)\right\|_2\leqslant 1\right\}\\ I_{\mathrm{R2}}=\sup\limits_{\left\|\boldsymbol{w}(\lambda,t)\right\|_{L_2}\neq 0}\dfrac{\left\|\Delta\boldsymbol{y}(\lambda,t)\right\|_{L_2}}{\left\|\boldsymbol{w}(\lambda,t)\right\|_{L_2}}\end{cases} \tag{3.6}$$

特殊地，当外部输入为静荷载时，H_2和 H_∞范数不随时间变化，式（3.6）简化为

$$\begin{cases}I_{\mathrm{R1}}=\left\{\left[\sum\limits_{i=1}^{i=\mathrm{np}}\boldsymbol{y}_i^*(\lambda)\boldsymbol{y}_i(\lambda)\right]^{\frac{1}{2}},\ \left\|u(\lambda)\right\|_2\leqslant 1\right\}\\ I_{\mathrm{R2}}=\sup\limits_{\left\|\boldsymbol{w}(\lambda)\right\|_{L_2}\neq 0}\dfrac{\left(\Delta\boldsymbol{y}^{\mathrm{T}}(\lambda)\Delta\boldsymbol{y}(\lambda)\right)^{\frac{1}{2}}}{\left(\boldsymbol{w}^{\mathrm{T}}(\lambda)\boldsymbol{w}(\lambda)\right)^{\frac{1}{2}}}\end{cases} \tag{3.7}$$

式中：np 为有限元软件中荷载分级加载的次数；$y_i(\lambda)$ 为第 i 次加载时，结构的非线性响应函数。

3.3　单输入单输出结构系统的非线性位移鲁棒性

为研究结构属性和外部干扰对结构鲁棒性的影响，分析图 3-1 所示的单自由度并联系统模型。n 根竖杆铰接于刚性横梁，横梁一端与支座铰接，可自由转动，结构的几何尺寸如图 3-1 所示。单根竖杆的截面积为 A，材料采用双线性强化模型，弹性模量 E，应变强化系数 k，屈服应力 $\sigma_y=E\varepsilon_y$，其中 ε_y 为屈服应变。输入荷载 F 作用于第 n 根竖杆处，方向竖直向下；以横梁转角 θ 为输出。

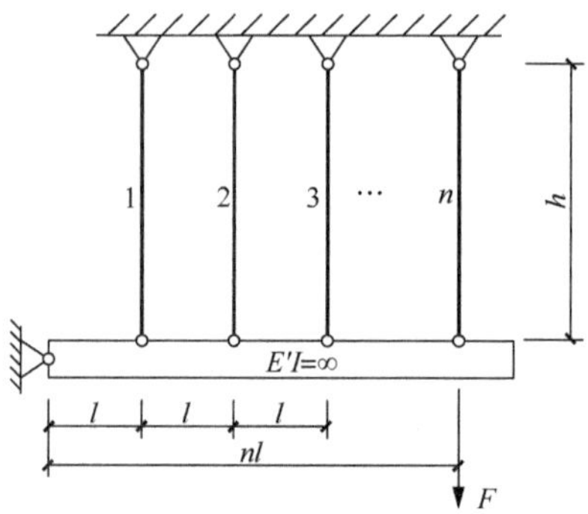

图 3-1　单自由度并联系统模型

考虑荷载的不确定性，设 F 是区间变量，其名义值为 $\bar{F}$，波动的范围满足 $F\in\left[F^l,F^u\right]=\left[\bar{F}-\Delta F,\bar{F}+\Delta F\right]$，其中 ΔF 为干扰荷载，$\Delta F=\beta\sigma_y A$，β为实际荷载与其名义值的相对偏差。

当所有杆件均处于弹性阶段时，根据平衡条件和变形协调关系，可以得到第 i 根杆内力 $f_i=\dfrac{n\cdot iA_i}{A_1+4A_2+\cdots+n^2A_n}F$，应力 $\sigma_i=\dfrac{n\cdot i}{A_1+4A_2+\cdots+n^2A_n}F$。下面考虑弹塑性的情况，首先分析只有一根竖杆（即 n=1）时结构的鲁棒性，进而推广到有 n 根竖杆的情况。

3.3.1　只有一根竖杆的情况

当图 3-1 中只有一根竖杆即 n=1 时，设α=0.8，根据平衡条件和变形协调关系可知，当$\beta\leqslant 1-\alpha$=0.2 时，系统保持弹性，横梁转角为

$$\theta=\frac{\Delta h}{l}=\frac{Fh}{EAl} \tag{3.8}$$

根据式（3.5）计算结构的鲁棒性指标为

$$I_{\mathrm{R2}}=\left.\frac{\|\Delta\theta\|_2}{\|\Delta F\|_2}\right|_{F=F^u}=\frac{h}{EAl} \tag{3.9}$$

当$\beta>1-\alpha=0.2$时，竖杆进入塑性，总应变为

$$\varepsilon=\varepsilon_{\mathrm{y}}+\frac{F-\sigma_{\mathrm{y}}A}{kEA} \tag{3.10}$$

横梁转角为

$$\theta=\frac{\varepsilon h}{l}=\frac{\varepsilon_{\mathrm{y}}h}{l}+\frac{\left(F-\sigma_{\mathrm{y}}A\right)h}{kEAl} \tag{3.11}$$

θ又可以分成名义荷载$\bar{F}$和干扰荷载ΔF的贡献，

$$\theta=\bar{\theta}+\Delta\theta=\frac{\bar{F}h}{EAl}+\Delta\theta \tag{3.12}$$

因此，鲁棒性指标为

$$I_{\mathrm{R2}}=\left.\frac{\|\Delta\theta\|_2}{\|\Delta F\|_2}\right|_{F=F^u}=\frac{h}{EAl}\left(\frac{0.2}{\beta}+\frac{\beta-0.2}{k\beta}\right) \tag{3.13}$$

以鲁棒性指标I_{R2}除以$h/(EAl)$得到的值（无量纲）为纵坐标，并取k=0.014，得到n=1 时单自由度并联系统的鲁棒性与荷载波动范围的关系如图 3-2 所示。

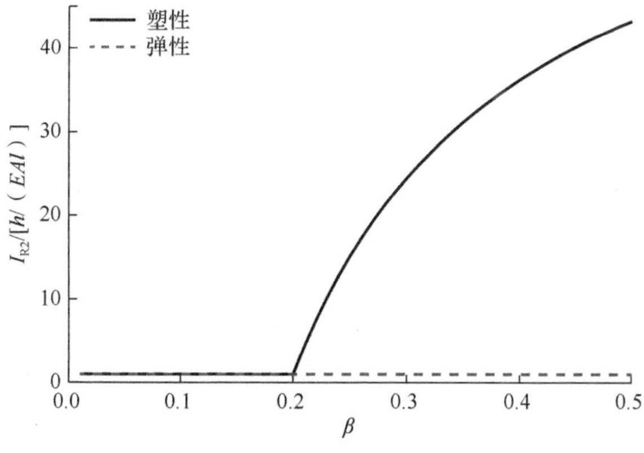

图 3-2　n=1 时单自由度并联系统的鲁棒性与荷载波动范围的关系

可见当干扰荷载较小时，结构保持弹性，$I_{\mathrm{R2}}=h/(EAl)$，结构的鲁棒性与干扰荷载的大小无关，即线性结构系统的鲁棒性只由结构本身的属性决定，印证了第 2 章中的结论。干扰荷载增大到β=0.2 后，构件开始进入塑性，结构的整体刚

度产生突变，抵抗不相称破坏的能力迅速减弱，从 $I_{R2}/[h/(EAl)]$-β 曲线可以反映出其鲁棒性随之减小的趋势。因此结构的位移鲁棒性反映了结构自身的性质，受几何、材料等属性影响；外部干扰通过改变结构的属性可以影响结构的鲁棒性。如果不考虑构件的塑性，I_{R2} 将始终保持弹性时的 $h/(EAl)$，从而高估了结构的鲁棒性。

3.3.2　n 根竖杆的情况

当图 3-1 中有 n 根竖杆时，编号越大的竖杆其变形和内力也越大，令第 i 根竖杆内力为 f_i，应变为 ε_i。

当偏差 β 较小时，所有杆均为弹性，根据变形协调和物理关系，各竖杆内力为

$$f_i = EA\varepsilon_i = EA\theta\frac{il}{h} \tag{3.14}$$

又由平衡条件：

$$Fnl = \sum_{j=1}^{n} f_j jl \tag{3.15}$$

各竖杆内力为

$$f_i = \frac{6i}{(n+1)(2n+1)}F \tag{3.16}$$

因此，当 $\beta = \frac{(n+1)(2n+1)}{6n} - \alpha$ 时，第 n 根杆首先进入塑性；而 $\beta < \frac{(n+1)(2n+1)}{6n} - \alpha$ 时，所有杆都是弹性，此时鲁棒性指标为

$$I_{R2} = \frac{6}{(n+1)(2n+1)}\frac{h}{EAl} \tag{3.17}$$

当第 i 根竖杆刚进入塑性，即 $f_i=\sigma_y A=E\varepsilon_y A$ 时，横梁转角为

$$\theta = \frac{\varepsilon_y h}{il} \tag{3.18}$$

根据几何关系，第 j 根竖杆的变形为

$$\Delta h_j = \theta jl = \frac{j}{i}\varepsilon_y h \tag{3.19}$$

根据变形协调和物理关系，各竖杆内力为

$$f_j=\begin{cases}\sigma_y A\dfrac{j}{i} & j=1,2,\cdots,i\\ \left[1+k\left(\dfrac{j}{i}-1\right)\right]\sigma_y A & j=i+1,i+2,\cdots,n\end{cases} \tag{3.20}$$

平衡条件仍为式（3.15），联立式（3.15）和式（3.20），有

$$F=\sigma_y A\cdot g(i,n) \tag{3.21}$$

式中：$g(i,n)$ 是与杆件编号 i 和数量 n 有关的函数。

$$g(i,n)=(1-k)\frac{3n^2+3n-i^2+1}{6n}+k\frac{2n^2+3n+1}{6i} \tag{3.22}$$

因此当 $g(i+1,n)\leqslant\alpha+\beta<g(i,n)$ 时，第 1, 2,⋯, i 号竖杆处于弹性状态，而 i+1, i+2,⋯, n 号竖杆进入塑性。此时各竖杆内力为

$$f_j=\begin{cases}j\theta\dfrac{EAl}{h} & j=1,2,\cdots,i\\ (1-k)\sigma_y A+kj\theta\dfrac{EAl}{h} & j=i+1,i+2,\cdots,n\end{cases} \tag{3.23}$$

结构仍然满足平衡条件式（3.15）。将输出 θ 分成 $\bar{F}$ 和 ΔF 的贡献：

$$\theta=\bar{\theta}+\Delta\theta=\frac{6}{(n+1)(2n+1)}\frac{h}{EAl}\alpha\sigma_y A+\Delta\theta \tag{3.24}$$

综合以上各式，鲁棒性指标为

$$I_{R2}=\frac{\beta-(1-k)\left(\alpha-\alpha\dfrac{i(i+1)(2i+1)}{n(n+1)(2n+1)}-\dfrac{n^2+n-i^2-i}{2n}\right)}{\beta\left(k\dfrac{(n+1)(2n+1)}{6}+(1-k)\dfrac{i(i+1)(2i+1)}{6n}\right)}\frac{h}{EAl} \tag{3.25}$$

下面分析所有杆均进入塑性的情况。1 杆是最后进入塑性的杆件，当 1 杆恰好进入塑性，各竖杆内力为

$$f_i=\begin{cases}\sigma_y A & i=1\\ (1-k)\sigma_y A+kEA\theta\dfrac{il}{h} & i=2,3,\cdots,n\end{cases} \tag{3.26}$$

其中转角 $\theta=\varepsilon_{\mathrm{y}}\dfrac{h}{l}$，此时 $\beta=\beta_{\mathrm{p}}=\dfrac{(1-k)(n+1)}{2}+\dfrac{k(n+1)(2n+1)}{6}-\alpha$，各竖杆内力为

$$f_i=E\varepsilon_{\mathrm{y}}A+kE\left(\varepsilon_i-\varepsilon_{\mathrm{y}}\right)A=(1-k)\sigma_{\mathrm{y}}A+kEA\theta\frac{il}{h} \tag{3.27}$$

将输出 θ 分成 $\bar{F}$ 和 ΔF 的贡献：

$$\theta=\theta_0+\Delta\theta=\frac{6\alpha}{(n+1)(2n+1)}\frac{h}{EAl}\sigma_{\mathrm{y}}A+\Delta\theta \tag{3.28}$$

综合式（3.15）、式（3.27）和式（3.28），结构的鲁棒性指标为

$$I_{\mathrm{R2}}=\frac{6\beta+6(1-k)\left(\alpha-\dfrac{n+1}{2}\right)}{\beta k(n+1)(2n+1)}\frac{h}{EAl} \tag{3.29}$$

根据式（3.29），以 n=2、α=0.8 和 n=3、α=1.2 为例，分别计算结构的鲁棒性，结果如图 3-3 所示。

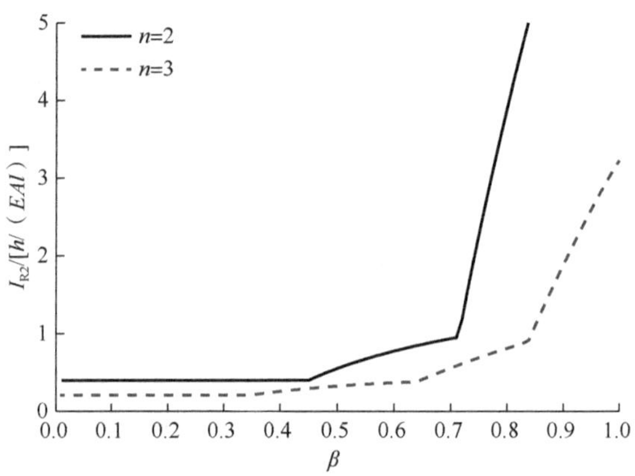

图 3-3　n 为 2 和 3 时单自由度并联系统的鲁棒性与荷载波动的关系

可见 n 根杆组成的结构系统，其 $I_{\mathrm{R2}}/[h/(EAl)]$-$\beta$ 曲线将出现 n 次转折。当干扰较小系统保持弹性时，I_{R2} 可由（3.17）式求得，且只与结构自身属性 $\left(n\text{ 和 }\dfrac{h}{EAl}\right)$ 有关，因此 $I_{\mathrm{R2}}/[h/(EAl)]$-$\beta$ 曲线为水平线，即结构的鲁棒性与干扰荷载的大小无关。β 分别大于 0.45、0.36 时，最外一根竖杆受力最大而首先进入塑性，$I_{\mathrm{R2}}/[h/(EAl)]$-$\beta$ 曲线出现第一次转折，结构的鲁棒性略有削弱。随着干扰荷载增大，构件达到塑性的数目增多，塑性程度发展，$I_{\mathrm{R2}}/[h/(EAl)]$-$\beta$ 曲线的斜率一次次增大，结构鲁棒

性下降速度加快。在相同的干扰荷载下，构件数目越多的结构在弹性状态下的鲁棒性越好，而且部分构件进入塑性对鲁棒性的削弱较小。

对于单自由度并联系统，增加构件的数目可以有效地提高结构的冗余度，在部分构件进入塑性后，结构可以对干扰荷载引起的内力进行重分布，从而使剩余构件仍然能够增加或保持承载力，即结构具有备用荷载途径。因此其抵抗干扰的能力更强，通过 I_{R2} 可以反映出其鲁棒性也较强。

3.4　多输入多输出结构系统的非线性位移鲁棒性

对于多输入多输出结构系统，以图 3-4 所示的 10 杆桁架结构模型为例，材料采用双线性等向强化模型，屈服应力σ_y=235MPa，弹性模量 E=206GPa，应变强化系数 k=0.014，密度ρ=7850kg/m^3；令构件截面积 A=700mm^2，长度 l=2m；不考虑阻尼，计算结构自振频率为 71.3Hz。在节点 3、5 作用有节点荷载 $\boldsymbol{P}=[P_1 \quad P_2 \quad P_3]^{\mathrm{T}}=[P_{3y} \quad P_{5y} \quad P_{5x}]^{\mathrm{T}}$，方向分别沿+$y$、+$y$、+$x$ 方向，作为输入向量；以各节点的位移$\boldsymbol{\delta}=[\delta_{1x} \quad \delta_{1y} \quad \cdots \quad \delta_{6x} \quad \delta_{6y}]^{\mathrm{T}}$为输出。

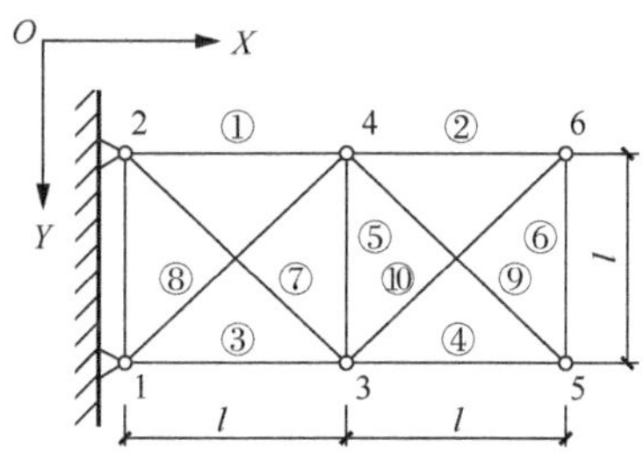

图 3-4　平面 10 杆桁架结构模型

3.4.1　不确定性静力荷载的影响

当节点荷载 $\boldsymbol{P}$ 为静力荷载时，$\boldsymbol{P}$ 可以表示为 $\boldsymbol{P}=\overline{\boldsymbol{P}}+\Delta\boldsymbol{P}$，设其名义值 $\overline{\boldsymbol{P}}$ 分别为 $\overline{P}_1=100\mathrm{kN}$，$\overline{P}_2=\overline{P}_3=50\mathrm{kN}$，且对各荷载均存在$\left|\dfrac{P_i-\overline{P}_i}{\overline{P}_i}\right|\leqslant\beta$。由于是静力荷载，按照式（3.7）计算结构的鲁棒性，可以得到鲁棒性与β的关系，结果如图 3-5 所示。

桁架结构鲁棒性随荷载波动范围变化的趋势与单自由度体系类似。当荷载波动较小时（β<0.37），结构各杆均保持弹性，结构的鲁棒性较强且与外界干扰无关。随着β的增大，各杆将按照其内力的大小，先后进入塑性状态。当β>0.37 时，⑦杆首先进入塑性，但是由于塑性构件的比例较小，鲁棒性变化不大；β=0.41 时，上弦①杆也进入塑性，结构位移增大的速度变快，结构鲁棒性减弱的速度加快，意味着较小的干扰将会使结构产生更大的输出。

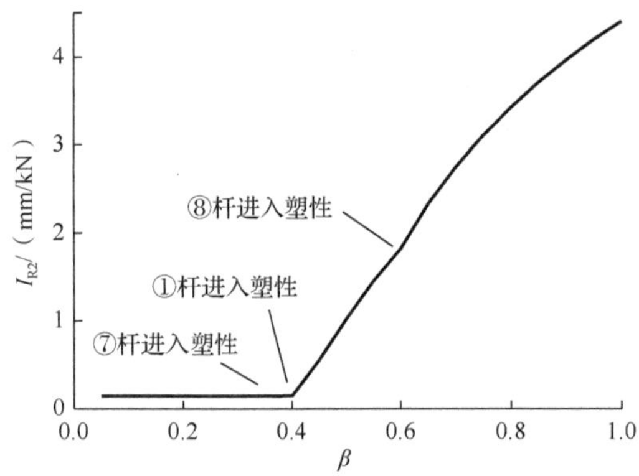

图 3-5　桁架结构鲁棒性与静力荷载波动范围的关系

由图 3-5 可见，处于不同位置的构件对结构的鲁棒性影响不同。支座处弦杆①进入塑性后结构鲁棒性发生突变，迅速减弱；斜腹杆⑦、⑧进入塑性，则对结构鲁棒性的影响不明显。因此对于图 3-4 荷载分布下的桁架结构，可以认为①杆属关键构件，而⑦、⑧杆则为次要构件。结构的鲁棒性受拓扑连接、荷载分布等因素综合影响，因此提高次要构件的承载力储备并不能有效增强结构的鲁棒性，进行鲁棒性设计时需要判断结构的关键构件。

进一步考虑构件截面积 A 存在不确定性，其名义值为 $\overline{A}$，波动的范围为 β_A，$\beta_A \geqslant \left|\dfrac{A-\overline{A}}{\overline{A}}\right|$，计算结构鲁棒性与 β_A 的关系，结果如图 3-6 所示。

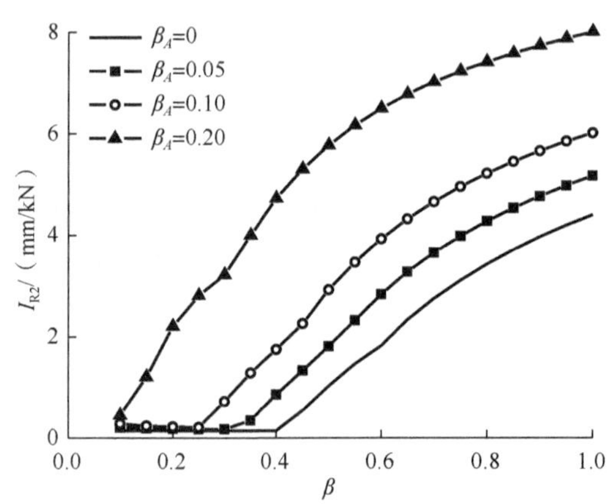

图 3-6　桁架结构鲁棒性与构件截面积波动范围的关系

由图 3-6 可见，随着结构本身不确定性的增大，结构的鲁棒性逐渐减弱，而且 I_{R2}-β 曲线的水平段也相应减少，结构在较小的荷载波动下就将产生鲁棒性突减。

由于本节分析时限定了荷载的分布形式，只存在荷载幅值不确定性的干扰，因此与直接采用线性方法计算鲁棒性指标相比，图 3-6 中采用非线性方法计算弹性阶段的结构鲁棒性指标较小。评判实际结构的鲁棒性时，可以根据需要分析多种工况组合。

3.4.2　不确定性动力荷载的影响

考虑结构承受动力荷载的情况。设节点荷载 $\boldsymbol{P}$ 是形为 $P_i=P_{Ai}\sin(2\pi ft)$ 的简谐荷载，持续时间 T=0.2s；考虑不确定性，$\boldsymbol{P}$ 可以表示为 $\boldsymbol{P}=\overline{\boldsymbol{P}}+\Delta\boldsymbol{P}$，即

$$P_i=\overline{P}_i+\Delta P_i=\left(\overline{P}_{Ai}+\Delta P_{Ai}\right)\sin(2\pi ft) \tag{3.30}$$

其幅值的名义值分别为 $\overline{P}_{A1}=100\text{kN}$，$\overline{P}_{A2}=\overline{P}_{A3}=50\text{kN}$，波动的范围为 $\left|\dfrac{\Delta P_i}{\overline{P}_i}\right|\leqslant\beta$。按照式（2.10）计算干扰的 L_2 范数：

$$\begin{aligned}\left\|\boldsymbol{w}(t)\right\|_2&=\left(\int_0^{\mathrm{T}}\boldsymbol{w}^{\mathrm{T}}(t)\boldsymbol{w}(t)\mathrm{d}t\right)^{1/2}\\&=\left(\sum_{i=1}^{3}\int_0^{\mathrm{T}}\Delta\boldsymbol{P}_i^{\mathrm{T}}(t)\Delta\boldsymbol{P}_i(t)\mathrm{d}t\right)^{1/2}\\&=\left(\Delta P_1^2+\Delta P_2^{2}+\Delta P_3^{2}\right)^{1/2}\left(\frac{T}{2}-\frac{\sin4\pi fT}{8\pi f}\right)^{1/2}\end{aligned} \tag{3.31}$$

进而分别计算结构在 $\overline{\boldsymbol{P}}$ 和 $\boldsymbol{P}$ 下的位移响应，并按照式（2.10）对时间进行积分，得到鲁棒性与 β 的关系，结果如图 3-7 所示。

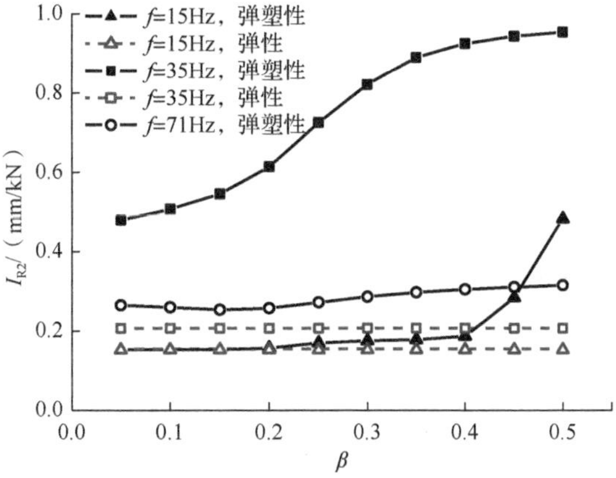

图 3-7　桁架结构鲁棒性与动力荷载幅值波动范围的关系

当不考虑构件的塑性时，结构的鲁棒性 I_{R2} 与β的关系如图 3-7 中虚线所示，可见此时弹性鲁棒性指标 I_{Re} 与动力荷载幅值的波动无关；但对比 f=15Hz 和 f=35Hz 的情况可见，外荷载频率越接近结构自振频率（71Hz），结构位移的放大作用越明显，其鲁棒性也越差。考虑构件的弹塑性，对荷载频率 f=15Hz，当荷载波动较小时，结构处于弹性状态，塑性鲁棒性指标 I_{Rp} 与 I_{Re} 相同；当荷载波动增大使构件进入塑性，结构的鲁棒性也就逐渐减弱。对荷载频率 f=35Hz，其 I_{R2}-β 曲线的趋势与 f=15Hz 相似；由于更接近结构的自振频率，在较小的荷载波动下已有部分构件进入塑性，因此其鲁棒性指标 I_{R2} 高于 I_{Re}，也高于 f=15Hz 时的 I_{R2}。对 f=71Hz（即荷载与结构产生共振）时，由于在名义荷载作用下结构已经产生较大响应，而鲁棒性着重分析干扰下结构性能相对其名义值的波动，因此结构的鲁棒性随β的增大只是略有下降。

因此设计时使结构自振频率远离可能的干扰荷载的频率，可以提高结构的鲁棒性。同时由图 3-7 可见，不考虑构件进入弹塑性的可能性，将会高估结构的鲁棒性。

3.5　鲁棒性与应变能关系

为探讨结构的鲁棒性与应变能之间的关系，选取经典的六角星形网格结构作为研究对象，如图 3-8 所示。已有研究给出了该结构在集中荷载作用下的多个临界值[135]。该星形穹顶内圈矢高 0.4m，直径 1m，外圈矢高 0.3m，直径 2m，杆件截面均为圆钢管，截面积 $97\times10^{-6}m^2$，材料弹性模量为 $2.1\times10^{11}N/m^2$，密度为 $7.85\times10^3kg/m^3$，泊松比为 0.3，结构的 6 个角点三向线位移约束。

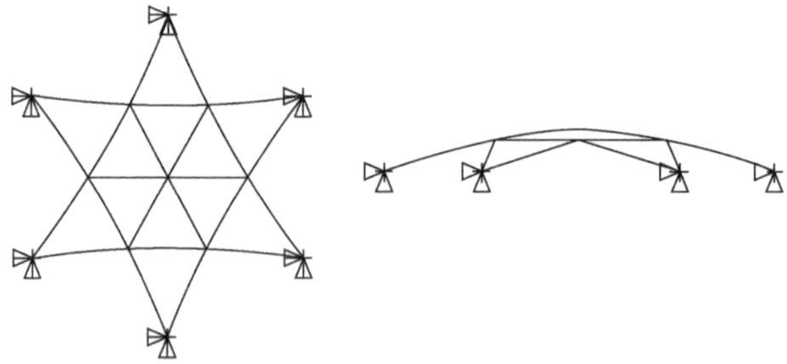

（a）平面图　　（b）侧视图

图 3-8　六角星形网格结构示意图

依据鲁棒性的定义，使用鲁棒性评价指标 I_{R2}，对结构进行模态分析，获得六角星形穹顶的一阶振型图，如图 3-9（a）所示。该振型图中仅对称中心处的节点产生位移，故荷载工况一为在对称中心处作用竖直向下的集中荷载，如图 3-9(b)所示。

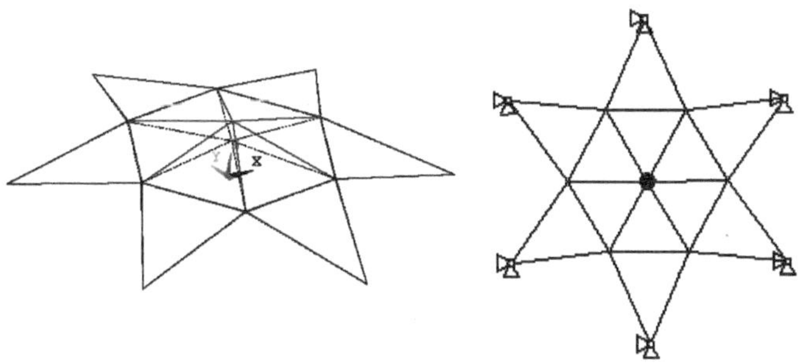

（a）一阶振型图　（b）荷载工况一示意图

图 3-9　六角星形穹顶的一阶振型与荷载工况一

六角星形穹顶高阶振型如图 3-10（a）所示。依据非线性状态下鲁棒性的计算公式，使用鲁棒性评价指标 I_{R2}，对结构进行荷载工况一［图 3-9（b）］和荷载工况二［图 3-10（b）］的分析，图中实心圆点处受到竖直向下的荷载，空心圆点处受到竖直向上的荷载，荷载大小均一致。

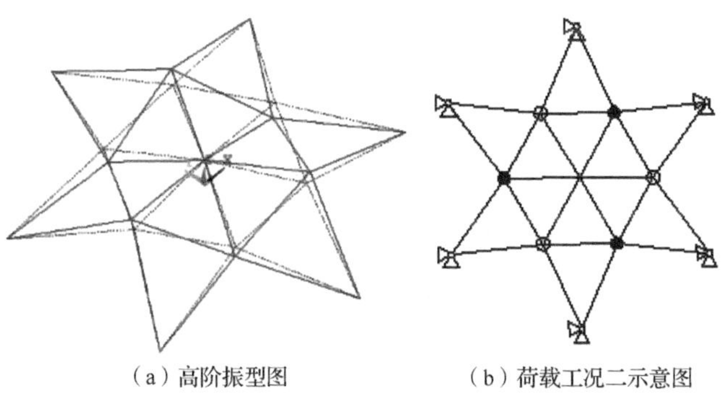

（a）高阶振型图　（b）荷载工况二示意图

图 3-10　六角星形穹顶高阶振型与荷载工况二

设结构为静荷载，荷载分布分别为荷载工况一、荷载工况二，荷载的不确定性波动范围为 ± 25kN，考虑结构的几何非线性影响。分别计算在总荷载 0～1000kN 工作状态下的六角星形网格结构，对结构的鲁棒性、应变能对比分析如图 3-11 所示。

从图 3-11（a）中可以看出，随着结构荷载逐渐增大，能量鲁棒性 I_{R1} 呈增长之势，这是由于随着外荷载输入的增加，结构的输出能量也在逐渐增加；能量鲁

棒性 I_{R1} 的增长曲线出现了两次跃迁，且与荷载和结构的应变能跃迁一致，产生的原因是结构的内环结构和外环结构分别出现了两次屈曲，屈曲造成结构变形的突增；能量鲁棒性 I_{R1} 在第二次屈曲后依旧呈微弱增加趋势，侧重于表征结构的整体变形过程，而应变能则突然减小再逐渐增加，体现了释放几何负刚度后结构整体刚度得到提高的过程。由于荷载分布不同，图 3-11（b）中同样的总荷载作用下，结构的能量鲁棒性 I_{R1} 和应变能均明显小于图 3-11（a）中的数值，当结构处在荷载工况二的工作状态下时，鲁棒性更好。

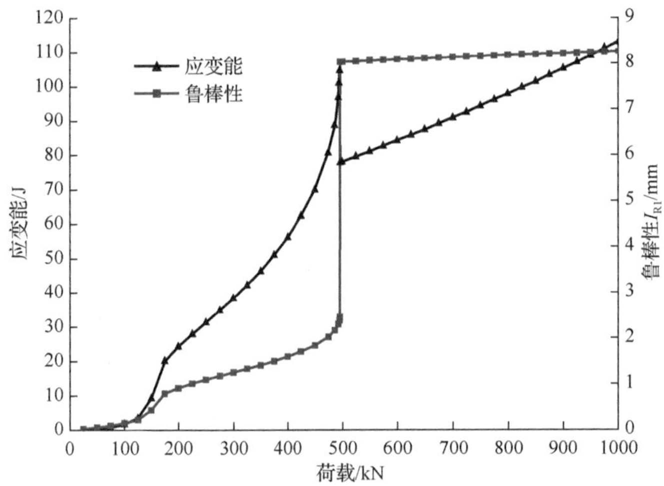

（a）荷载工况一

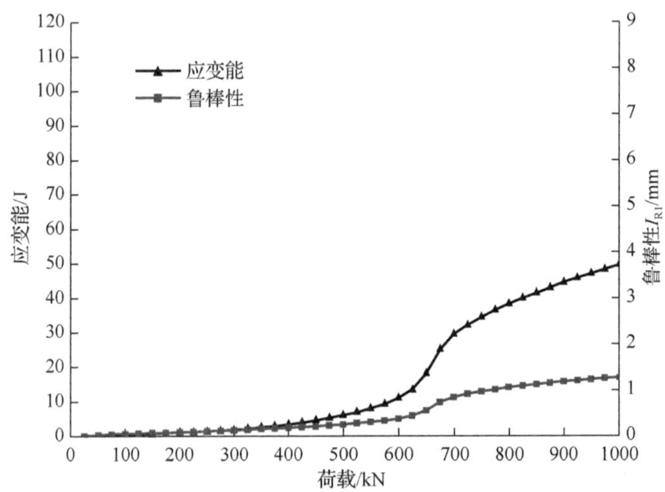

（b）荷载工况二

图 3-11　不同荷载工况下的结构鲁棒性与应变能

为探讨结构的鲁棒特性，绘制结构在两种荷载工况下，不同的荷载作用下，由单位荷载波动造成的结构鲁棒性变化 ΔI_{R1} 和应变能变化 ΔE 变化曲线如图 3-12 所示，荷载-位移曲线如图 3-13 所示。

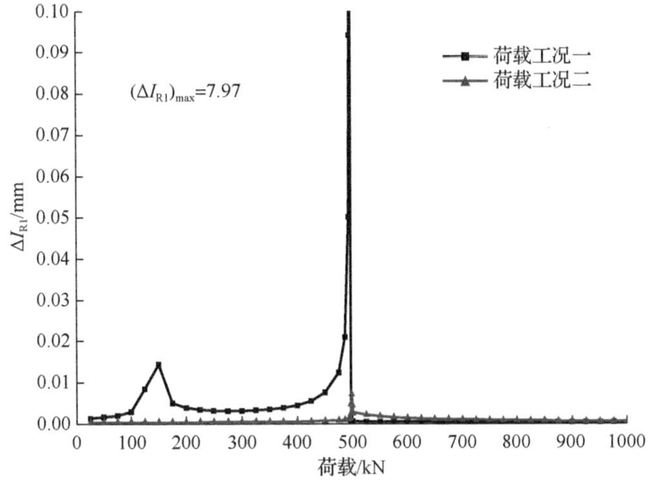

（a）结构鲁棒性变化与荷载关系

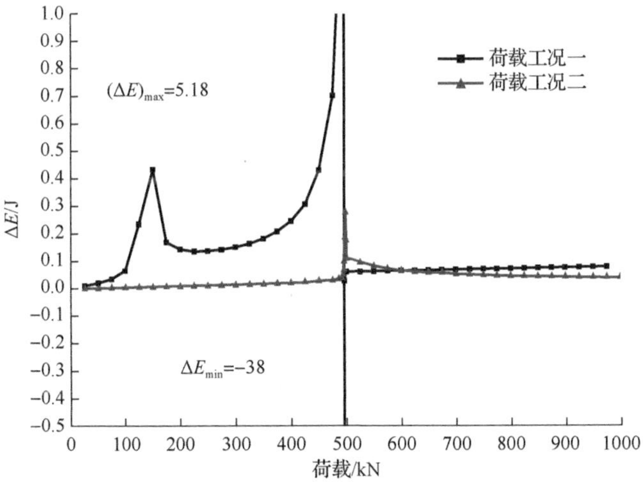

（b）结构应变能变化与荷载关系

图 3-12　不同荷载工况下的结构鲁棒性与应变能变化曲线

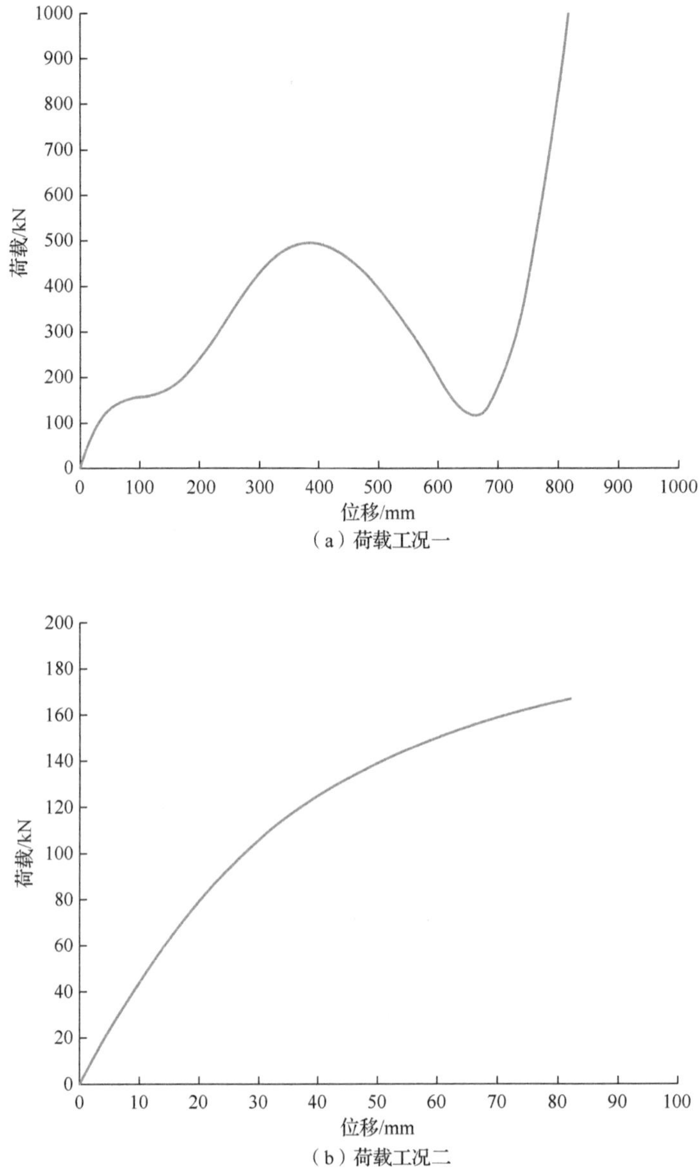

（a）荷载工况一

（b）荷载工况二

图 3-13　不同荷载工况下的结构荷载-位移曲线

当结构外荷载发生波动时，鲁棒性和应变能会随之出现变化，对于任意的不确定性荷载，结构性能变化是难以预测的，但是，单位不确定性荷载引起的响应最剧烈情形，发生在结构的极限状态下。如图 3-13 所示荷载工况一作用下，当结构的荷载处在临界屈曲附近（P=496kN），单位荷载波动就可造成结构性能指标的巨大突变（ΔI_{R1}=7.97mm，ΔE=−38）。依据非线性结构鲁棒性评价指标 I_{R2} 的定义式（3.5）可知，当任意不确定扰动荷载的随机组合覆盖了出现最大响应的范围时，结构对荷载扰动响应的最大放大倍数，即为结构鲁棒性的位移放大评价指标 $I_{R2}=(\Delta I_{R1})_{max}$=7.97mm/kN。同时，因为结构鲁棒性评价指标 I_{R2} 是指最大扰动放大系数，所以当荷载的大小远离屈曲荷载时，结构对干扰响应的放大系数远小于鲁棒性评价指标 I_{R2}。

鲁棒性评价指标 I_{R2}，表征了结构对干扰的最大敏感程度，是不确定性干扰响应放大系数的上限，限制结构的鲁棒性评价指标 I_{R2}，即使在不确定性干扰影响下，也可以很好地保证结构的响应在规定范围内。因此，鲁棒性评价指标 I_{R2} 适合做结构设计的约束条件；另外，由于对不确定性干扰敏感的情形是十分少见的，因此，若仅将单个鲁棒性评价指标 I_{R2} 作为结构的设计依据，会出现过于保守的情形。相比而言，鲁棒性评价指标 I_{R1} 表征了结构对不同输入的输出响应（非线性评价指标）或者对整个频域的全部响应（线性评价指标），良好地反映了结构的宏观变化过程，是适宜的结构设计指标。

3.6　结构鲁棒性评价指标的物理意义

3.6.1　结构传递函数矩阵的物理意义

为了更清楚地理解鲁棒性评价指标的物理意义，首先分析结构传递函数矩阵的物理意义。单自由度体系的运动方程为

$$m_0\ddot{z}(t)+c_0\dot{z}(t)+k_0z(t)=u(t) \tag{3.32}$$

式中：$z(t)$表示结构的位移；$\dot{z}(t)$表示结构的速度；m_0、k_0、c_0 分别为结构的质量、刚度与阻尼系数；$u(t)$表示外荷载作用。系统的初始条件为 $z(0)=0$。对式（3.32）进行拉普拉斯变换得

$$m_0s^2Z(s)+c_0sZ(s)+k_0Z(s)=U(s) \tag{3.33}$$

故有系统的传递函数：

$$\boldsymbol{G}(s)=\frac{1}{m_0s^2+c_0s+k_0} \tag{3.34}$$

显而易见，式（3.34）与 2.3 节基于状态空间法推导的结果［式（2.27）］完全相同。对式（3.34）进一步变形，使传递函数矩阵从复数域转换到频域得

$$\boldsymbol{G}(s)=\frac{1}{m_0\omega_{\mathrm{d}}}\cdot\frac{\omega_{\mathrm{d}}}{\left(s+\zeta\omega_n\right)^2+\omega_{\mathrm{d}}^2} \tag{3.35}$$

对式（3.35）做拉普拉斯逆变换，使得传递函数矩阵从频域转换到时域得

$$L^{-1}\left[\boldsymbol{G}(s)\right]=\frac{1}{m_0\omega_{\mathrm{d}}}\mathrm{e}^{-\zeta\omega_n t}\sin\omega_{\mathrm{d}}t=h(t) \tag{3.36}$$

即传递函数矩阵 $\boldsymbol{G}(s)$ 的拉普拉斯逆变换恰好等于系统单位脉冲响应 $h(t)$，其中结构固有频率 $\omega_n=\sqrt{\dfrac{k_0}{m_0}}$，自振频率 $\omega_{\mathrm{d}}=\omega_n\sqrt{1-\zeta^2}$，阻尼比 $\zeta=\dfrac{c_0}{2\sqrt{k_0m_0}}$。由式（3.36）可验证：$\boldsymbol{G}(s)$ 在复数域表达了系统将外荷载输入转换为位移输出的换算关系，但与系统的外荷载大小无关。

3.6.2　结构能量鲁棒性评价指标的物理意义

为了分析结构鲁棒性评价指标 I_{R1} 的物理意义，将传递函数矩阵表达式（3.34）代入 I_{R1} 的定义式（2.6）得

$$I_{\mathrm{R1}}=\left\|\boldsymbol{G}(s)\right\|_{H_2}=\left[\frac{1}{2\pi}\int_{-\infty}^{+\infty}\left[\left(\frac{1}{m_0s^2+c_0s+k_0}\right)^*\frac{1}{m_0s^2+c_0s+k_0}\right]\mathrm{d}\omega\right]^{\frac{1}{2}} \tag{3.37}$$

依据内积公式与傅里叶变换，从式（3.36）和式（3.37）推导出输入外荷载 u 为脉冲荷载时 I_{R1} 的表达式：

$$\begin{aligned}I_{\mathrm{R1}}&=\left[\int_0^{+\infty}h^*(t)h(t)\mathrm{d}t\right]^{\frac{1}{2}}\\&=\left[\int_0^{+\infty}\left(\frac{1}{m_0\omega_{\mathrm{d}}}\mathrm{e}^{-\zeta\omega_n t}\sin\omega_{\mathrm{d}}t\right)^*\frac{1}{m_0\omega_{\mathrm{d}}}\mathrm{e}^{-\zeta\omega_n t}\sin\omega_{\mathrm{d}}t\mathrm{d}t\right]^{\frac{1}{2}}\\&=\sqrt{\frac{1}{4\zeta\omega_nk_0}}=\frac{1}{\sqrt{2k_0c_0}}\end{aligned} \tag{3.38}$$

依据信号 L_2 范数的定义知[133]，鲁棒性评价指标 I_{R1} 等于系统对脉冲响应的总

输出能量。当结构的刚度、阻尼、自振频率、阻尼比等越大时，结构越容易抵抗干扰，具有更低的能量输出响应与更好的鲁棒性。当输入为脉冲荷载时，单自由度结构的鲁棒性评价指标 I_{R1} 与结构的质量没有直接关系，当采用瑞利阻尼 $c=\alpha m+\beta k$ 时，结构质量的增大也会带来鲁棒性的提高。

当输入 u 为具有零均值的均匀功率谱密度随机输入信号时，鲁棒性评价指标 I_{R1} 则代表了系统的稳态输出方差[133]，反映了结构在不确定的外界输入过程中，输出能量的整体波动程度，结构的响应越剧烈，则鲁棒性越差：

$$I_{R1}=E\left(\int_0^{+\infty}p(\tau)h(t-\tau)\mathrm{d}\tau\int_0^{+\infty}p(\tau)h(t-\tau)\mathrm{d}\tau\right)=\lim_{t\to+\infty}E\left[z^{\mathrm{T}}(t)z(t)\right] \tag{3.39}$$

3.6.3　结构位移鲁棒性评价指标的物理意义

为了分析结构鲁棒性评价指标 I_{R2} 的物理意义，将传递函数表达式（3.34）代入 I_{R2} 的定义式（2.17）得

$$I_{R2}=\left\|\boldsymbol{G}(s)\right\|_{H_\infty}=\sup\left|\frac{1}{k_0-m_0\omega^2+\mathrm{j}\omega c_0}\right| \tag{3.40}$$

实际结构系统中阻尼系数较小，这里假设 $c_0^2<2m_0k_0$，即 $\zeta<\frac{1}{\sqrt{2}}$，则当 $\omega=\sqrt{\frac{2m_0k_0-c_0^2}{2m_0^2}}$ 时，求得式（3.40）右边的极大值（上确界），得到 I_{R2} 的表达式如下：

$$I_{R2}=\frac{1}{\sqrt{\frac{4m_0k_0c_0^2-c_0^4}{4m_0^2}}} \tag{3.41}$$

对于有阻尼的单自由度体系，作用 $u=u_0\sin(\omega t)$ 的正弦谐振激励时，位移的共振频率为 $\sqrt{k_0/m_0}\sqrt{1-2\zeta^2}$ [136]，即恰好等于 I_{R2} 取得极大值时的 ω 值，此时结构的动力反应系数为

$$R_{\mathrm{d}}=\frac{1}{2\zeta\sqrt{1-\zeta^2}}=\frac{k_0}{\sqrt{\frac{4m_0k_0c_0^2-c_0^4}{4m_0^2}}} \tag{3.42}$$

已知结构任意时刻的稳态响应 $z(t)$ 及干扰产生的静变形最大值 z_0 如下：

$$z(t)=\frac{u_0}{k_0}R_{\mathrm{d}}\sin(\omega t-\varPhi) \tag{3.43}$$

$$z_0 = \frac{u_0}{k_0} \tag{3.44}$$

故有

$$I_{R2} = \frac{R_d}{k_0} = \frac{z(t)_{max}}{u_0} \tag{3.45}$$

式（3.45）反映了单自由度结构系统传递函数 $\boldsymbol{G}(s)$的 H_∞范数的物理意义，即鲁棒性评价指标 I_{R2} 等于结构产生的稳态振动最大幅值与干扰幅值之比。当结构受到的干扰处在共振频率时，结构的响应放大系数才会达到鲁棒性评价指标 I_{R2} 的数值，对于一个固定的结构系统，只要质量、刚度、阻尼没有改变，即使结构暂时受到干扰但没有引起共振水平的剧烈响应，I_{R2} 的数值依旧不会改变。结构鲁棒性的位移评价指标 I_{R2}，表征了结构在一种极限工况下的不相称可能性，是衡量干扰可能引起的响应上限，该指标的提高，是对结构最差情形下性能的提高，但并不一定意味着结构在全部干扰下的性能都得到了提高。

3.6.4 非线性结构鲁棒性评价指标的性质

根据定义，“鲁棒的结构不会产生与起因不相称的破坏”，结构鲁棒性可以通过计算破坏后果与起因的比例得到，即由于不确定性干扰 $\Delta \boldsymbol{u}$ 引起的结构的输出响应 $\Delta \boldsymbol{y}$ 与 $\Delta \boldsymbol{u}$ 的比值，也就是后果–干扰曲线的斜率，如图 3-14 所示。在相同的干扰 $\Delta \boldsymbol{u}$ 下，曲线 1 代表的结构受到的影响 $\Delta \boldsymbol{y}_1$ 比曲线 2 代表的结构受到的影响 $\Delta \boldsymbol{y}_2$ 更显著，可以认为此时曲线 2 代表的结构较为鲁棒。

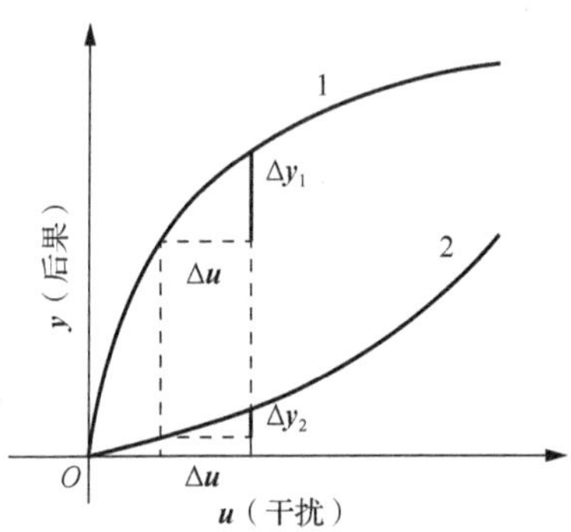

图 3-14 后果–干扰曲线

同时从图 3-14 可见，结构的破坏后果随着输入干扰而变化，鲁棒性指标应该能反映其中的最不利情况。L_2 性能准则的意义是如果设 $\|\boldsymbol{T}(s)\|_\infty = \gamma$，对任意的输入 $\boldsymbol{u}$，对$\forall\ T>0$ 都有

$$\int_0^T \|\boldsymbol{y}(t)\|^2 \mathrm{d}t \leqslant \gamma^2 \int_0^T \|\boldsymbol{u}(t)\|^2 \mathrm{d}t \tag{3.46}$$

即在任意有界的外部干扰的激励下，系统的输出响应能够保持在有界的范围内。非线性鲁棒性评价指标 I_R 体现了输入干扰到结构输出的增益，如果设计时能使此增益足够小，就可以将不确定性干扰使系统性能产生的偏差限制在允许的范围内，

从而保证结构的鲁棒性。从式（3.46）可以看出，I_R 越小，结构对不确定性干扰越不敏感，鲁棒性越好。

3.7　结构鲁棒性评价指标的性质

由第 2 章、第 3 章的分析可见，结构鲁棒性评价指标是根据鲁棒性的定义，从材料组成、刚度分布和拓扑连接等结构自身的属性出发，描述了结构抵抗各种可能的不确定性干扰的能力。结构鲁棒性评价指标从正面解释鲁棒性，利用干扰到结构响应的增益，评价结构系统抵抗不相称破坏的能力，而且不需要指定初始损伤场景，更适合评价空间网格结构的鲁棒性。

由定义可见，如果将外部荷载和内部参数的不确定性统一用 $\bar{\boldsymbol{w}}$ 表示，则 H_2、H_∞鲁棒性评价指标有以下性质。

（1）鲁棒性指标是非负的，即对任意结构系统满足 $I_{R1}\geqslant 0$、$I_{R2}\geqslant 0$。

（2）在等量的不确定性干扰下，系统的能量响应及最大干扰响应越小，即 I_{R1} 与 I_{R2} 的值越小，系统的鲁棒性越好。

（3）I_{R1} 与 I_{R2} 评价指标从不同角度衡量了系统的鲁棒性，对于不同的系统可能存在采用 I_{R1} 与 I_{R2} 的评价结果不一致的情形。

3.8　结构鲁棒性评价指标的比较

为了明晰鲁棒性评价指标 I_{R1} 与 I_{R2} 的异同，以单自由度体系结构为例，假设有如下两组参数的不同系统：

$$\mathrm{G_a}(s): k_0=1, m_0=1, c_0=0.2$$
$$\mathrm{G_b}(s): k_0=0.45, m_0=0.05, c_0=0.3$$

依据式（2.16）和式（2.17）分别求解系统传递函数矩阵的 H_2 范数和 H_∞范数。

分析表 3-1 中数据可知，系统 $\mathrm{G_a}(s)$的能量鲁棒性 I_{R1} 比 $\mathrm{G_b}(s)$小，从能量角度衡量，$\mathrm{G_a}(s)$系统具有更好的鲁棒性；而系统 $\mathrm{G_b}(s)$的位移鲁棒性 I_{R2} 比系统 $\mathrm{G_a}(s)$小，从抵抗最大扰动增长率角度衡量，$\mathrm{G_b}(s)$的鲁棒性更优。由此可知，当采用不同的鲁棒性评价指标描述系统 $\mathrm{G_a}(s)$与 $\mathrm{G_b}(s)$时，可以得出不同的优劣结果。需要指出的是，能量鲁棒性和位移鲁棒性具有不同的物理意义，因此对于没有做归一化处理的结果，不能直接使用数值在这两个评价指标间相互比较。

表 3-1　系统 $G_a(s)$和 $G_b(s)$的鲁棒性评价指标

系统	能量鲁棒性 I_{R1}	位移鲁棒性 I_{R2}
$G_a(s)$	1.5811	5.025
$G_b(s)$	1.9245	2.222

在控制系统中，伯德（Bode）图[137]是一种普遍使用的系统频率响应图示法，从该图可以看出在系统增益大小及相位随频率变化的趋势。伯德图包括两张：①系统的幅值-频率图；②系统的相位-频率图。其中传递函数的幅值采用分贝（dB）为单位，频率采用对数坐标。为更深入地了解 $G_a(s)$和 $G_b(s)$系统，分别绘制伯德图如图 3-15 所示。

一方面，在伯德图中，系统的 H_∞范数对应于幅频曲线的峰值。观察图 3-15 上部的两幅幅值-频率图，（a）图中在频率为 1rad/s 的位置附近幅值曲线出现了明显的峰值，这是由于系统 $G_a(s)$的 ζ 仅为 0.1 时，共振频率约等于固有频率，而且阻尼系数 c_0 较小，共振使得结构在系统的基频附近出现了剧烈的响应，因此系统 $G_a(s)$的 H_∞范数即最大扰动增长率较大；（b）图中没有出现明显的峰值，这是由于系统 $G_b(s)$的阻尼值达到了临界阻尼，结构没有出现共振现象，因而对外界干扰的最大频率响应较小，系统 $G_b(s)$的 H_∞范数较小。综上所述，$G_b(s)$系统较 $G_a(s)$系统性能更好，鲁棒性评价指标 I_{R2} 数值更小。

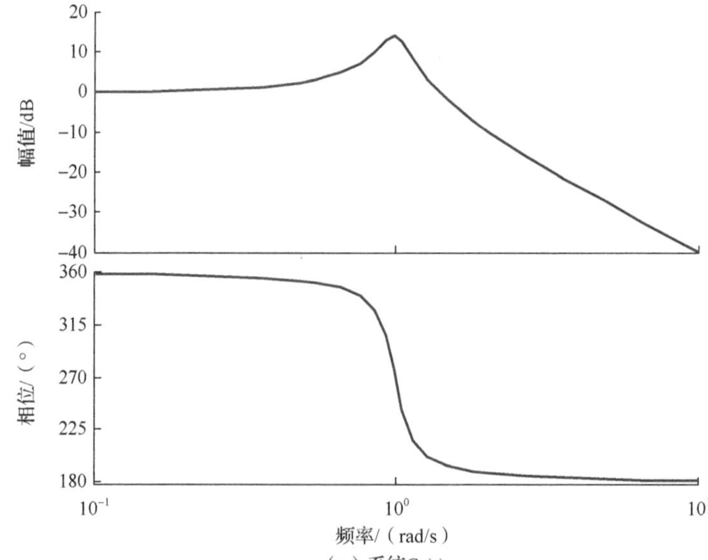

（a）系统$G_a(s)$

图 3-15　系统的伯德图

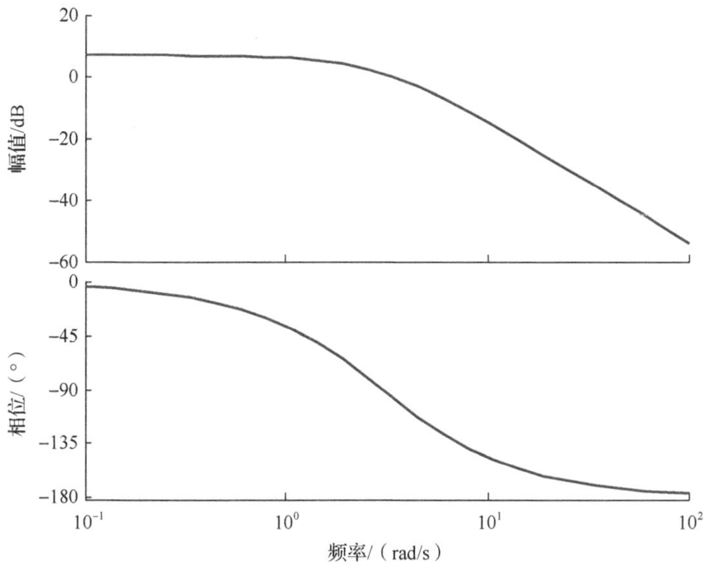

（b）系统$G_b(s)$

图 3-15（续）

另一方面，在伯德图中，系统的 H_2 范数对应于幅频曲线下方覆盖的面积。观察图 3-15 上部的两幅幅值-频率图，（a）图中 $G_a(s)$系统仅在共振位置附近幅值较大，其余位置系统的响应幅值都很小，系统蕴含的能量较小；$G_b(s)$系统虽然没有明显峰值，但由于刚度 k_0 较小，在其他频率范围内系统的响应幅值都比 $G_a(s)$系统大，当求整个幅频曲线下方的面积时，系统蕴含的总能量较 $G_a(s)$系统高。综上所述，从 H_2 范数的角度衡量鲁棒性，$G_a(s)$系统较 $G_b(s)$系统性能更好，鲁棒性评价指标 I_{R1} 数值更小。

3.9　小　　结

本章基于 H_2/H_∞鲁棒控制理论，从结构鲁棒性的定义出发，将结构鲁棒性评价方法拓展到非线性。引入 L_2 范数作为评价信号的度量，通过诱导范数计算系统传递函数的 H_∞范数，给出考虑弹塑性的结构鲁棒性计算公式，进而研究单自由度并联结构体系和桁架结构的鲁棒性。详述了在非线性情况下，六角星形穹顶在计算不同鲁棒性评价指标时的适用荷载工况，给出结构的鲁棒性、应变能、应变能变化率、结构屈曲之间的关系，验证了基于 I_{R1} 与 I_{R2} 的鲁棒性评价方法在网格结构应用中的适用性与合理性。以鲁棒性评价指标为基础，借助单自由结构系统，阐释了鲁棒性评价指标的物理意义，分析了结构自身属性对结构鲁棒性的影响，推导了 H_2 的结构能量鲁棒性评价指标 I_{R1}、结构位移鲁棒性评价指标 I_{R2} 的非线性表达形式。主要结论如下。

（1）提出了非线性鲁棒性评价方法，其出发点与第 2 章的线性鲁棒性评价方法是相同的，只是针对不同的系统特性，采用了不同的计算方法。非线性鲁棒性评价指标描述了结构抵抗各种可能的不确定性干扰的能力，可以很好地体现出结构的弹塑性、冗余度等物理性质与鲁棒性的关联性。

（2）利用非线性鲁棒性评价指标分析单自由度并联系统可知，弹性阶段，结构的鲁棒性由结构本身的属性确定，与外部荷载无关；构件达到塑性后，结构的鲁棒性将会相应降低。不考虑构件的塑性将高估结构的鲁棒性。当结构的有效冗余度较大时，在部分构件进入塑性而退出工作后，整体结构可以对干扰荷载进行有效的重分布，剩余结构仍然能够增加或保持承载力，即结构具有备用荷载途径，因此通过非线性位移鲁棒性评价指标可以评定其鲁棒性。

（3）对多自由度系统，处于不同位置的构件对结构的鲁棒性影响不同，关键构件进入塑性将大幅降低结构的鲁棒性。随着结构本身不确定性的增大，结构的鲁棒性会逐渐减弱。六角星形穹顶的鲁棒性与结构的应变能变化规律较为一致，均能反映结构的两次屈曲状态，相比而言，鲁棒性评价指标可更好地体现结构的整体变形。

（4）基于鲁棒性评价指标 I_{R1}、I_{R2}，分别从干扰输入造成的输出能量与位移响应放大两个角度，讨论了受不确定干扰结构的反应，评价指标数值越小，则结构的鲁棒性越好。通过对不同参数的两个单自由度系统对比，发现阻尼比较小的结构由于出现共振现象，鲁棒性较差。同时，即使临界阻尼使结构没有出现共振，刚度太弱的结构也会由于其在整个频域上响应都比较大，导致鲁棒性较差。鲁棒性评价指标 I_{R1} 对应于幅频曲线下方覆盖的面积，表示结构输出响应中蕴含的全部能量；鲁棒性评价指标 I_{R2} 对应于幅频曲线的峰值，指共振频率下的结构响应极值。

（5）单自由度结构的传递函数矩阵等于其在单位脉冲荷载作用下的响应，鲁棒性评价指标 I_{R1} 则等于系统在脉冲响应下的总输出能量，结构的刚度、阻尼、自振频率等自身属性的增大，可以提高结构的鲁棒性。当输入荷载为具有零均值的均匀功率谱密度随机输入信号时，鲁棒性评价指标 I_{R1} 等于结构的稳态输出方差，也就是在具有干扰的外界输入全过程中结构输出能量的整体波动程度，结构的响应越剧烈，则鲁棒性越差。

（6）鲁棒性评价指标 I_{R2} 等于干扰使结构产生的稳态振动最大幅值与干扰幅值之比，也就是结构的共振响应与此荷载作用下的静变形之比。对于单自由度结构，I_{R2} 恰好为动力系数除以刚度值，与外荷载无关。从结构自身属性出发，抑制最大共振响应的措施均可以提高结构鲁棒性。由于鲁棒性评价指标 I_{R2} 代表了一种极限工况下结构发生不相称破坏的可能性，因此提高鲁棒性评价指标 I_{R2}，可降低结构对干扰响应的放大系数上限，而非降低任意荷载状态下结构对干扰的响应。

第 4 章　空间网格结构的鲁棒性分析

4.1　引　　言

针对不同的结构形式，可以分析结构参数对其鲁棒性的影响。Tomazevic 等[21]通过循环剪切试验，研究了空心砌体墙的失效机理和耗能模式，进而得到砌块的形状和力学性能对鲁棒性的影响。Masoero 等[22]分析了框架结构突然移除中柱后鲁棒性的变化。Nöldgen 等[23]针对飞机撞击的情况，通过承载力的变化，分析了框架核心筒结构的鲁棒性。Fang 等[138]考虑车辆起火可能造成停车场结构的中柱失效，分析了节点延性对结构鲁棒性的影响。Dinu 等[139]、Formisano 等[140]及 Comeliau 等[141]分别考虑地震、爆炸或汽车撞击等起因，分析了钢框架结构失去框架柱后的动力响应及剩余结构的性能。

空间网格结构由于自重轻、造型美观等优点，已经在各类建筑中得到了广泛的应用。目前对网格结构的动力稳定性[142]、单杆稳定与结构整体稳定的关系[9]、强震下的失效机理[143]及失效形式[144,145]等已有深入研究，但是对其鲁棒性的探讨还较为少见。

第 2 章借鉴 H_∞鲁棒控制的思想，建立了线性结构鲁棒性的评价方法。本章将在此基础上，首先针对采用典型网格形式的球面和圆柱面单层网壳结构，通过参数分析，研究网格形式、几何参数等对结构鲁棒性的影响；然后通过概念移除构件，分析构件的重要性，进而搜索影响鲁棒性的关键路径，分析某双层网壳结构工程实例的鲁棒性；最后讨论网架结构失效机理及鲁棒性。

4.2　典型单层球面网壳结构的鲁棒性分析

本节以 K6 型（球冠在圆周方向等分为 6 个扇形）扇形三向网格［图 4-1（a）］、肋环斜杆型网格［图 4-1（b）］、肋环型网格［图 4-1（c）］等网格形式为例，分析典型单层球面网壳结构的鲁棒性。考虑实际结构对节点构造的要求，肋环斜杆型网格和肋环型网格在中央两环减少了一半的径向杆。结构的跨度为 L，矢高为 f，周边三向铰接支承。构件分别采用ϕ114mm×3mm、ϕ127mm×3.5mm、ϕ140mm×4mm、ϕ159mm×4mm、ϕ159mm×6mm、ϕ159mm×8mm 圆管截面。钢材弹性模量 $E=2.06\times10^{11}\text{N/m}^2$，密度 $\rho=7850\text{kg/m}^3$。采用瑞利阻尼，阻尼比 $\xi=0.02$。

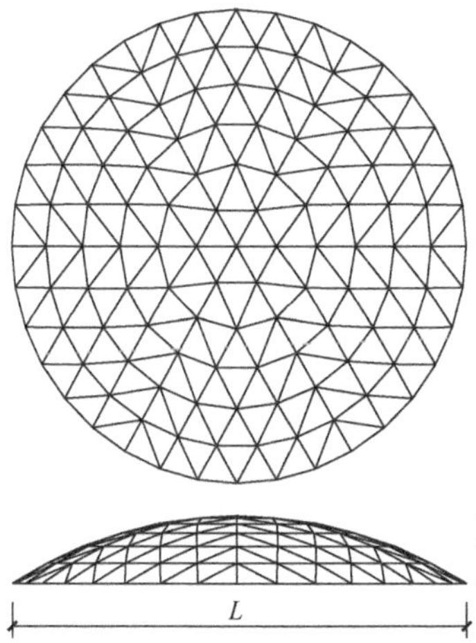

（a）扇形三向网格

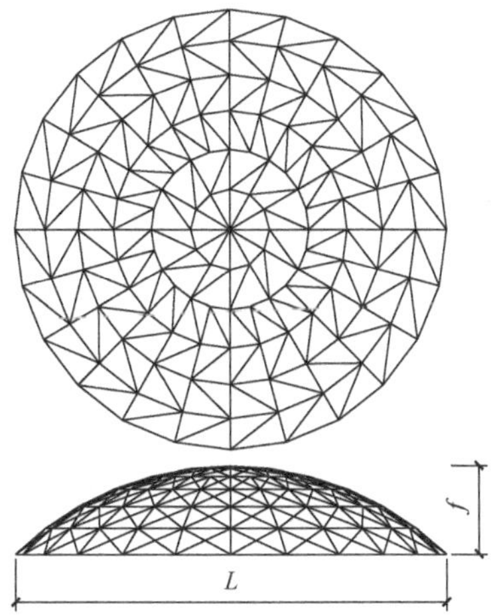

（b）肋环斜杆型网格

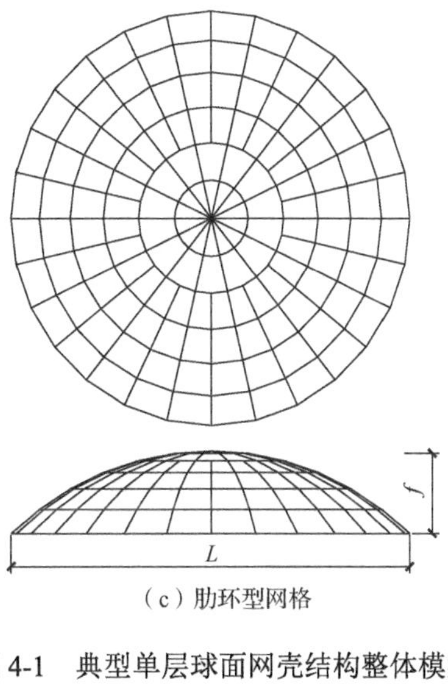

（c）肋环型网格

图 4-1　典型单层球面网壳结构整体模型

计算结构的鲁棒性时采用式（2.17），首先在 ANSYS 中建立结构的有限元模型，并提取刚度和质量矩阵，在 MATLAB 中编程计算系统的范数。

4.2.1　参数分析

1. 鲁棒性与构件截面和结构跨度的关系

当矢跨比 f/L=1/5，跨度 L 分别为 40m、50m、60m 时，计算单层球面网壳结构的鲁棒性与构件截面面积的关系，结果如图 4-2 所示。

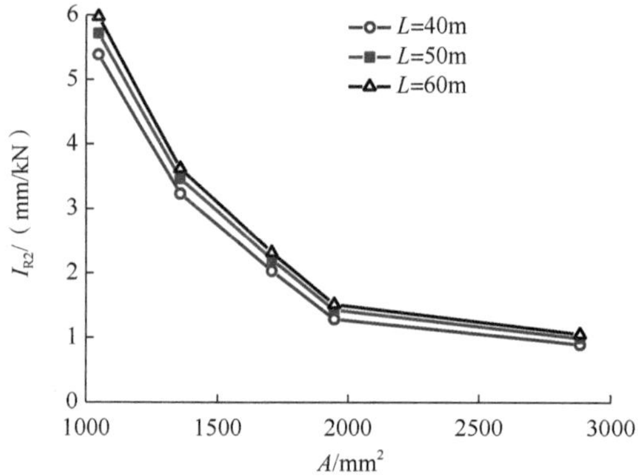

（a）扇形三向网格

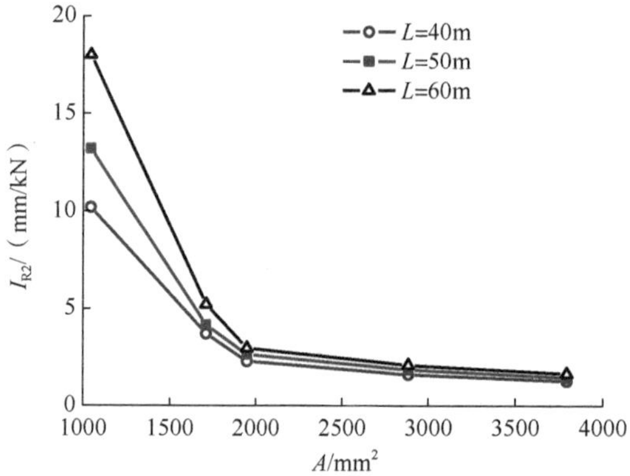

（b）肋环斜杆型网格

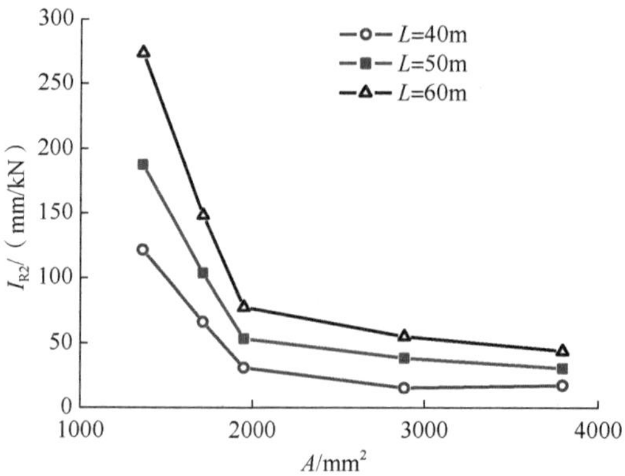

（c）肋环型网格

图 4-2　不同跨度的单层球面网壳结构的鲁棒性与构件截面面积的关系

可见，对于三种网格形式的单层球面网壳结构，其鲁棒性均会随着构件截面面积的增大而显著增强。例如，对于 50m 跨度的扇形三向网格网壳结构，当截面从ϕ140mm×4mm 提高到ϕ159mm×6mm 后，截面积增大了 68.8%，其鲁棒性指标由 2.21mm/kN 下降到 0.99mm/kN，相当于增强了 55.2%；而对于肋环斜杆型和肋环型网格网壳结构，此数据则分别为 55.6%和 62.7%。

增大构件的截面面积，可以增强结构的承载力储备和整体刚度，也就提高了整体稳定性，进而提高结构的鲁棒性。但是图 4-2 中曲线斜率的绝对值是逐渐减小的，也就是说当构件截面面积已经较大时，再通过增大截面面积来增强鲁棒性的效率将会越来越低，设计时需要平衡鲁棒性和经济性。

结构的跨度对其鲁棒性有一定的影响，同样的截面配置下，跨度较小的结构鲁棒性更强，而不同的网格形式对跨度的敏感性也有所不同。例如，采用ϕ140mm×4mm 截面时，60m 跨度扇形三向网格结构网壳的鲁棒性较 40m 跨度的结构弱 12.2%；而对于肋环斜杆型和肋环型网格网壳，此数据则分别为 28.9%和 55.2%。同时，在构件截面较小时，结构的鲁棒性对跨度更为敏感。

2. 鲁棒性与结构矢跨比的关系

考察不同矢跨比对结构鲁棒性的影响，以跨度 L=50m 为例，矢跨比 f/L 采用常用的 1/3、1/5、1/7，计算结构的鲁棒性与构件截面面积的关系，结果如图 4-3 所示。可见，对于三种网格形式的单层球面网壳结构，其矢跨比均对结构的鲁棒性有明显影响。同样的截面配置下，矢跨比越大的结构，其鲁棒性也越强。对扇形三向网格单层网壳结构，f/L=1/7 的结构鲁棒性比 f/L=1/3 的普遍弱 70%左右；对肋环斜杆型和肋环型网格网壳，此数据则为 45%左右。

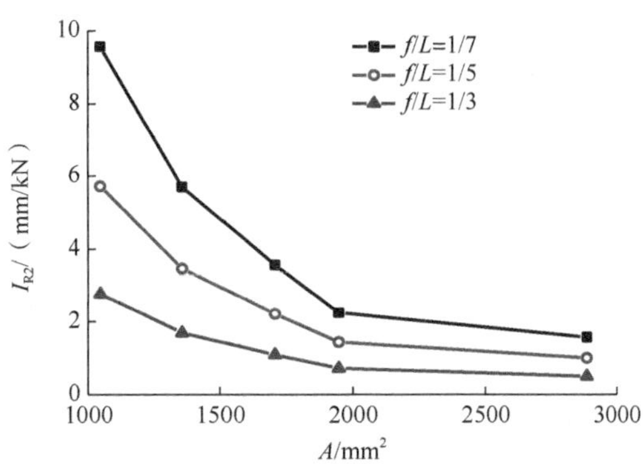

（a）扇形三向网格

图 4-3　不同矢跨比的单层球面网壳结构的鲁棒性与构件截面面积的关系

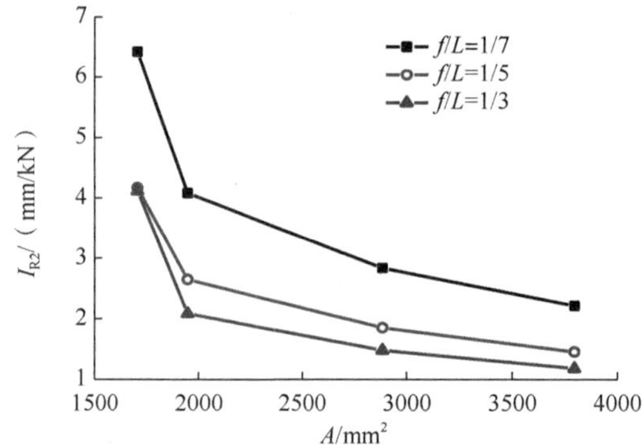

（b）肋环斜杆型网格

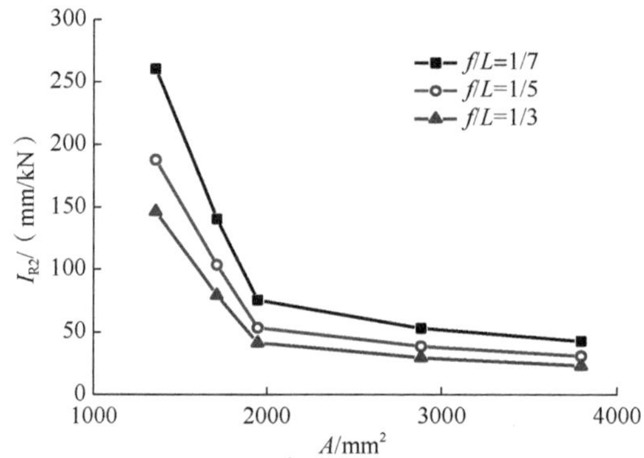

（c）肋环型网格

图 4-3（续）

矢跨比较小的单层球面网壳结构，受力时拱的效应不明显，结构除了承受薄膜力以外，需要依靠弯矩、剪力来传递荷载，更容易发生失稳，位移鲁棒性指标 I_{R2} 反映出其鲁棒性也较弱。因此从结构鲁棒性的角度出发，设计单层球面网壳时应在合理的范围内优先选择较大的矢跨比。

3. 鲁棒性与网格形式的关系

考察不同网格形式对结构鲁棒性的影响，以跨度 f=50m、矢跨比 f/L=1/5 的结构为例，不同网格形式单层球面网壳结构的鲁棒性评价指标 I_{R2} 如表 4-1 所示。

可见网格形式对单层球面网壳结构的鲁棒性影响很大，扇形三向网格形式的鲁棒性最强，而肋环型网格形式的鲁棒性最弱。在接近的用钢量下（表 4-1 序号 1、3、5），肋环斜杆型和肋环型网格网壳结构的鲁棒性指标分别是扇形三向网格的 2.3 和 18.1 倍；而要达到接近的鲁棒性，肋环斜杆型网格网壳结构的用钢量为扇形三向网格结构的 1.79 倍。肋环型网格形式由于网格尺寸不均匀，构件集中于结构中央，虽然可以减少布置中央构件，但是会造成布置上的突变，刚度分布不够合理，且缺少支撑斜杆，网格为可变的四边形，需要构件的抗弯能力来承担荷载，因此鲁棒性较弱。肋环斜杆型网格网壳结构在肋环型的基础上增加斜杆，增强了结构的整体性，因此鲁棒性有所增强。扇形三向网格结构的网格划分均匀，且全部为三角形网格，具有较好的受力性能以抵抗不确定性干扰，鲁棒性较强。

表 4-1　不同网格形式单层球面网壳结构的鲁棒性评价指标 I_{R2}

序号	网格形式	构件数量	构件截面	总质量/t	I_{R2}（mm/kN）
1	扇形三向网格	342	ϕ114mm×3mm	14.28	5.72
2	扇形三向网格	342	ϕ140mm×4mm	23.33	2.21
3	肋环斜杆型网格	396	ϕ114mm×3mm	15.67	13.2
4	肋环斜杆型网格	396	ϕ140mm×4mm	25.60	4.22
5	肋环型网格	322	ϕ140mm×4mm	16.64	103.7
6	肋环型网格	322	ϕ159mm×8mm	36.95	30.8

从以上结果可见，对于不同网格形式的网壳结构，其鲁棒性对构件截面、结构跨度和矢跨比的敏感性不同。因此从鲁棒性的角度，扇形三向网格形式更适用于较大跨度的结构。

4.2.2　单层球面网壳结构构件的重要性

1. 结构构件的重要性系数

如果某个构件的破坏会连锁地导致结构产生大范围不相称的破坏，则结构是易损或不鲁棒的；而如果某个构件的破坏会较大幅度地削弱结构的鲁棒性，则可以认为该构件对结构的鲁棒性较为重要。重要构件的作用就是在次要构件破坏后，仍然能够使结构保有相当的鲁棒性，而不会发生不相称的破坏。文献[146]、[65]和[60]分别从刚度、能量和承载力的角度分析了构件的重要性；文献[147]基于可靠度理论分析了预应力钢结构的关键构件；文献[148]分别以应力比和最大位移为指标，分析了网架结构和索拱结构的重要构件。以上研究的基本思想是通过概念移除构件，进行备用荷载路径分析，计算结构某项性能指标对构件的敏感性，得到构件的重要性系数。本节基于 H_∞鲁棒性指标，定义构件的重要性系数 $\overline{S}$ 为

$$\overline{S}=\frac{I_{R}-I_{R0}}{I_{R0}} \tag{4.1}$$

式中：I_{R0}、I_R 分别是完好结构和移除构件后结构的鲁棒性。由于 I_R 越大代表结构鲁棒性越差，且 $I_R \in [0, \infty]$，则 $\overline{S} \in [0, \infty]$；为便于表达，将 $\overline{S}$ 归一化：

$$S_i = \frac{\overline{S}_i}{\overline{S}_{\max}} \tag{4.2}$$

式中：$\overline{S}_{\max}$ 是所有 $\overline{S}$ 的最大值。以此分析单层球面网壳结构的构件重要性。

2. 单层球面网壳结构构件的重要性

以跨度 L=50m、矢跨比 f/L=1/5 的单层球面网壳结构为例，分析构件的重要性。结构的整体模型如图 4-1 所示。由于存在对称性，构件在局部结构中的编号如图 4-4 所示。扇形三向网格、肋环斜杆型网格及肋环型网格的构件截面分别选用 ϕ140mm×4mm、ϕ140mm×4mm 和 ϕ159mm×4mm。

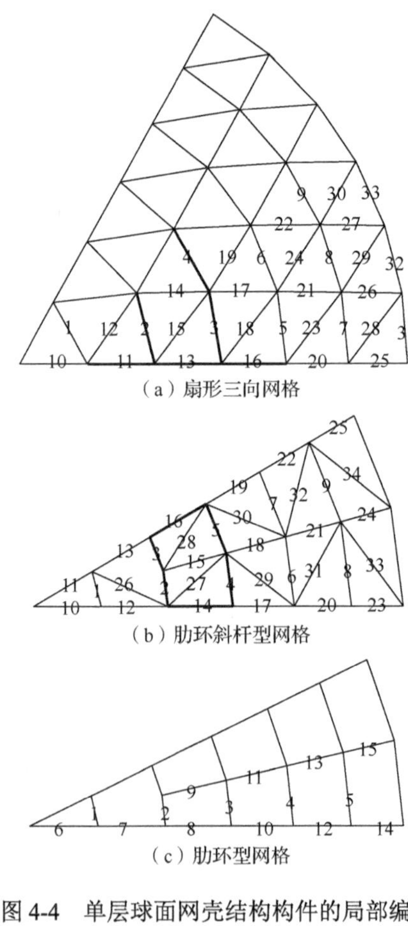

图 4-4　单层球面网壳结构构件的局部编号

依次移除构件，计算剩余结构的鲁棒性，结果如图 4-5 所示，其中数字越大说明移除该构件后剩余结构鲁棒性越差，因此该构件就越重要。

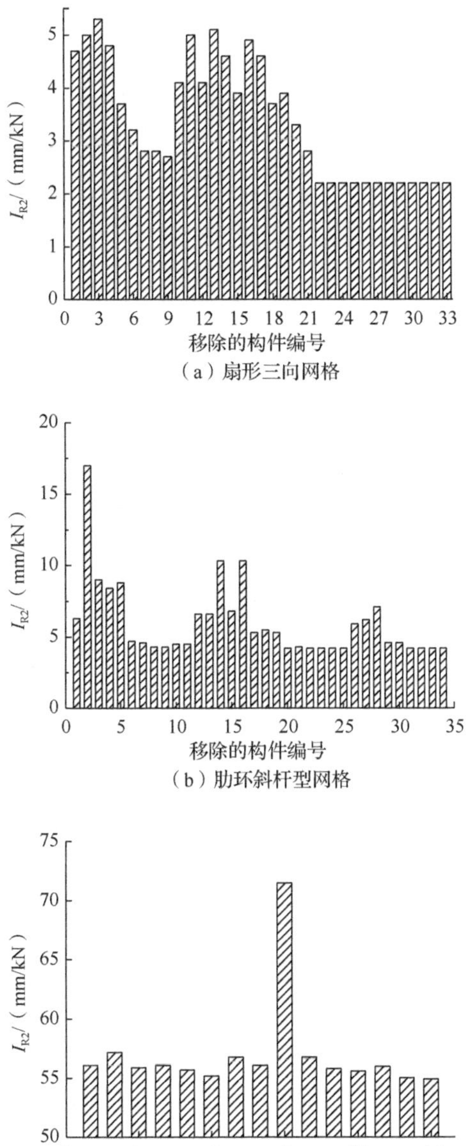

图 4-5　移除单个构件后单层球面网壳结构的鲁棒性

根据式（4.1）计算构件重要性系数 $\overline{S}$，将 $\overline{S}$ 归一化为 S，结果如图 4-6 所示。

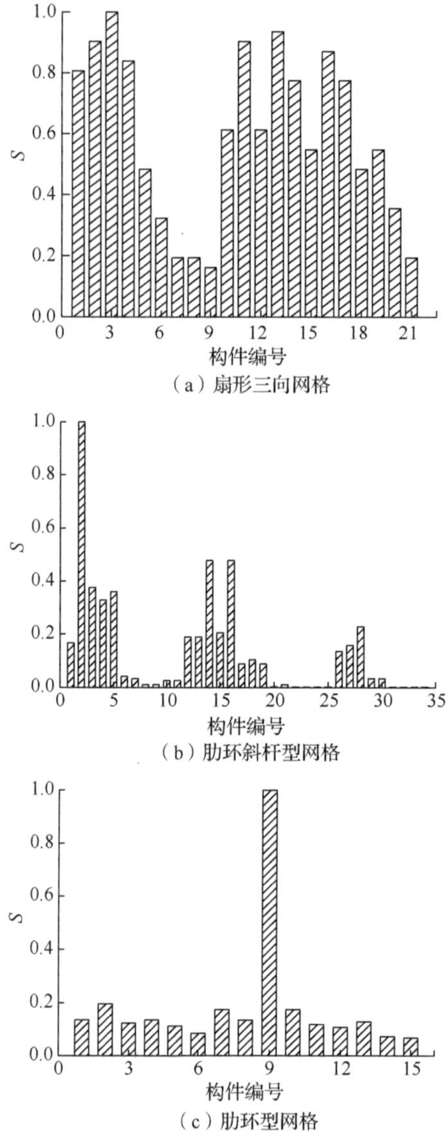

图 4-6　单层球面网壳结构构件的重要性系数

从图 4-6 可见，对于 K6 型扇形三向网格网壳结构，每个扇形区格的棱边上的构件（编号 11、13、16）和第 2 圈、第 3 圈环向构件（编号 2、3、4）比较重要，而概念移除一个靠外圈的构件对结构整体性能影响不大。扇形三向网格位于圆周直径上的径向构件受力最为直接，且主要承受压力，需要环向构件提供约束刚度，因此这两类构件共同构成了扇形三向网格最主要的受力路径，构件的缺失就会对结构性能造成较大影响；而斜杆对结构的稳定有辅助作用，受力不如径向杆直接，因此只有靠近径向杆的斜杆有一定的重要性。同时，结构最外 2 圈由于传力路径较多，移除一根斜杆对结构鲁棒性的影响不明显。

对于肋环斜杆型网格网壳结构，径向构件（编号 14、16）和第 2 圈、第 3 圈环向构件（编号 2、3、4、5）比较重要，而第 4 圈及以外的构件的重要性较小。肋环斜杆型网格结构，由于在中央减少了径向杆，刚度在第 2 圈发生突变；移除构件 2 后，结构局部将会产生悬臂部分，从而大大降低结构的鲁棒性，因此构件 2 对结构至关重要。与扇形三向网格类似，肋环斜杆型网格结构传力时，径向构件较斜杆更为直接，移除后也将使结构的鲁棒性指标增大一倍以上。

对于肋环型网格网壳结构，构件 9 最为重要，其余构件的重要性接近。图 4-1（c）中的肋环型网格网壳由于在中央减少了径向杆，在第 2 圈构件 9 之后切断了传力路径；移除构件 9 后，中央单个区格的面积进一步扩大，使结构鲁棒性降低。

3. 各种构件重要性系数的比较

以扇形三向网格的单层球面网壳结构为例，分别基于承载力和可靠度，计算构件的重要性系数，并与 4.2.2 节中采用位移鲁棒性指标计算的结果比较。基于承载力的储备冗余系数 R_1 根据式（1.1）计算，而基于可靠度的指标 β_R [59]为

$$\beta_R = \frac{\beta_0}{\beta_0 - \beta_d} \tag{4.3}$$

式中：β_d 和 β_0 分别为损伤结构和完好结构的可靠度指标。R_1 和 β_R 越大，说明移除该构件对结构的影响越小，该构件就越不重要。

采用 Q345 钢材，对受压构件考虑稳定应力，计算移除构件后扇形三向网格单层球面网壳结构承载力的变化，得到结构的 R_1，如图 4-7 所示。以 R_1 为指标计算结构构件的重要性系数，结果如图 4-8 所示。

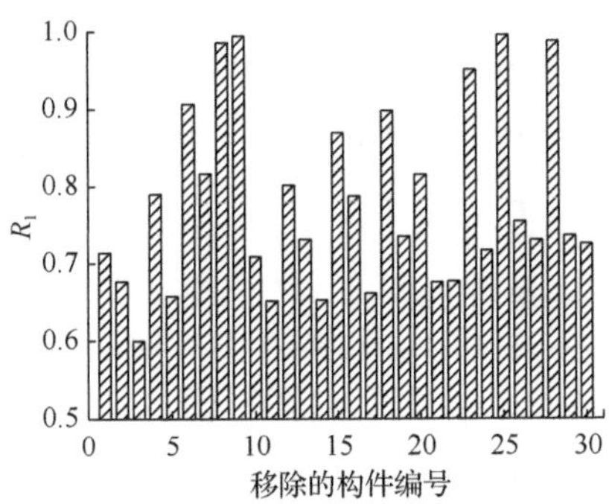

图 4-7　扇形三向网格球面网壳结构的 R_1

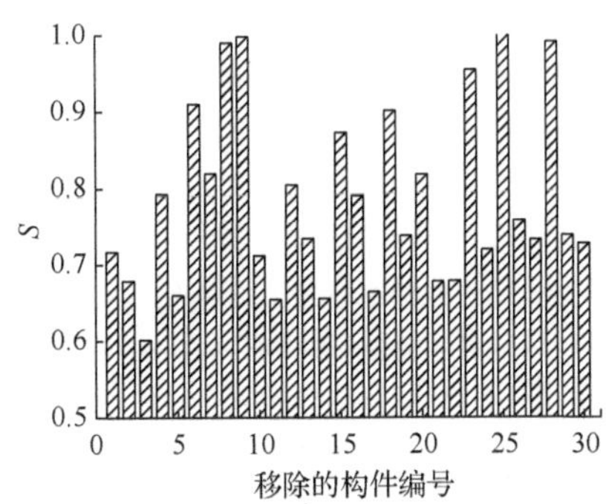

图 4-8　基于 R_1 的扇形三向网格网壳构件重要性系数

采用可靠度指标β_R计算结构构件的重要性。考虑恒荷载标准值 DL_k=0.6kN/m^2、风荷载的标准值 WL_k=0.6kN/m^2 和钢管壁厚 t_k，各随机变量的分布[149,150]如表 4-2 所示。

表 4-2　单层球面网壳结构各随机变量的统计参数

设计变量	分布形式	均值	标准差
恒荷载	正态分布	DL_k×1.06	DL_k×0.074
风荷载	正态分布	WL_k×1.109	WL_k×0.214
钢管直径	正态分布	D_k	D_k×0.003
钢管壁厚	正态分布	t_k×0.938	t_k×0.04

定义最大节点位移超过跨度的 1/400 为结构的失效准则，采用基于响应面的蒙特卡罗法计算失效概率，得到扇形三向网格单层球面网壳结构的β_R指标，如图 4-9 所示。以β_R为指标计算结构构件的重要性系数，结果如图 4-10 所示。

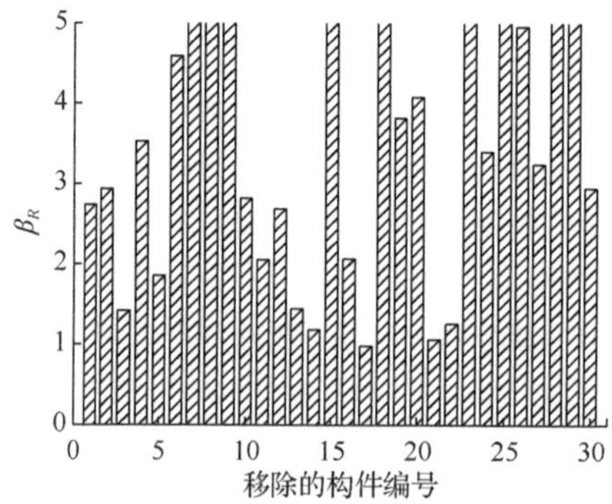

图 4-9　扇形三向网格单层球面网壳结构的β_R指标

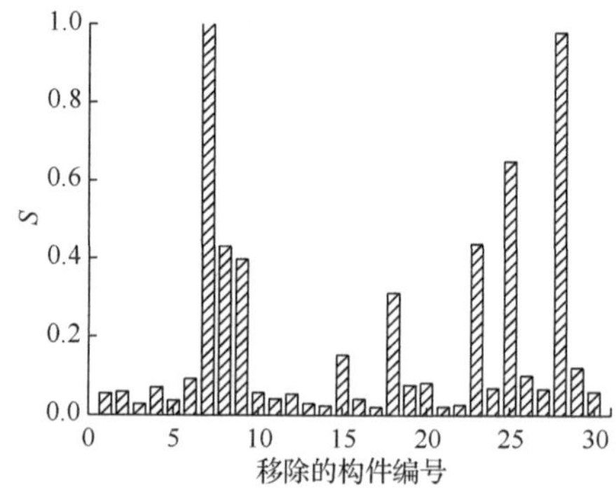

图 4-10　基于β_R的扇形三向网格网壳构件重要性系数

总结三种构件重要性系数如表 4-3 所示。可见采用不同的指标，对结构性能的侧重点不同，计算出结构构件的重要性系数及排序也有所不同，但均反映出径向构件及中部的环向构件较为重要，而外圈构件相对不重要。

表 4-3　三种构件重要性系数的比较

鲁棒性指标	重要构件	非重要构件
H_∞	3、13、11、2、16	22～33
R_1	3、11、14、5、17	8、9、25、28
β_R	17、21、14、22、3	7、8、9、25、28

4.2.3　单层球面网壳结构的关键路径

4.2.2 节中获得了单个构件的重要性系数，本节将针对受力性能较好的扇形三向网格网壳结构，采用常用的“逐步概念移除”方法，进一步探讨对鲁棒性最为关键的路径。

对于 4.2.2 节中的扇形三向网格网壳结构，由图 4-5（a）可见，先移除构件 19（局部结构中编号 3，以下均为整体编号），结构鲁棒性下降最多，达到 5.3，即构件 19 应作为关键路径的起始。在此基础上，按顺序遍历移除剩余构件，计算移除 2 根构件后结构的鲁棒性，结果如图 4-11（a）所示，可见移除构件 151 后鲁棒性下降最多，到达 10.7mm/kN，即构件 151 也位于关键路径。重复以上过程，分别计算剩余结构的鲁棒性，结果如图 4-11（b）～（d）所示，进而可以得到关键路径为 19→151→36→185→181。由于对称性，扇形三向网格网壳结构的关键路径或关键区域如图 4-12 所示。

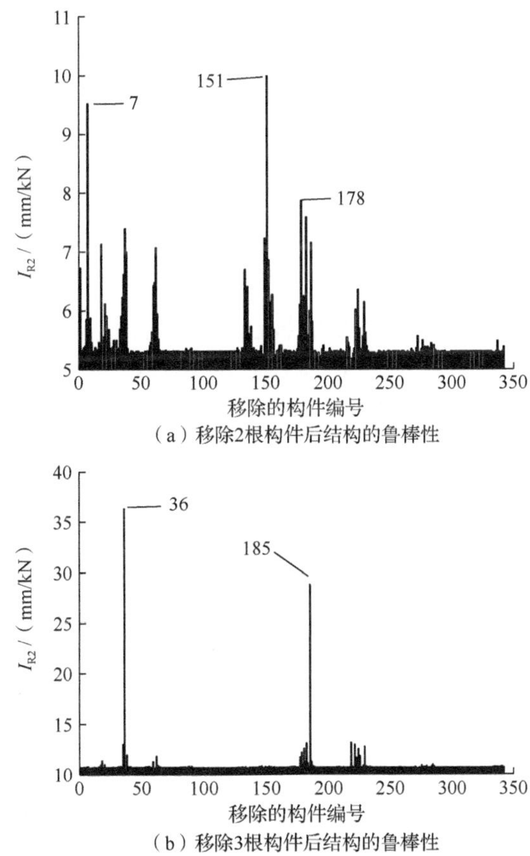

（a）移除2根构件后结构的鲁棒性

（b）移除3根构件后结构的鲁棒性

图 4-11　逐步移除构件后扇形三向网格网壳结构的鲁棒性

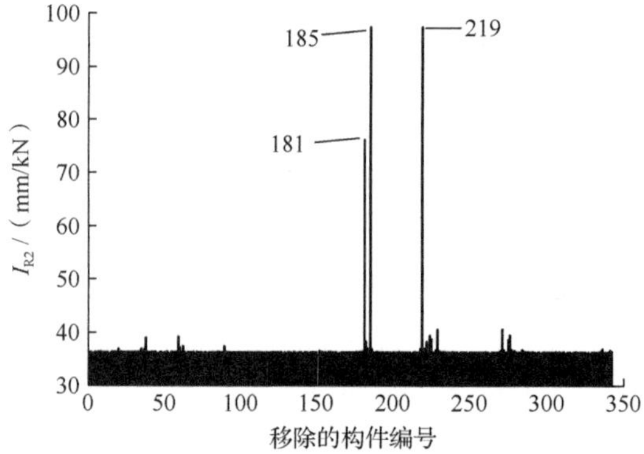

（c）移除4根构件后结构的鲁棒性

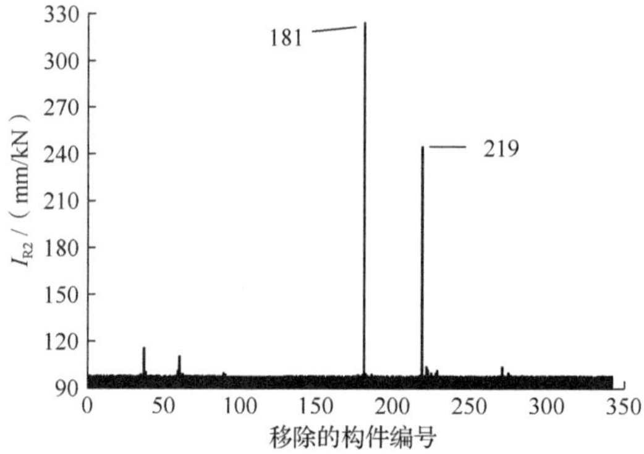

（d）移除5根构件后结构的鲁棒性

图 4-11（续）

与 4.2.2 节结果类似，处于圆周直径上的径向构件，以及与之直接相连的环向和斜向构件构成了结构的重要区域。扇形三向网格网壳结构冗余度较高，移除 5 个构件后结构才出现区域性破坏，关键路径较长。

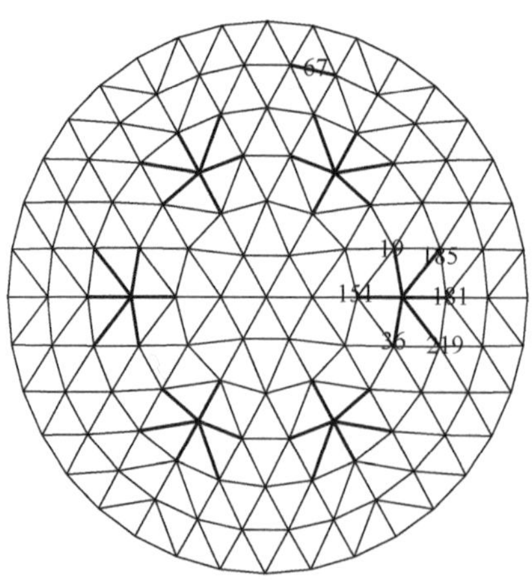

图 4-12　扇形三向网格网壳结构的关键路径

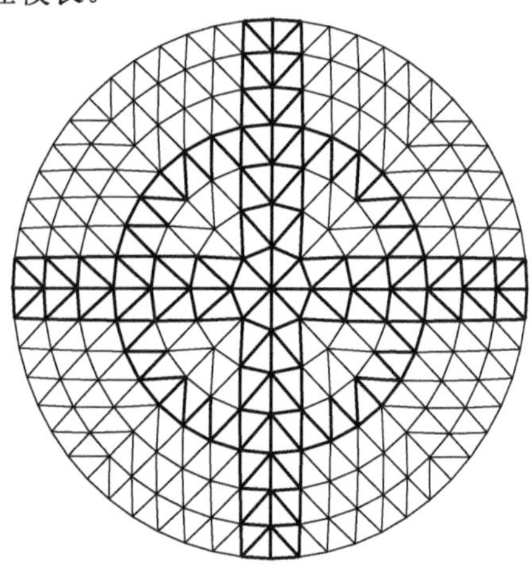

图 4-13　抗整体倒塌需加强构件（加粗部分）

移除 6 个构件时，对结构最重要的是构件 67，即倒数第 2 圈环杆，如图 4-12 所示，此时的关键构件没有和之前的关键路径关联。这是由于靠近外圈的构件其重要性普遍都不高，移除类似构件后，结构鲁棒性下降的程度相近，故这里未将构件 67 列入重要路径。

文献[151]中通过大量参数分析，认为对于扇形三向网格单层球面网壳，当受圆柱形物体冲击时，为抵抗整体倒塌失效，需加强的位置为图 4-13 中加粗的部分。可见与图 4-12 中的关键路径相似，均包括了网壳径向构件及中部环向构件。

4.3　典型单层圆柱面网壳结构的鲁棒性分析

本节以单向斜杆正交正放网格 I 型［简称单斜杆 I 型，图 4-14（a)]、单向斜杆正交正放网格II型［简称单斜杆II型，图 4-14（b)]、三向网格［图 4-14（c)］三种典型网格形式为例，分析典型单层圆柱面网壳结构的鲁棒性。

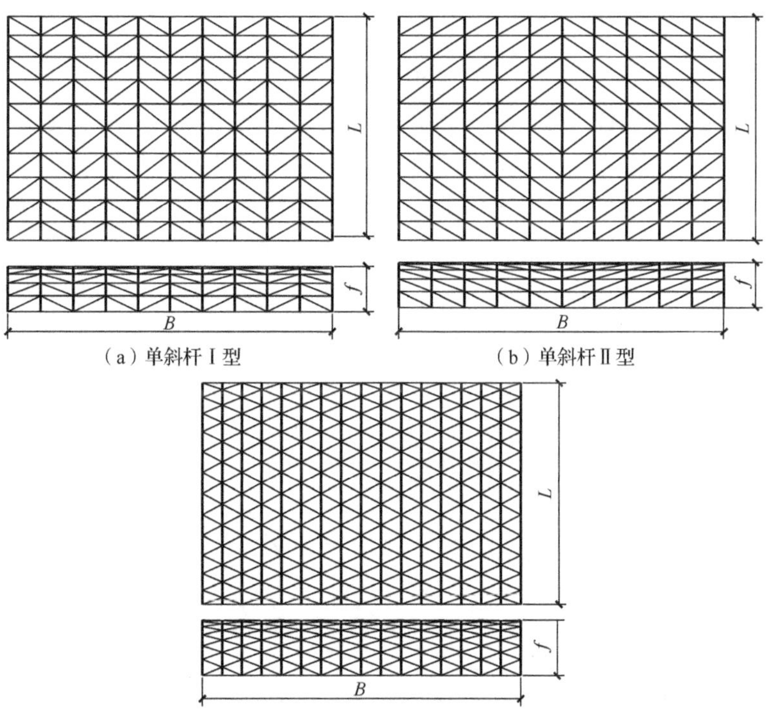

（a）单斜杆 I 型　（b）单斜杆II型　（c）三向网格

图 4-14　单层圆柱面网壳结构整体模型

结构沿两纵向边三向铰接支承，纵向长度为 B，横向跨度为 L，矢高为 f，如图 4-14 所示。设 B=1.5L，划分网格时保证纵向和横向杆件的长度均在 3m 左右。

构件分别采用ϕ89mm×4mm、ϕ114mm×4mm、ϕ127mm×4mm、ϕ140mm×4mm、ϕ159mm×6mm、ϕ180mm×8mm、ϕ219mm×10mm 圆管截面。不同设计方案的构件截面分组如表 4-4 所示。其余结构参数及计算结构鲁棒性方法与 4.2 节相同。

表 4-4 单层圆柱面网壳结构截面分组

网格形式	杆件位置	分组一	分组二	分组三	分组四
单向斜杆正交正放网格	纵向杆件	ϕ89mm×4mm	ϕ114mm×4mm	ϕ127mm×4mm	ϕ140mm×4mm
	斜向杆件	ϕ114mm×4mm	ϕ127mm×4mm	ϕ140mm×4mm	ϕ159mm×6mm
	横向杆件	ϕ127mm×4mm	ϕ140mm×4mm	ϕ159mm×6mm	ϕ180mm×8mm
三向网格	斜向杆件	ϕ89mm×4mm	ϕ114mm×4mm	ϕ127mm×4mm	ϕ140mm×4mm
	横向杆件	ϕ159mm×6mm	ϕ180mm×6mm	ϕ180mm×8mm	ϕ219mm×10mm

4.3.1 参数分析

1. 鲁棒性与构件截面和结构跨度的关系

当矢跨比 f/L=1/4，跨度 L 分别为 20m、30m、40m、50m 时，计算单层圆柱面网壳结构的鲁棒性评价指标与构件截面的关系，结果如图 4-15 所示。

从图 4-15 可见，单层圆柱面网壳结构的鲁棒性变化趋势与单层球面网壳结构类似，三种网格形式的单层圆柱面网壳结构的鲁棒性均会随着构件截面面积的增大而显著增强。例如，对于 20m 跨度的三向网格圆柱面网壳结构，当截面从分组二提高到分组三后，结构质量从 12.3t 增大到 15.1t，提高幅度为 22.8%；而其鲁棒性评价指标由 2.18 mm/kN 下降到 1.59 mm/kN，相当于增强了 27.1%。

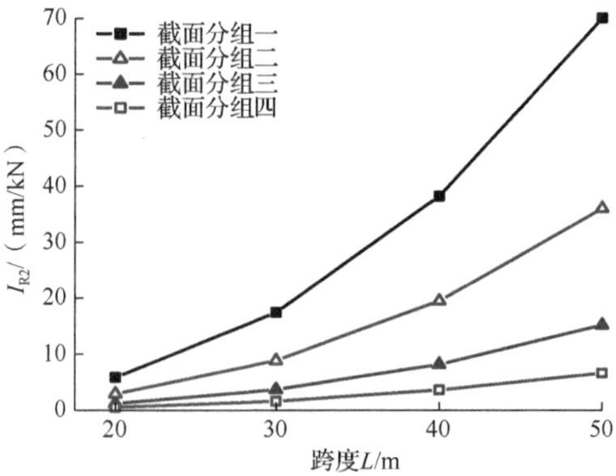

（a）单斜杆 I 型

图 4-15 不同跨度的单层圆柱面网壳结构的鲁棒性评价指标与构件截面的关系

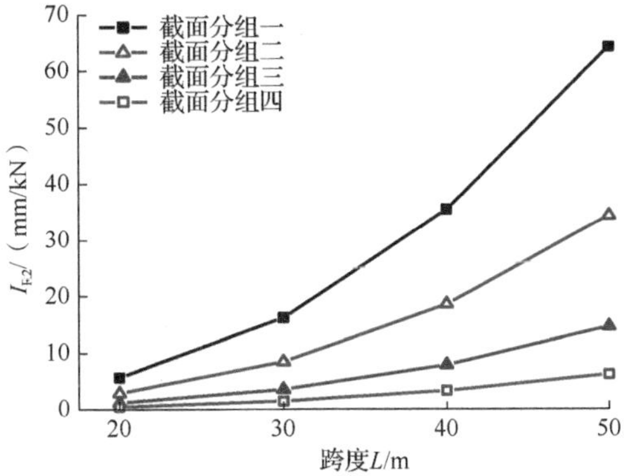

（b）单斜杆Ⅱ型

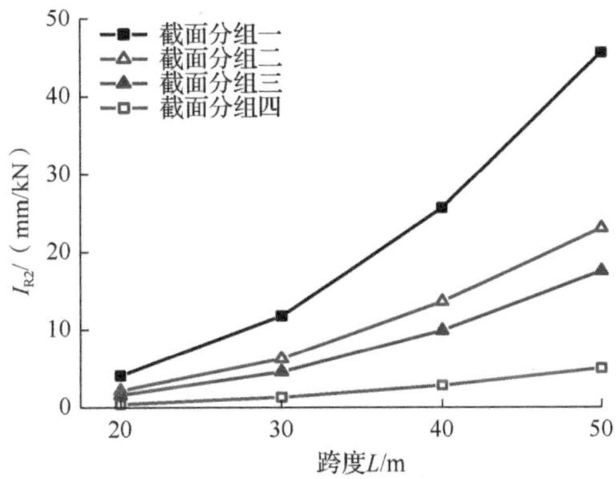

（c）三向网格

图 4-15（续）

单层圆柱面网壳结构的跨度对其鲁棒性有明显的影响，同样的截面配置下，跨度较小结构的鲁棒性更强。例如，截面采用分组二时，40m 跨度的三向网格网壳结构的鲁棒性指标是 20m 跨度结构的 6.26 倍；而对于单斜杆Ⅰ型和Ⅱ型，此数据则分别为 6.59 和 6.38。同时，在构件截面较小时，结构的鲁棒性对跨度更为敏感。

2. 鲁棒性与结构矢跨比的关系

考察不同矢跨比对结构鲁棒性的影响，以跨度 L=30m 为例，矢跨比 f/L 采用常用的 1/3、1/4、1/5、1/6，计算结构的鲁棒性评价指标与构件截面的关系，结果如图 4-16 所示。

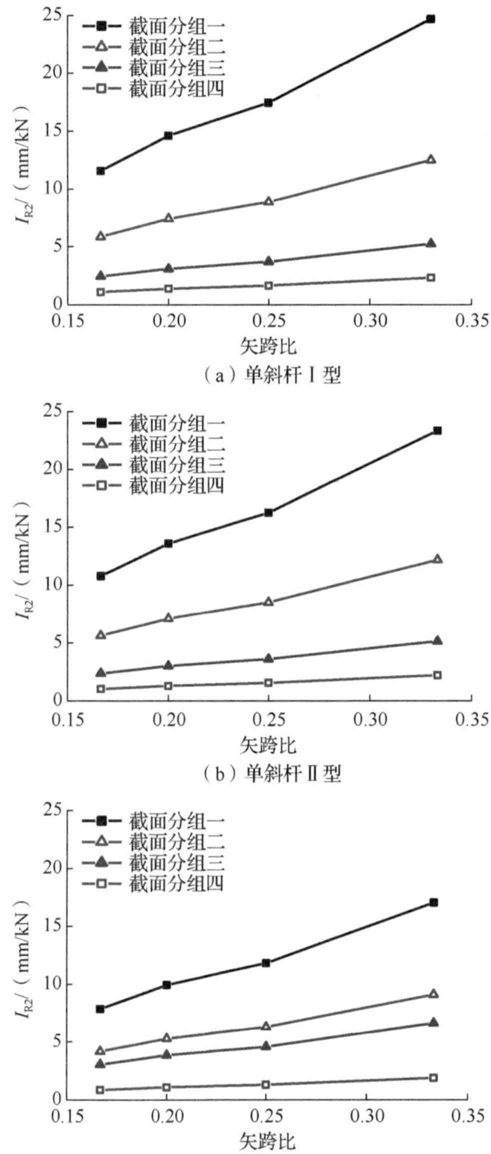

（a）单斜杆 Ⅰ 型

（b）单斜杆 Ⅱ 型

（c）三向网格

图 4-16　不同矢跨比的单层圆柱面网壳结构的鲁棒性评价指标与构件截面的关系

可见对于三种网格形式的单层网壳结构，其矢跨比均对结构的鲁棒性有明显影响。同样的截面配置下，矢跨比越小的结构，其鲁棒性也越强。例如，对三向网格网壳结构，f/L=1/6 的结构鲁棒性约为 f/L=1/3 的 2.27 倍。这是由于结构在竖向均具有足够的刚度，而外形趋于扁平时更有利于结构抵抗水平方向的荷载。

文献[152]通过参数分析，也认为在地震作用下，矢跨比小的单层圆柱面网壳结构延性更好，塑性发展范围和程度更深入，杆件材料的利用更加充分。

3. 鲁棒性与网格形式的关系

考察不同网格形式对结构鲁棒性的影响，以跨度 f=30m、矢跨比 f/L=1/4 的结构为例，不同网格形式单层圆柱面网壳结构的鲁棒性评价指标 I_{R2} 如表 4-5 所示。

表 4-5　不同网格形式单层圆柱面网壳结构的鲁棒性评价指标 I_{R2}

序号	网格形式	构件数量	构件截面	总质量/t	I_{R2}/（mm/kN）
1	单斜杆 I 型	604	分组二	23.7	8.863
2	单斜杆 II 型	604	分组二	23.7	8.507
3	三向网格	596	分组二	25.3	6.288

可见单向斜杆正交正放型网格的鲁棒性弱于三向网格，而斜杆的布置形式对单斜杆型网格鲁棒性的影响较小。单斜杆型网格在结构纵横方向上均布置有构件，但是主要由横向拱跨方向构件受力，纵向构件的受力较小，刚度分布不够均匀。三向网格斜杆双向布置，走向相同且连续，具有较好的受力性能以抵抗不确定性干扰，因此其鲁棒性较强。

4.3.2 单层圆柱面网壳结构构件的重要性

以跨度 L=20m、矢跨比 f/L=1/4 的单层圆柱面网壳结构为例，分析构件的重要性。构件截面均选用分组二，依次移除构件，采用式（2.29）计算剩余结构的鲁棒性，结果如图 4-17 所示。

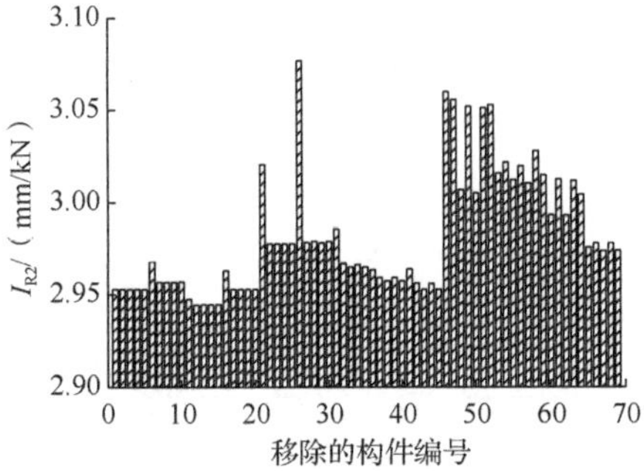

（a）单斜杆 I 型

图 4-17　移除单个构件后单层圆柱面网壳的鲁棒性

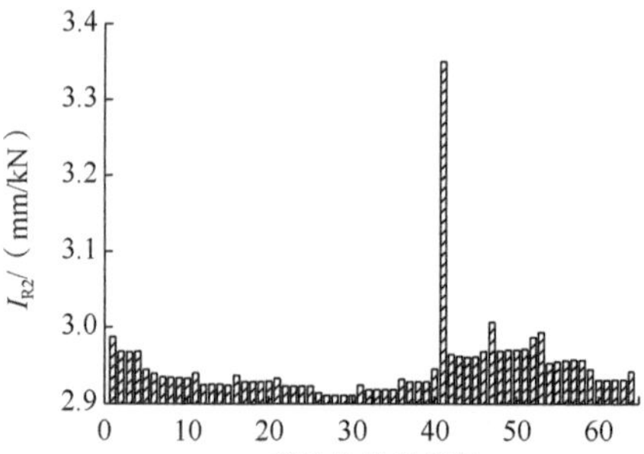

（b）单斜杆Ⅱ型

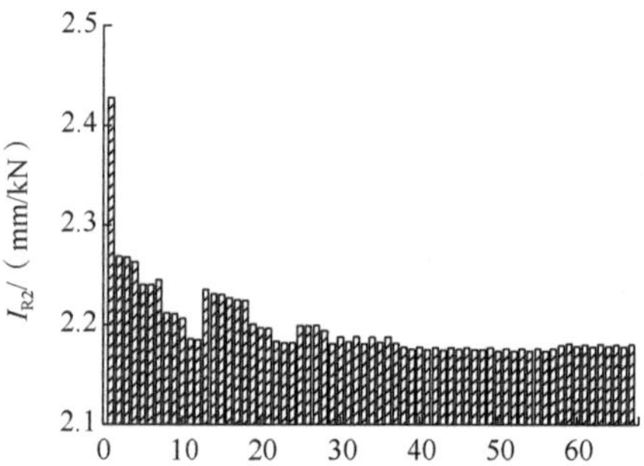

（c）三向网格

图 4-17（续）

根据式（4.1）和式（4.2）计算构件重要性系数并归一化，结果如图 4-18 所示。

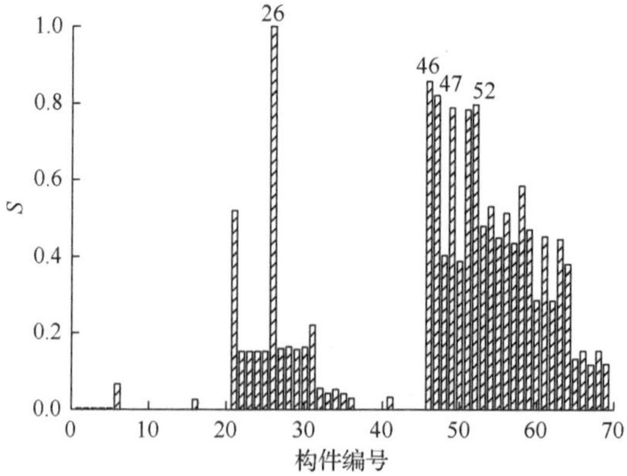

（a）单斜杆Ⅰ型

图 4-18　单层圆柱面网壳结构构件的重要性系数

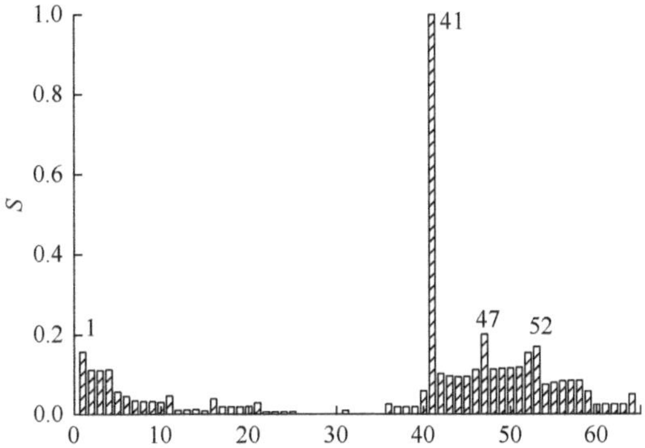

（b）单斜杆Ⅱ型

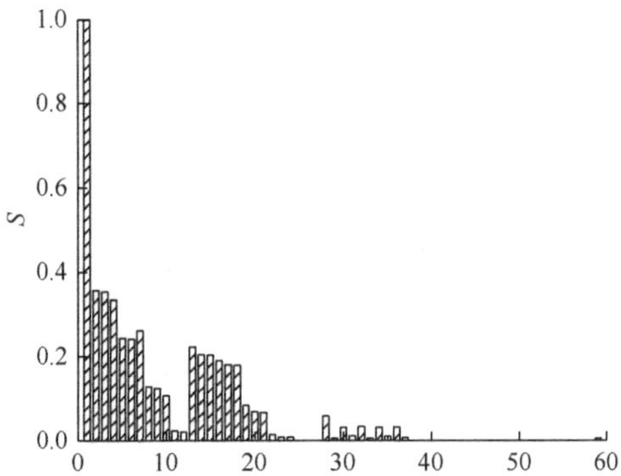

（c）三向网格

图 4-18（续）

将重要构件在图 4-19 中加粗标出。可见对于两种形式的单向斜杆正交正放型网格的网壳结构，其最为重要的构件主要集中在角部支座处，其余支座处的横向构件也较为重要，而概念移除一个斜向构件对结构整体性能影响不大。单层圆柱面网壳结构需要角部构件提供约束刚度，且径向构件受力最为直接，因此这两类构件共同构成了单斜杆型网格最主要的受力路径，单个构件的缺失就会对结构性能造成较大影响；而斜杆对结构的稳定有辅助作用，受力不如径向杆直接，因此只有靠近角部的斜杆较为重要。

对于三向网格单层圆柱面网壳结构，同样是约束处的横向构件（编号 1、2、3 等）和靠近约束处的横向构件（编号 4）最为重要。与单斜杆型网格类似，拱跨方向上构件的传力路径较斜杆更为直接，移除后对结构鲁棒性的影响也较大。

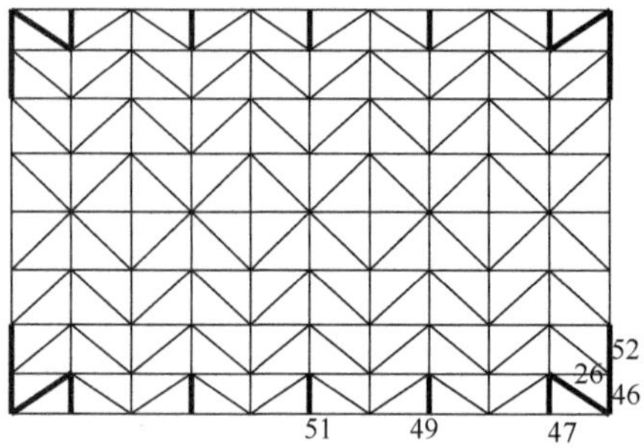

（a）单斜杆Ⅰ型

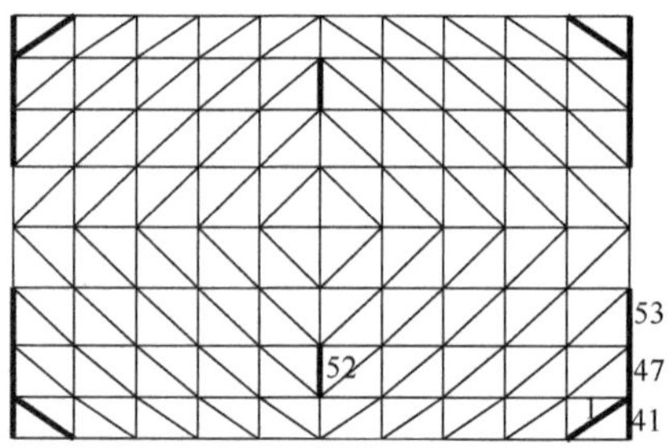

（b）单斜杆Ⅱ型

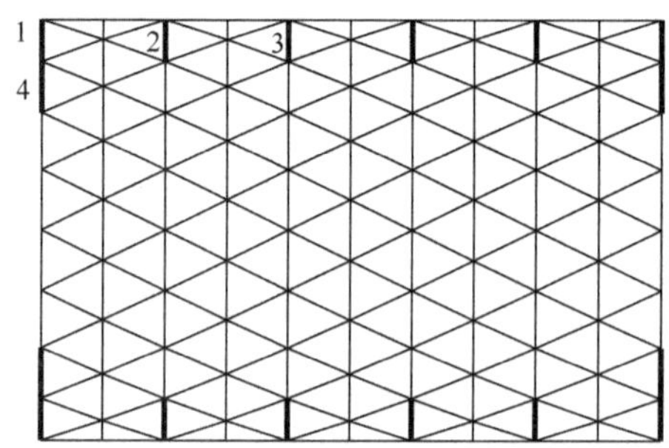

（c）三向网格

图 4-19　单层圆柱面网壳结构的重要构件

4.3.3　单层圆柱面网壳结构的关键路径

本节针对受力性能较好的三向网格单层圆柱面网壳结构，采用常用的“逐步概念移除”的方法，进一步探讨对鲁棒性最为关键的路径。

对于 4.3.2 节中的三向网格网壳结构，由图 4-17 可见，先移除构件 1，结构鲁棒性下降最多，即构件 1 应作为关键路径的起始。在此基础上，按顺序遍历移除剩余构件，计算移除构件后结构的鲁棒性，结果如图 4-20 所示。

得到三向网格圆柱面网壳结构的关键路径为 1→48→83→41→49，其分布如图 4-21 所示。

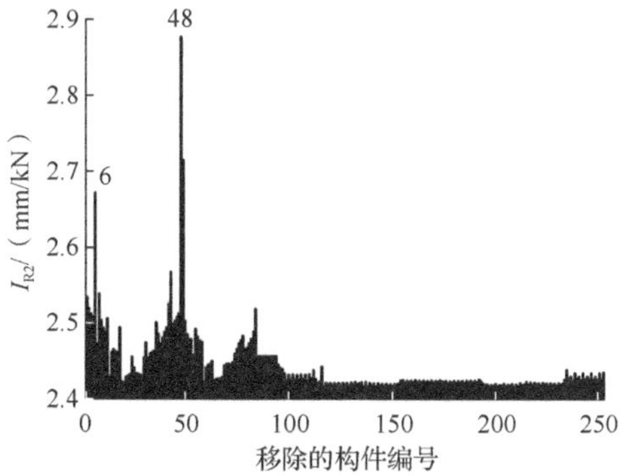

（a）移除2根构件后结构的鲁棒性

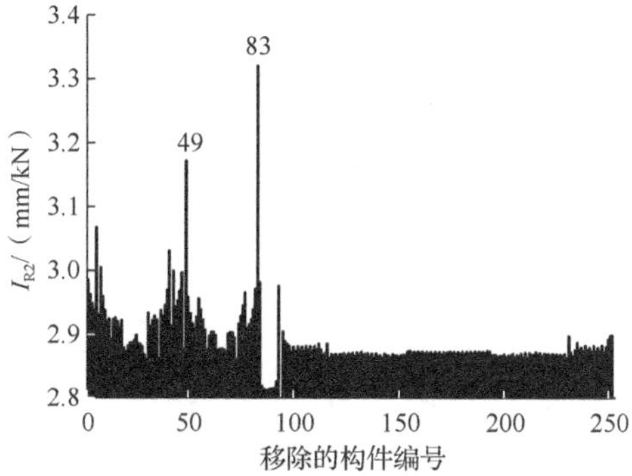

（b）移除3根构件后结构的鲁棒性

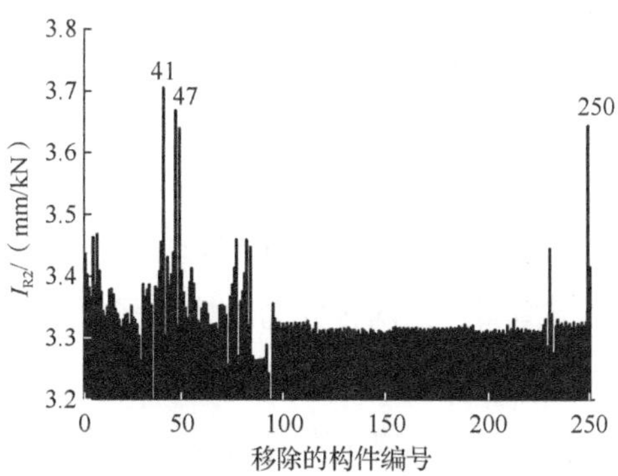

（c）移除4根构件后结构的鲁棒性

图 4-20　逐步移除构件后三向网格圆柱面网壳结构的鲁棒性

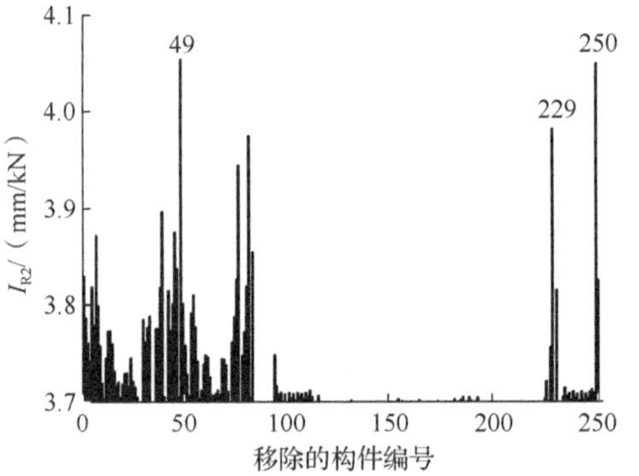

（d）移除5根构件后结构的鲁棒性

图 4-20（续）

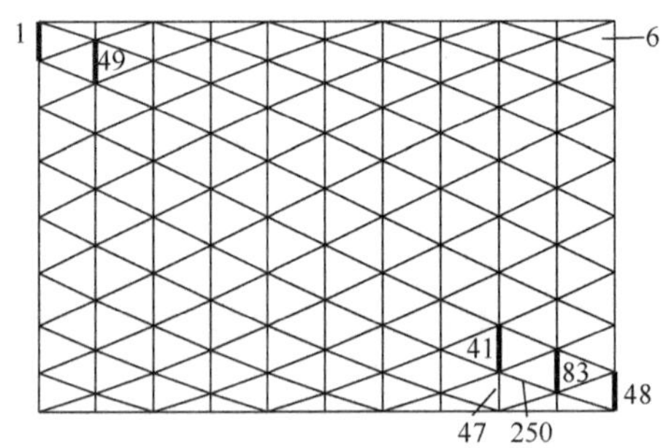

图 4-21　三向网格单层圆柱面网壳结构的关键路径

可见与 4.2.3 节单层球面网壳结构的结果不同，三向网格圆柱面网壳结构的关键路径不是连续分布在一定区域内，而是离散分布在拱跨方向上，从角部的 1 号构件开始，到对角的构件 48，之后沿对角线方向依次向内为构件 83 和 41，接着为对角的近支座构件 49，其关键路径沿对角线形成一条通道。

三向网格单层网壳结构属于三向传力的结构，平面投影是矩形且沿两纵边支承，因此横向构件是主要受力构件；同时斜向构件在跨度方向形成三角形网格，通过三角形杆件网格传力，因此形成了沿对角线的关键路径。文献[153]采用瞬时移除构件法，分析了四边支承的联方型网格在地震作用下的构件失效路径，发现破坏也是从角部构件开始，然后沿斜向逐渐向周围杆件扩散。

4.4　双层网壳工程实例分析

某游泳馆屋盖为双曲双层钢网壳结构，平面尺寸 113.7m×97.4m，矢高 10.9m，如图 4-22 所示。在网壳周边布置支座 ZZ1，内部划分成 H 型，布置支座 ZZ2～ZZ4，均采用不动铰连接。结构中部厚度 3m，边缘厚度 2m。

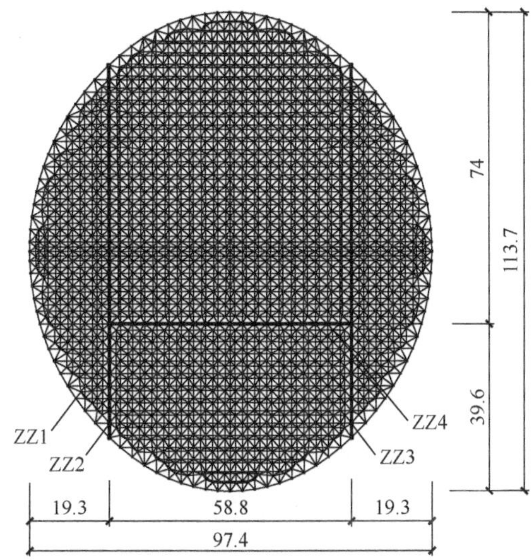

（a）平面图

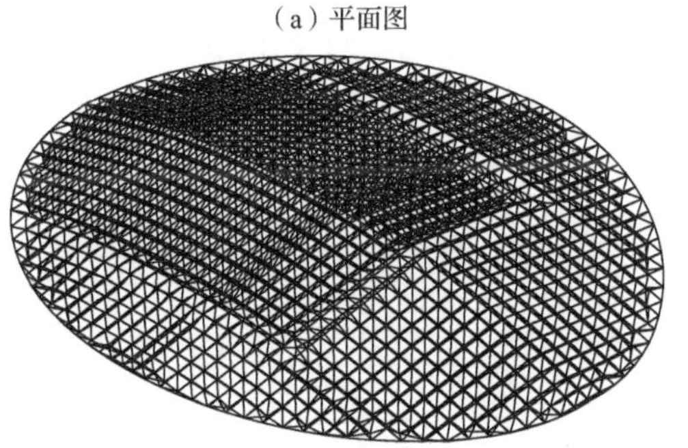

（b）轴测图

图 4-22　某游泳馆屋盖结构布置图（单位：m）

设计恒荷载 0.5kN/m^2，活荷载 0.65kN/m^2；杆件材料为 Q345 钢材，节点为铰接，采用满应力设计，截面选用常用的ϕ60mm×3.5mm、ϕ75.5mm×3.75mm、ϕ89mm×4mm、ϕ114mm×4mm、ϕ140mm×4mm、ϕ159mm×6mm、ϕ159mm×8mm、ϕ180mm×8mm、ϕ180mm×10mm 圆管截面。整体结构由 2307 个节点和 7910 个单元组成。根据式（2.29）计算结构的鲁棒性评价指标为 0.337mm/kN。

为了分析约束条件对结构鲁棒性的影响，移除部分支座后，计算结构的鲁棒性评价指标，结果如表 4-6 所示。可见减少支座降低了结构的整体刚度和冗余度，同时也增大了结构的跨度，因此结构鲁棒性一般也会相应降低。

表 4-6 移除支座后双层网壳结构的鲁棒性评价指标

序号	移除的支座	结构跨度/m	结构鲁棒性评价指标/（mm/kN）
1		58.8	0.337
2	ZZ4	58.8	0.658
3	ZZ2、ZZ3	74.0	1.298
4	ZZ2、ZZ3、ZZ4	97.4	1.515

当移除所有中间支座只保留周边支承时，对比 4.2.1 节结果可见，尽管跨度更大，但是双层网壳结构的鲁棒性强于单层球面网壳结构。

4.5 网架结构动力失效机理及鲁棒性

4.5.1 网架结构计算模型

为了研究网架结构在地震作用下的动力失效机理，本节以正放四角锥网架[图 4-23（a)]、斜放四角锥网架［上弦斜放下弦正放，图 4-23（b)］及斜置四角锥网架［上下弦均斜放，图 4-23（c)］三种常见的网格形式为例，约束条件分为周边简支和四点支承两种。网架结构平面尺寸 56m×56m，厚度 4m；恒载和活载均为 $0.5kN/m^2$，考虑自重；材料为 Q235 钢材，假定为理想弹塑性；截面根据静力荷载满应力优化设计。

（a）正放四角锥网架

（b）斜放四角锥网架

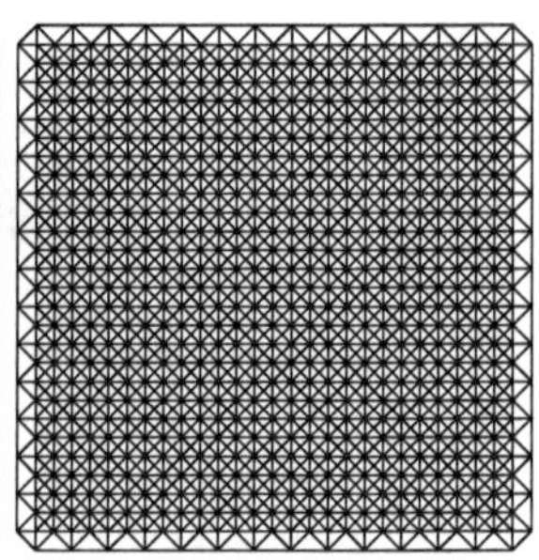
（c）斜置四角锥网架

图 4-23 典型网架结构整体模型

动力时程分析时三向输入 El-Centro 波，持续时间 8s；逐步增大地震波幅值，通过全过程曲线分析结构的动力性状。分析采用有限元软件 ANSYS，使用可实时输出应力应变的 PIPE20 单元模拟杆件，每个单元截面上共有 8 个积分点，为说明杆件截面的塑性发展程度，定义 1P 表示截面上至少有一个积分点进入过塑性，8P 则表示全截面进入过塑性；为考虑单杆稳定，将一根杆件沿轴向分成 3 个单元；采用一致缺陷模态法施加结构的初始缺陷，幅值为跨度的 1/1000。

4.5.2　网架结构地震作用下失效特征分析

本节对不同网格和支座形式的网架结构，选择不同的地震波加速度幅值，共分析了 62 个算例，其中 14 个算例最终失效。以四点支承斜放四角锥网架为例，分析其在地震下的响应。图 4-24、图 4-25 分别是失效前结构最大节点位移和进入塑性的杆件占比随地震加速度幅值增大的变化曲线。

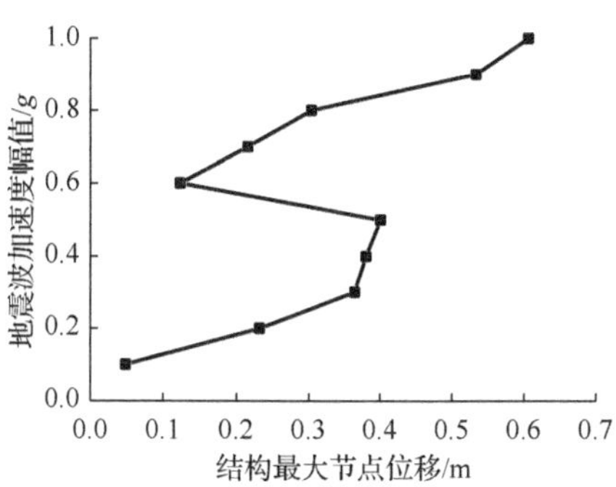

图 4-24　地震波加速度幅值-结构最大节点位移曲线

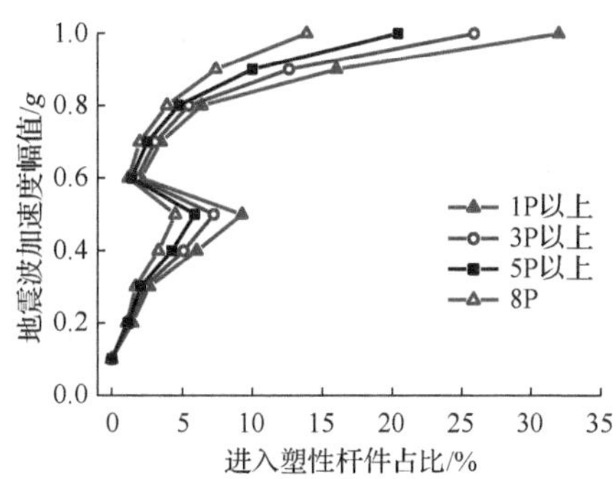

图 4-25　地震波加速度幅值-进入塑性杆件占比曲线

需要指出的是，进行结构动力失效模式的分类与识别需要首先判断结构是否失效，而目前关于网架结构的失效准则尚无定论。通过较多算例的分析发现，发生强度破坏的网架结构，当最大位移达到跨度的 1/50 左右时，会有较多的杆件达到塑性，此时的网架即使没有立即倒塌也不可能正常使用，应该按失效处理；发生失稳破坏的网架结构，虽然在失效前位移可能小于跨度的 1/50，但在位移时程曲线上，失效前一时刻与失效时刻（此时位移发散）的连线上总有一点，其位移为跨度的 1/50。因此，从结构需要满足其使用性能的角度，取最大节点位移超过结构跨度的 1/50 为失效准则。

当地震波加速度幅值为 0.5*g* 及以下时，随加速度幅值的增大，结构的变形和塑性也逐渐发展，只是由于荷载较小，在地震作用时间内结构没有失效。当地震波加速度幅值加大到 0.6*g* 时，结构由于最大节点位移超过限值而失效，但其失效之前的最大节点位移相比 0.5*g* 时大幅减小，失效前结构整体未发生明显变形，失效较突然；塑性发展区域较小且集中在支座附近的弦杆和少数腹杆，最终局部弦件受压失稳破坏，如图 4-26（a）、（b）所示。由于其失效前塑性没有充分展开，而失效是由局部杆件引起，其失效模式可以称为失稳型局部失效。

继续增大地震波加速度幅值，结构仍然在地震作用结束前失效，如图 4-26（c）～（f）所示，但失效前塑性发展逐渐加深，范围逐渐从支座附近的压杆向网架中心扩展；结构变形明显，振动的平衡位置不断下移，最终由于结构位移较大而不能正常使用，可以认为失效模式逐渐从动力失稳变为动力强度破坏。失效的范围也逐渐增大，到地震波加速度幅值为 1.0g 时，较多数量的杆件发生弹塑性失稳，因此根据结构不同的延性与整体性，网架结构的失效模式还应包括强度型局部失效与强度型整体失效。

（a）0.6g 失效时的 8P 杆件分布图

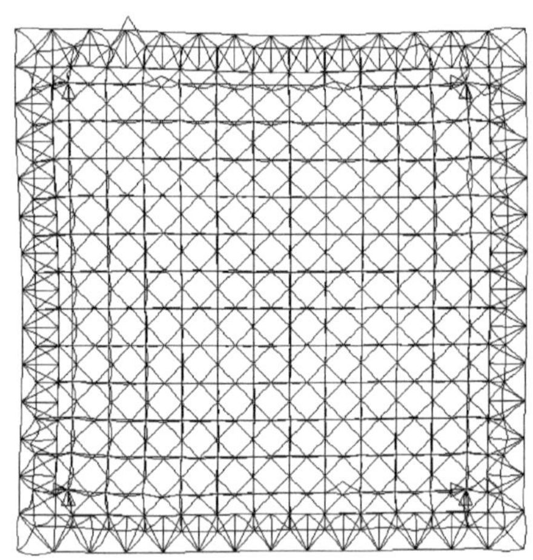

（b）0.6g 失效时刻变形图

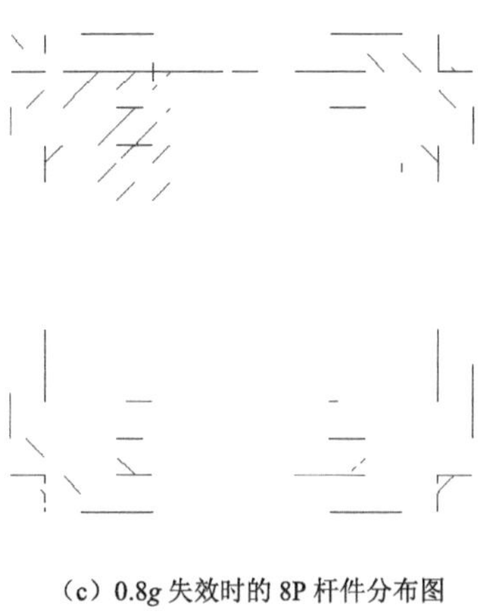

（c）0.8g 失效时的 8P 杆件分布图

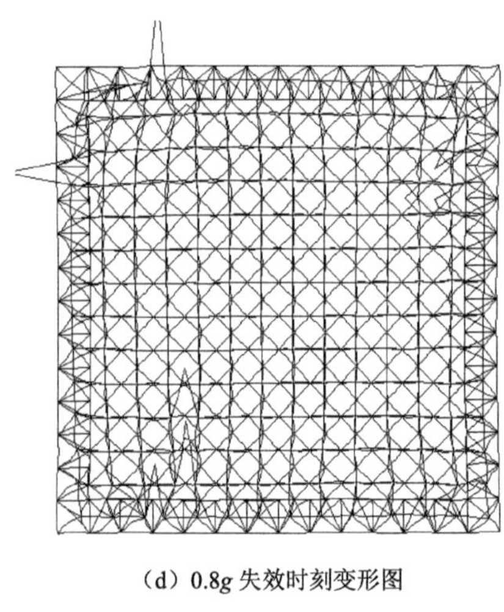

（d）0.8g 失效时刻变形图

图 4-26　斜放四角锥网架结构失效时的 8P 杆件分布及变形图

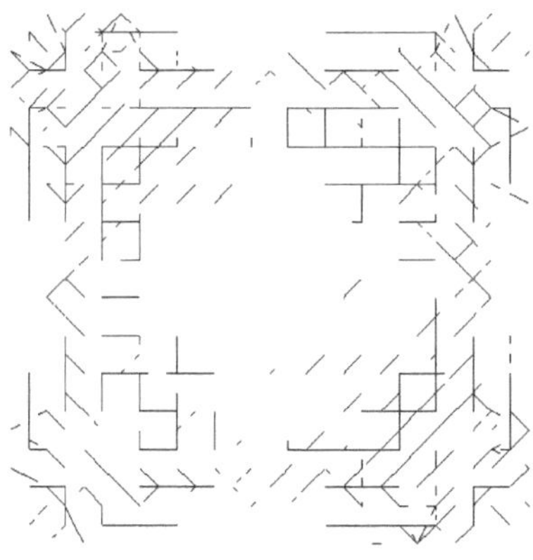

（e）1.0g 失效时的 8P 杆件分布图

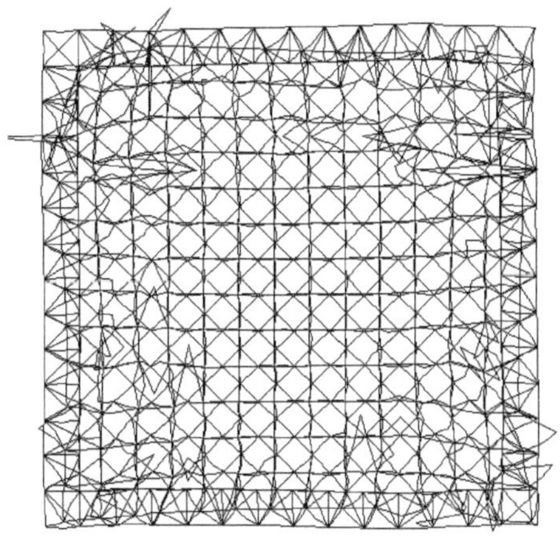

（f）1.0g 失效时刻变形图

图 4-26（续）

分析其余形式的网架结构，可以得到类似结果，但是并没有如单层网壳这样整体跳跃型失稳的情况。这是因为网架结构的几何形状与单层网壳不同，受几何非线性的影响较小，考虑初始缺陷之后，结构的整体失稳为极值型，表现为大范围的杆件弹塑性失稳，即失稳前已经达到强度极限，实际为强度型整体失效。

因此，网架结构在地震作用下存在失稳型局部失效、强度型局部失效和强度型整体失效三类失效模式，其各自的特征是明确的。但网架结构的失效形态是连续变化的，失效模式之间的界限并不明确，失效的范围只是用自然语言来描述，表现出模糊性。这种内涵明确而外延模糊的概念适合用模糊数学来表述。

4.5.3　模糊 C-均值理论的思想和方法

模糊 C-均值（fuzzy C-means，FCM）算法属于无监督分类，计算简单且具有比较直观的几何意义，在数据比较离散或者发生重叠时，FCM 算法能得到较为稳定的分类结果[154]。要将 n 个对象$\{\boldsymbol{x}_1, \boldsymbol{x}_2, \cdots, \boldsymbol{x}_n\}$组成的样本分成 c 类，假设每个对象由 t 个数字形式的特征指标表达，FCM 算法的思想是在满足 $\sum_{i=1}^{c} u_{ik} = 1$ 的条件下，使类间误差平方的目标函数 J 最小。

$$J = \sum_{k=1}^{n} \sum_{i=1}^{c} \left(u_{ik}\right)^m d_{ik}^2 \tag{4.4}$$

式中：u_{ik} 是 $\boldsymbol{x}_k$ 对分类 i 的隶属度，$0 \leqslant u_{ik} \leqslant 1$，$u_{ik}=1$ 时表示 $\boldsymbol{x}_k$ 完全属于分类 i，

$u_{ik}=0$ 则表示 $\boldsymbol{x}_k$ 完全不属于分类 i；m 是加权指数，可以调节聚类的模糊程度，通常取 $m=2.0$，当 $m_0=1$ 时 FCM 就转化为传统的硬划分，即每个待处理的对象严格地划分到某一类；d_{ik} 是 $\boldsymbol{x}_k$ 到分类 i 的聚类中心 $\boldsymbol{v}_i$ 的距离，通常采用欧氏距离，即

$$d_{ik}=\|\boldsymbol{x}_k-\boldsymbol{v}_i\|=\sqrt{\sum_{j=1}^{t}\left(x_{kj}-v_{ij}\right)^2} \tag{4.5}$$

由拉格朗日乘子法可知，当 $m>1$ 且 $\forall i,k,\boldsymbol{x}_k\neq\boldsymbol{v}_i$ 时，如果隶属度和聚类中心满足

$$u_{ik}=\frac{1}{\sum_{j=1}^{c}\left(\dfrac{d_{ik}^2}{d_{jk}^2}\right)^{1/(m-1)}} \tag{4.6}$$

$$\boldsymbol{v}_i=\frac{\sum_{k=1}^{n}\left(u_{ik}\right)^m\boldsymbol{x}_k}{\sum_{k=1}^{n}\left(u_{ik}\right)^m} \tag{4.7}$$

则此分类可以使目标函数 J 取最小值。

FCM 方法的具体步骤如下。

（1）归一化数据。样本中不同的特征指标可能具有不同的绝对值和量纲，不具有可比性，为了只从数量关系上分析，通常可以按式（4.8）处理：

$$x_{i_j}=\frac{x_{i_j}^0-\min\limits_i x_{i_j}^0}{\max\limits_i x_{i_j}^0-\min\limits_i x_{i_j}^0} \tag{4.8}$$

式中：$x_{i_j}^0$ 为样本 i 的第 j 个特征指标的原始数据；x_{i_j} 为规格化后样本 i 的第 j 个特征指标。

（2）指定聚类中需要的聚类数 c、权重指标 m、最大迭代次数与停止阈值 ε。

（3）给出初始聚类中心 $\boldsymbol{V}^{(0)}$，可以根据经验或采用随机生成的数据。

（4）根据式（4.5）计算样本中各数据到聚类中心 $\boldsymbol{V}^{(l)}$（$l=0,1,2,\cdots$）的距离，并由式（4.6）计算相应的隶属度 $\boldsymbol{U}^{(l)}$。

（5）根据式（4.7），更新聚类中心 $\boldsymbol{V}^{(l)}$到 $\boldsymbol{V}^{(l+1)}$，如果$\|\boldsymbol{V}^{(l+1)}-\boldsymbol{V}^{(l)}\|\leqslant\varepsilon$，则此 $\boldsymbol{V}^{(l+1)}$、$\boldsymbol{U}^{(l)}$即为合乎要求的聚类中心与隶属度，聚类结束；否则 $l=l+1$，回到第（4）步继续迭代。

4.5.4　网架结构动力失效模式的模糊划分

1. 识别失效模式时需要的特征指标

FCM 方法需要适当、充分的特征指标来识别网架结构的失效模式。由于网架结构具有大量的自由度，在动力荷载作用下，结构的响应在时间和空间均有所不同，不同时间与空间会产生不同的组合。一次完整的地震时程分析会得到大量的数据，分析时需要从中筛选出有效的特征指标。沈世钊等[144]和王晓可等[155]选取的指标包括整个时程最大的节点位移、破坏前塑性杆件占比、结构平均相对塑性应变、位移延性系数等；杜文风等[142]将结构动力稳定性判别准则归纳为位移准则和能量、刚度准则，提出应力变化率的概念来识别局部失稳；文献[156]将结构的动力破坏表示为最大位移和塑性累积耗能的线性组合，用动力破坏指数表示。总结以上研究成果，应按以下原则识别网架结构失效模式的特征指标。

（1）适当。从结构分析的角度可知，特征指标应为结构主要的力学特征，如能量、位移、塑性杆件占比等物理量。

（2）充分。为了充分反映结构的失效特征，单个指标往往不够全面，通常需要多个指标互为补充。

（3）单调。特征指标对不同的失效模式要有不同的单调性，例如，塑性应变能越大则对应的结构越趋向于强度破坏，越小则越趋向于失稳破坏。

（4）独立。各个指标之间应互相独立，例如，从物理意义上来说，1P 及 8P 杆件占比分别反映塑性发展的范围与深度，当识别失效模式时两者择其一即可。

根据 4.5.2 节对网架结构失效机理的分析，网架结构动力失稳与动力强度破坏之间的主要区别如下。

（1）对材料的利用不同。结构发生强度破坏前往往有较大比例的杆件不同程度地达到过塑性，材料非线性的影响比较明显；而失稳破坏时多数杆件的性能并没有充分发挥。

（2）失效前是否有预兆。发生强度破坏的算例，由于整体刚度下降导致其最大位移较大，失效前有明显的预警，更有利于人员疏散；而失稳破坏算例的变形始终很小。

（3）耗能能力不同。强度破坏由于具有良好的塑性与延性，会积累较多的塑性应变能；而失稳破坏时结构不能通过塑性变形吸收外力功，反而将应变能转为动能。

因此利用 8P 杆件占比、全时程的最大位移和总塑性耗能作为特征指标，可以较为充分地反映结构的失效机理。但以上指标不能代表失效的范围，在多高层结构中，通常采用层间位移表示结构的局部性能；由于空间结构中没有层的概念，可以根据临失效前的最大位移与平均位移的比值这一指标，来判断结构是否发生整体失效。

2. 网架结构动力失效模式的模糊 C-均值分析

将 62 个算例中最终失效的 14 个结构的动力响应指标列于表 4-7。其中 d_1、d_2、d_3 分别表示临失效前最大节点位移、临失效前平均节点位移、全时程最大节点位移。为使不同算例之间具有可比性，将总塑性应变能对杆件总数平均得到平均单杆塑性应变能 E_s。

表 4-7　不同形式网架结构的动力响应指标

算例编号	地震加速度幅值/g	支承形式	网格形式	d_1/mm	d_2/mm	d_1/d_2	8P 杆件占比/%	d_3/mm	E_s/J
1	1.0	周边	正放	49.1	8.3	5.9	0.6	92.8	0.35
2	0.8	周边	斜置	364.0	35.1	10.4	4.2	428.0	3.72
3	0.9	周边	斜置	209.0	34.3	6.1	3.2	406.0	2.71
4	1.0	周边	斜置	69.5	7.2	9.7	1.2	103.0	0.29
5	0.8	周边	斜放	391.0	3.8	103.6	7.2	422.0	4.71
6	0.9	周边	斜放	116.0	32.3	3.6	5.1	303.0	3.14
7	1.0	周边	斜放	66.8	28.3	2.4	1.3	121.0	0.28
8	1.2	四点	正放	263.1	3.1	83.8	13.3	537.0	10.45
9	0.6	四点	斜放	66.6	4.6	14.5	1.2	123.0	0.34
10	0.7	四点	斜放	82.5	5.7	14.4	2	216.0	0.82
11	0.8	四点	斜放	156.0	4.7	33.5	3.9	304.0	3.61
12	0.9	四点	斜放	462.0	38.0	12.2	7.4	534.0	8.49
13	1.0	四点	斜放	490.0	38.6	12.7	13.9	607.0	24.90
14	1.0	四点	斜置	264.0	38.0	7.0	9.4	359.0	9.60

利用 FCM 算法划分以上算例，设定分类数 c=3，迭代停止阈值为 0.01，计算相应的聚类中心与隶属度，结果如表 4-8、表 4-9 所示。根据最大隶属度原则，将算例 1、4、7、9、10 定为分类一；算例 2、3、6、11、12、14 定为分类二；算例 5、8、13 定为分类三。每个分类的聚类中心体现了该分类最典型的特征，由表 4-8 可见，分类二与分类三的 8P 杆件占比、全时程最大节点位移和平均单杆塑性应变能均大幅超过分类一，而分类三的 d_1/d_2 又远大于分类二，因此分类二与分类三分别为强度型整体失效和强度型局部失效；分类一则倾向于动力失稳。

表 4-8　各失效模式的聚类中心

特征指标	分类一（失稳型局部失效）	分类二（强度型整体失效）	分类三（强度型局部失效）
d_1/d_2	10.10	12.08	74.71
8P 杆件占比/%	1.46	5.77	11.75
全时程最大节点位移/mm	140.11	407.45	517.11
平均单杆塑性应变能/J	0.67	5.78	11.36

表 4-9　各算例对不同失效模式的隶属度

算例编号	分类一	分类二	分类三
1	0.969	0.024	0.007
2	0.056	0.919	0.025
3	0.154	0.803	0.043
4	0.986	0.011	0.003
5	0.141	0.231	0.628
6	0.236	0.720	0.044
7	0.981	0.015	0.004
8	0.011	0.026	0.963
9	0.990	0.008	0.002
10	0.897	0.087	0.016
11	0.327	0.589	0.084
12	0.078	0.785	0.137
13	0.143	0.338	0.519
14	0.121	0.738	0.141

但实际算例的结果通常不会与聚类中心重合，可通过隶属度最大的算例反映该类的特征。算例 9 对分类一的隶属度为 0.990，近似于完全属于分类一，由上述分析可知，其失效模式为典型的失稳型局部失效［图 4-26（a）、（b）］；而分类一的其他算例也都不同程度地偏向失稳失效。

对分类二隶属度最大的算例 2，其 8P 杆件分布和失效时刻的变形图如图 4-27（a）、（b）所示，可见其失效时结构周边区域有较多的腹杆压溃，失效前已经达到极限，属于强度型整体失效。

算例 8 作为分类三的典型，尽管其全时程最大节点位移很大，杆件塑性积累很多，但最终失效是由少数杆件失稳引起，如图 4-27（c）、（d）所示，因此分类三属于强度型局部失效。

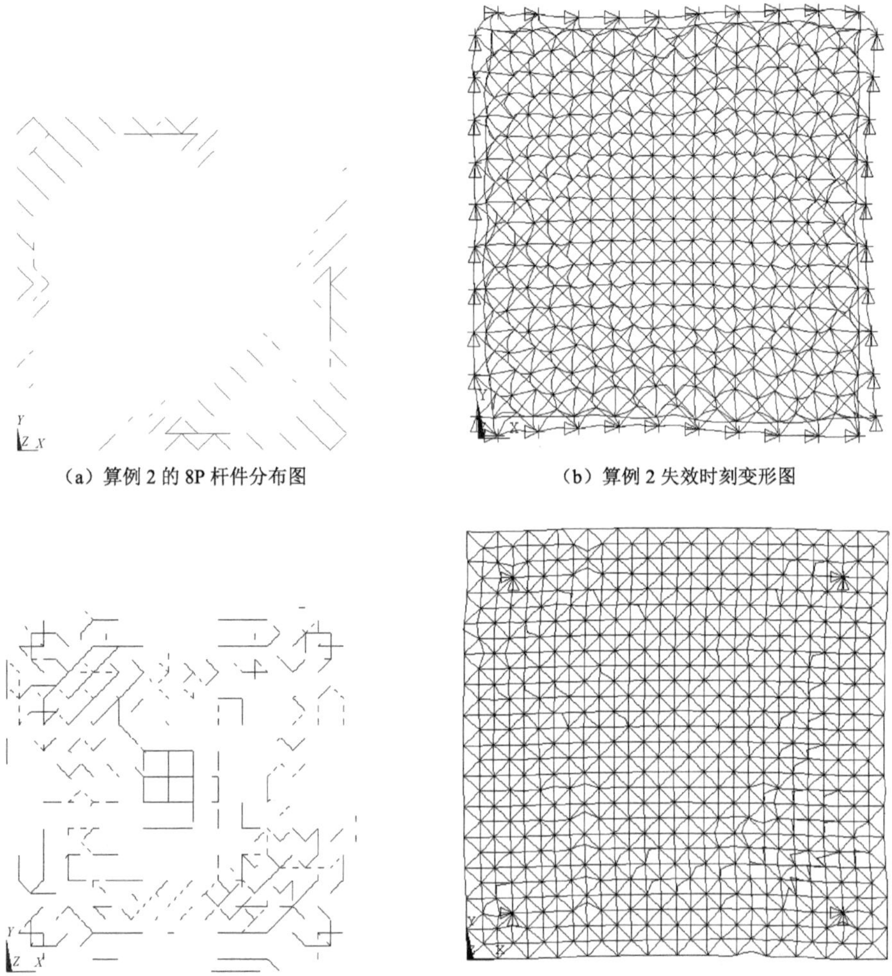

（a）算例 2 的 8P 杆件分布图　（b）算例 2 失效时刻变形图

（c）算例 8 的 8P 杆件分布图　（d）算例 8 失效时刻变形图

图 4-27　算例 2 和算例 8 的 8P 杆件分布和失效时刻变形图

此外，还有一些算例对某种失效模式的倾向性并不显著，例如，算例 11［图 4-26（c）、（d）］就处于“亦此亦彼”的过渡状态，在以往的分析中只能用自然语言来描述；而根据表 4-9，其对三种失效模式的隶属度分别为 0.327、0.589 和 0.084，可见算例 11 更偏向于整体强度失效，而基本没有局部强度失效的特征。利用 FCM 方法，可将失效模式由自然语言描述转化为更加明确的数字表述。FCM 是数据驱动的无监督的分类，并获得了各种失效模式的聚类中心，因此识别某一未知网架的失效模式时，可以将以上结果作为训练样本，直接根据式（4.4）而不需要重复迭代，计算对各分类的隶属度，判断其失效模式。

由表 4-9 可见，结构自身是决定其失效模式的内因，但是从分类结果看，不同网格布置和支承形式的网架结构，均有可能发生以上三种失效模式。地震波的特性则是影响失效模式的外因，例如，同样为四点支承的斜放四角锥网架（算例 9～13），随着地震波加速度幅值的增大，其对分类一的隶属度逐渐减小，而偏向分类二的程度逐渐明显，即失效模式从局部失效过渡到整体强度失效。

4.5.5　空间网格结构的失效模式与鲁棒性

分析地震作用下网格结构的鲁棒性时，通常需要考虑部分结构进入塑性状态，发生局部甚至整体破坏，此时结构的鲁棒性与地震作用的特性有关，因此应按照第 3 章的非线性指标［式（3.6）］评价其鲁棒性，其中关键的步骤包括计算输入地震干扰$\|\boldsymbol{w}(t)\|_2$、输出的破坏后果$\|\Delta\boldsymbol{y}(t)\|_2$，以及分析在最不利的情况下二者是否相称。网格结构的鲁棒性与失效模式的关系如图 4-28 所示。

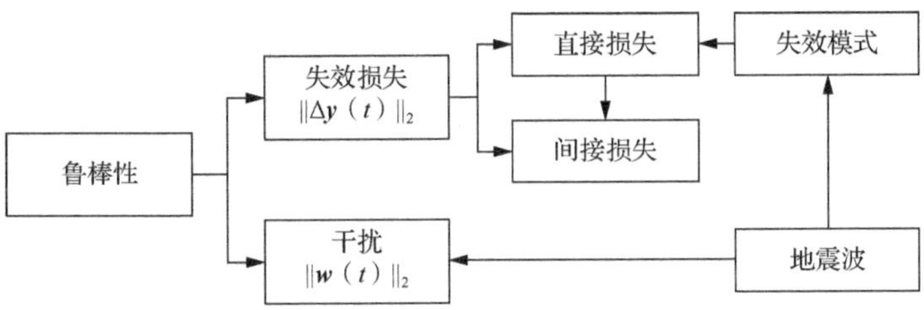

图 4-28　网格结构的鲁棒性与失效模式的关系

对于地震干扰$\|\boldsymbol{w}(t)\|_2$，当地震波时程给定时，可以直接通过式（3.6）积分得到$\|\boldsymbol{w}(t)\|_2$。由于地震作用的影响往往比较严重，此时式（3.6）中的$\|\Delta\boldsymbol{y}(\lambda,t)\|_{L_2}$就不仅仅是由于结构自身损坏而产生的直接失效损失，而应该能代表地震中结构的实际失效损失，即加入经济、环境、社会、政治等方面的考量[157]，包含由于结构失效所间接引起的设备损坏、污染物泄漏、人员伤亡等产生的间接损失[158,159]。空间网格结构的直接失效损失与其失效模式密切相关。一般来说，失效范围较大的整体失效，以及塑性杆件较多的强度破坏，其直接产生的构件维修费用较大；而目前对于间接损失的计算方法尚无一致的认识，简化的方法是根据经验假定间接损失与直接损失的比值，通过直接损失计算间接损失[160]。但是对于不同使用功能的空间网格结构，其间接损失往往有很大差别，因此不同失效模式下的网格结构的失效损失仍是值得进一步研究的问题。

由上述分析可见，同一网格结构在不同的地震作用下，其失效模式是不同的，理论上计算时应包含所有可能的地震波。实际评价地震下结构的鲁棒性时，可以选取若干常用地震波，通过改变地震加速度幅值，分析结构的失效模式和失效损失，计算$\|\Delta\boldsymbol{y}(t)\|_2$和$\|\boldsymbol{w}(t)\|_2$的比值，得到结构在地震作用下的鲁棒性。

4.6　小　　结

本章基于线性位移结构鲁棒性评价指标，选取常见的扇形三向网格、肋环斜杆型网格和肋环型网格单层球面网壳结构，以及单向斜杆正交正放网格和三向网格的单层圆柱面网壳结构，通过参数分析，研究了几何参数、网格形式对单层网壳结构鲁棒性的影响。通过逐步概念移除构件，区别不同构件在结构体系中的作用，识别影响结构鲁棒性的重要构件和关键路径。最后针对某双层网壳结构工程实例，讨论了不同的支承形式对鲁棒性的影响。可以得到如下几点结论。

（1）本章明确了几何参数和网格形式对结构鲁棒性的影响，为进行网格结构鲁棒性设计打下基础。构件截面越大、结构跨度越小，则单层网壳结构的鲁棒性越强；矢跨比越大，球面网壳结构鲁棒性越强，而矢跨比较大的圆柱面网壳的鲁棒性较弱。由于网格划分比较均匀且三向受力，扇形三向网格球面网壳结构和三向网格圆柱面网壳结构的鲁棒性较强；而肋环型网格球面网壳平面内支撑较少，单向斜杆正交正放圆柱面网壳结构两个方向受力不均匀，因此这两种网格形式的网壳结构鲁棒性较弱。

（2）对于周边固支的扇形三向网格型单层球面网壳结构，位于圆周直径上的径向构件对鲁棒性最重要，并与附近的环向和斜向构件共同构成重要区域；肋环形网格和肋环斜杆型网格单层球面网壳结构的径向杆和中部环向杆则比较重要。对于沿两纵边支承的圆柱面单层网壳结构，角部约束处的构件对结构鲁棒性最为重要，其余约束处构件次之；对角线上拱跨方向的构件则构成了重要路径。

（3）实例分析表明，H_∞鲁棒性指标可以计算大型复杂网壳结构，而且双层网壳结构的鲁棒性强于单层网壳结构，约束条件对网壳结构的鲁棒性有较大影响。

第 5 章　空间网格结构的优化及鲁棒性

5.1　引　　言

现有网架结构的基本拓扑形式主要有正放四角锥网架、正交正放桁架型网架、抽空四角锥网架、棋盘四角锥网架等 10 余种形式，网壳结构的基本拓扑形式主要有扇形三向网格、肋环斜杆型网格、肋环型网格等。在网格结构的传统设计过程中，结构工程师首先通常会根据以往的工程经验，事先确定结构的基本拓扑形式；然后根据基本拓扑形式，完成网格结构在设计平面上的杆件布置，形成拟建网格结构的整体拓扑，并根据该结构拓扑进行各杆件的受力分析；最后确定结构的杆件规格。第 4 章对常见的网格结构鲁棒性进行了分析，明确了网格结构鲁棒性的影响因素、构件的重要性及结构关键路径。

现行《空间网格结构技术规程》（JGJ 7—2010）中给出的网格结构特点在于，从网格几何边缘到网格中心区域的杆件拓扑一般都是相同的。然而，由于荷载条件的不同及边界约束的影响，网格结构不同区域的受力会相差很大，尽管可通过杆件截面来调节，但从结构拓扑优化角度来看，采用整体相同的杆件拓扑形式，将会使结构的材料得不到充分利用。本章对网格结构拓扑形式做进一步研究，探讨什么样的网格结构形式具有较好的鲁棒性，具体分为平板网架杆件布置、网壳结构杆件布置、自由曲面杆件布置。基本思路是借助计算机技术和有限元技术，根据拟建的网格结构外形和材料创建一个初始实体模型，施加相同的荷载条件与边界约束，进行初始实体模型的受力分析，并通过逐步去除初始模型中无效或低效的材料，优化得到网格结构合理的拓扑形式，并将其应用于网格结构的杆件布置中。通过结构优化，获得具有较强鲁棒性的结构拓扑。

本章首先介绍拓扑优化方法，随后将其应用到网格结构的优化中，以结构鲁棒性为优化目标，给出合理的结构拓扑布置，由此得到的网格与现有的网格结构相比较，在用钢量、结构的鲁棒性及极限承载力等方面均有一定的优越性[114]。

5.2　连续体拓扑优化理论

连续体结构拓扑优化发展至今，涌现出许多具体的优化方法，代表性的有，渐进结构优化法[161]、变密度法[162]、均匀化法[163]等优化方法。其中，均匀化法在设计领域中引入了具有孔洞的微结构，并将微结构的几何尺寸作为拓扑优化变量，通过微结构尺寸的消长实现微结构的增删，由于设计变量多、灵敏度计算复杂等问题，目前可求解的问题类型有限。本节主要对渐进结构优化法在平板网架中的应用作介绍。

1. 渐进结构优化法

渐进结构优化（evolutionary structural optimization，ESO）法的优化思想非常简单易懂，即按照一定的拓扑优化准则，把无效或低效的材料从结构中逐步删除，从而使结构逐步改进到拓扑和形状最优的形式。理论上，最后优化的结果并不能保证拓扑和形状的最优，但是 ESO 法对于结构设计人员来说，在结构材料的合理布局和概念性设计中，是一种很方便的手段。

通过有限元分析计算，可获得整个结构的应力分布。渐进结构优化的应力优化准则为，逐渐删除结构中的低应力材料，使剩余的材料更有效地承担荷载，从而应力分布更趋均匀。例如，采用米泽斯（Mises）应力值来确定是否删除。当单元的 Mises 应力比整个结构的最大 Mises 应力小于某一比例时，这个单元就被删除，而这个比例通常称为删除率 GG_i。将有限元分析计算和按某一删除率 GG_i 的单元删除算法进行循环，直到无结构低应力单元，该阶段循环即终止。为进一步对结构进行优化，可设定一个提高删除单元应力水平的渐进率 EG，和删除率 GG_i 相加，从而得到新一轮循环的删除率 $\mathrm{EG}+\mathrm{GG}_i$，然后进行新一轮迭代，直到结构无低应力单元，该阶段循环即终止。这样的渐进优化过程进行一定次数，可得到需要的优化结果。例如，所有的应力都不小于最大应力的 50%，这或许不是理论上最优的结果，但可能已是比较理想的结果。按照渐进结构拓扑优化思想，使结构尽可能减小各处应力值的差距，应力分布尽可能均匀。具体的实现步骤如下。

（1）在给定的荷载和边界条件下，定义设计区域。

（2）使用有限元网格离散设计区域。

（3）对离散后的结构进行有限元计算分析。

（4）确定删除准则，对于平面问题，Mises 应力准则是常用的准则之一。Mises 应力值 σ^{vm} 定义为

$$\sigma^{\mathrm{vm}}=\sqrt{\sigma_x^2+\sigma_y^2-\sigma_x\sigma_y+3\sigma_{xy}^2} \tag{5.1}$$

式中：σ_x 和 σ_y 分别为 x 方向和 y 方向的应力；σ_{xy} 为剪切应力。根据式（5.1）分别求出每点的 Mises 应力值、单元应力 $\sigma_{\mathrm{R}}^{\mathrm{vm}}$ 和最大单元应力 $\sigma_{\max}^{\mathrm{vm}}$，如果单元应力 $\sigma_{\mathrm{R}}^{\mathrm{vm}}$ 满足式（5.2），则认为该单元处于低应力状态，可从结构中删除。

$$\frac{\sigma_{\mathrm{R}}^{\mathrm{vm}}}{\sigma_{\max}^{\mathrm{vn}}} \leqslant \mathrm{GG}_i \tag{5.2}$$

式中： GG_i 为删除率。

（5）重复进行有限元计算和单元删除，直到式（5.2）无法满足为止，即对应于 GG_i 达到一个稳定状态。为了删除更多单元，引进参数进化率 EG，从而下一次迭代的删除率可表示为

$$\mathrm{GG}_{i+1} = \mathrm{GG}_i + \mathrm{EG} \tag{5.3}$$

（6）重复步骤（2）～（5）直到结构重力或最小应力与最大应力之比达到给定值。

2. 双向渐进结构优化法

ESO 法的不足之处是，最优结构在某个部位的单元有可能在使用 ESO 法刚开始时已被删除，但最开始删除的单元可能是最优结构上的单元，因为刚开始优化时各单元的应力和即将达到最优结构时各单元的应力状态是不同的，这就可能使 ESO 法存在单元“误删”现象，而单元一旦被删除将不能恢复，这是 ESO 法的局限性。此外，因为 ESO 优化中结构单元是逐渐递减的，所以结构的最大设计空间必须已知，并且 ESO 必须从全域设计空间的初始结构开始进化。双向渐进优化（bi-directional evolutionary structural optimization，BESO）法[164,165]是单向 ESO 的重要改进，它增加了添加单元的操作，即在删除低灵敏度单元的同时，在结构边界高灵敏度区域添加单元，以进化的方式增加单元。因此，BESO 法中材料进化具有双向性，其优化结果往往要优于 ESO 法。

BESO 法包括两种操作方式，分别是删除低效单元和在高效区域添加单元。

删除单元部分在 ESO 法中可很好地实现，BESO 法实现的关键主要是如何添加、在哪儿添加。目前，BESO 法中添加单元的方法主要有以下几种[166]。

第一种，基于单元替换准则。该方法是一种改进的 ESO 法，通过使设计区域的低密度单元由较小的微结构形式替换，从而可以计算孔洞区域单元灵敏度的值。决定单元的删除与添加，是从结构设计域的原始材料出发，通过计算单元的灵敏度值，即每个单元对结构性能的贡献度来确定。其中，单元的添加过程是与单元的删除过程相反，单元的删除是将灵敏度值较小的实体均质材料单元替换为微结构形式，而单元的添加则是将灵敏度较大的微结构替换为实体均质材料。

第二种，通过结构内单元的位移插值，得到临近边界的空单元的位移，计算虚拟的灵敏度，按照虚拟灵敏度的高低决定是否添加单元。这种方法应用比较简单，而且计算量很小。有学者提出基于统一灵敏度的双向渐进结构优化法，在整个设计域内都建立灵敏度监测，其功能更加强大。

第三种，在结构高应力区域直接添加单元。该方法的优点在于添加单元的选择方式比较简单，计算量小，且对平面结构问题精度较高，但是对于三维或更复杂结构，在边界附近可添加的单元数目较多，在单元添加策略、可靠的评估方法等方面，尚需进行探讨。

第四种，基于人工材料单元添加方法。该方法将结构离散的单元分为 3 类，分别是暂时保留单元、暂时删除单元和人工材料单元。人工材料单元的参数是预先设定的，该方法需要保证添加人工材料单元对有限元分析结果影响很小。相比较于第三种方法，虽然在计算量上有所增加，但是通过计算人工材料单元的灵敏度值，提高了添加单元的精确度，且可以很方便地适应各种单元和边界条件，通用性良好。

采用在高应力单元周围增加单元和删除低应力单元的原理，双向渐进结构优化法步骤如下。

（1）确定参与设计的最大区域以及荷载和约束的位置。

（2）用规则的单元对设计区域进行有限元网格划分。

（3）指出连接荷载和约束最少数目的单元或提前设计好的初始设计体。

（4）给没有被上一步选中的单元一个初始值 0。

（5）设定优化收敛准则。

（6）对结构进行有限元分析。

（7）对每一个单元进行优化准则的计算并找出拥有最大值的单元。

（8）实现增、删单元的操作。

① 按照式（5.2）删除一定数量的单元。

② 在优化迭代几步后，围绕结构边界或洞穴，确定当前结构满足式（5.2）的单元和单元个数 m，并按照式（5.4）确定 J 个最大的应力单元，然后确定与该 J 个最大的应力单元邻近的材料编号为 0 的所有单元和单元个数 K：如果式（5.5）成立，则增加该 K 个邻接单元，否则不增加任何单元。

$$J = \mathrm{PR} \cdot \min(m, n_{\mathrm{d}}) \tag{5.4}$$

$$K < \mathrm{QR} \cdot \min(m, n_{\mathrm{d}}) \tag{5.5}$$

式中：PR 为需增添的单元比例数；QR 为度量结构边界或洞穴周围最大应力单元密集程度的一个临界比例数。

（9）如果在当前结构中不存在满足式（5.2）的单元，则达到一个稳态。稳态数增 1，并按照式（5.3）增加拒绝率，用这个增加的拒绝率重复步骤（5）。

（10）重复步骤（6）～（8），直到达到性能指标最大或达到指定的应力限值或准则限值。

应该注意，如果式（5.5）不成立，表明当前结构的边界或洞穴周围许多单元具有非常接近的最大应力，即结构的边界或洞穴周围具有比较均匀的应力分布，此时不增添单元能避免优化迭代中出现解的振荡。

5.3　渐进结构优化及网架结构鲁棒性

5.3.1　创建初始优化模型

1. 创建初始优化模型

首先根据拟建网架的外形和材料，在 ABAQUS 中创建初始实体模型。为了便于建模和优化，应使初始模型的外形尽可能简单规则，如建一个均质的长方体模型。根据网架结构的跨度及高度确定初始模型的形状和尺寸，根据网架结构杆件的材料确定初始模型的弹性模量和泊松比，对照网架结构的约束和荷载，在初始模型的适当位置施加相应的边界约束。需要说明的是，为了确保在优化过程中始终存在一个连接所有约束和荷载的连续体，模型应由两个部件装配而成，分别是部件 1 和部件 2，如图 5-1 所示。例如，当拟得到的网架结构为上弦周边约束且由上弦承受荷载，则可以将上弦部分建模为部件 2，其余部分建模为部件 1，然后将部件 1 和部件 2 捆绑装配。其中部件 2 是连接所有约束和荷载的最小连续体，而部件 1 是初始优化模型的剩余部分。在优化过程中，被删除的单元只会出现在部件 1 上，部件 2 上的单元是荷载作用点的最少连接单元，不被删除。对初始优化模型进行有限元网格划分，为了使单元删除准则更加简单且便于操作，也为了让整个优化过程更加准确，应尽可能保证所有单元都是立方体。

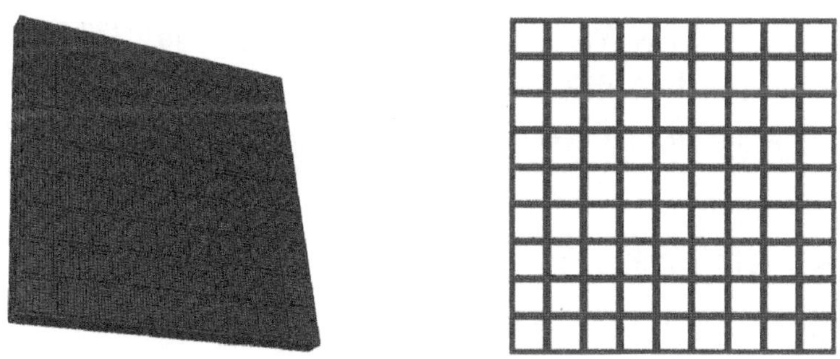

(a) 部件 1　　(b) 部件 2

图 5-1　实体模型部件图

2. 对初始模型进行渐进式结构优化

将建好的初始模型导入到优化程序中，在此采用的优化程序是由谢亿民团队提供的 BESO for ABAQUS 软件。在整个优化过程中最关键的是设置各项参数。控制优化过程的参数有体积减小率及每一次迭代的删除率和进化率。要得到比较明晰的结构拓扑形式，体积减小率应控制在10%以内，删除率和进化率可采用1%。控制优化终止的参数有最大迭代步数和收敛公差。最大迭代步数可以根据具体的模型而定，通常取200～300。收敛公差一般采用1%，可以通过优化生成的图形文件和数据文件检查优化结果。

3. 根据优化结果布置网架结构的杆件

由于优化后的结构体积控制在初始实体模型体积的10%以内，因此优化得到的结构拓扑形式通常非常明晰。根据优化得到的结构拓扑形式，可较为明确地布置网架杆件。需要指出的是，由于初始实体模型是一个连续实体结构，其单元节点的连接方式为固定连接，而最终得到的网架杆件连接方式为铰接，因此依据优化的结构拓扑方案所得到的初始网架结构可能是几何可变的。为使最终的网架结构为几何不变且具有优越的结构性能，尚应对初始网架结构的杆件布置做细微调整，增加一些杆件使得铰接的网架结构为几何不变体系。为此，可采用的布杆原则是，除网架结构四周角部上弦节点外，其余上弦节点均有一根腹杆相连。

4. 设计并验算网架结构的鲁棒性及极限承载力

根据上述得到的网架结构拓扑方案，在空间结构分析设计软件MST中建立相应的网架结构模型。施加荷载和约束，并通过满应力设计得出杆件的截面形式。为了验证拓扑优化网架结构的安全性及实用性，计算网架结构的评价指标，并与现有网架形式进行比较。这里采用的评价指标为结构的鲁棒性和极限承载力。极限承载力是结构所能承受的最大荷载，是考虑非线性影响的结构承载能力。将设计得到的网架结构在ANSYS中建模，并通过非线性分析得出模型的荷载位移曲线，从而最终得出结构的极限承载力。计算出结构鲁棒性指标及极限承载力后，将结果与现有网架结构形式进行比较分析，从而得出优化后网架结构的性能优越与否。

5.3.2 网架结构优化算例分析

1. 算例1 周边支承网架结构拓扑优化

现设一网架结构，网架跨度为24m×24m，高度为2m，上弦网格数为9×9，采用周边简支切向约束，杆件材料为Q235B钢材。首先在ABAQUS中建一板型结构模型，弹性模量为2.06×10^5MPa，泊松比为0.3，厚度是跨度的1/12，通过纵向和横向相垂直的直线将板的上表面分为9×9个相同的正方形，将这些纵向和横向线的交点及纵向或横向线与上表面边界线的交点称为节点。在节点处施加集中荷载并在位于边界的节点处施加周边切向约束。用有限元网格离散模型，并将模型导入到渐进式结构优化程序进行优化，优化结果如图 5-2 所示。根据模型优化的结果，布置一个上弦为正交正放的网架。网架跨度为 24 m×24 m，高度为 2m，上弦方格数为 9×9，采用周边切向约束，优化结果如图 5-3 所示。

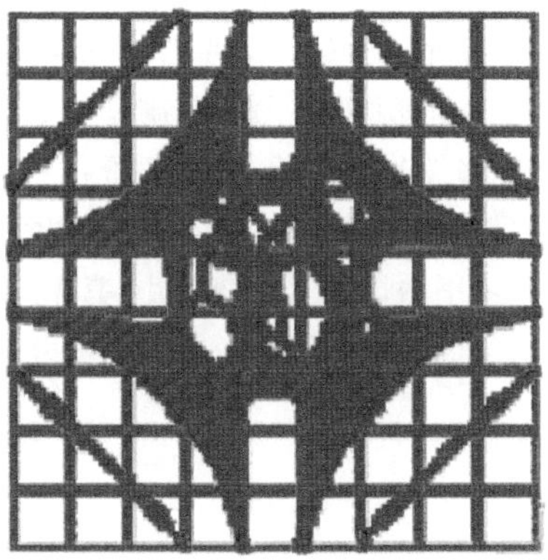

（a）拓扑优化结果俯视图

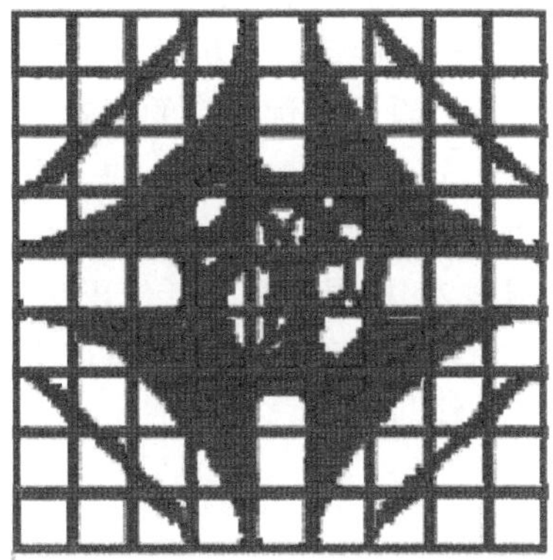

（b）拓扑优化结果仰视图

图 5-2　周边支承模型拓扑优化结果

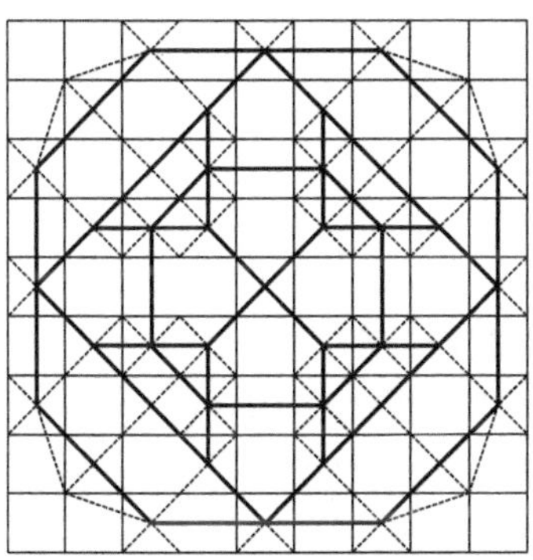

（a）优化后网架整体拓扑图

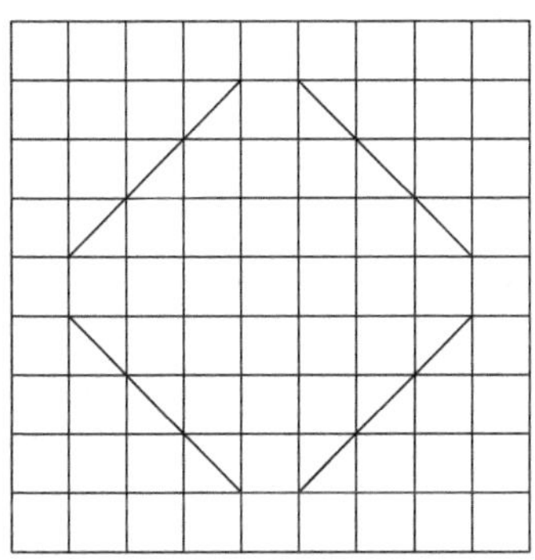

（b）优化后网架上弦拓扑图

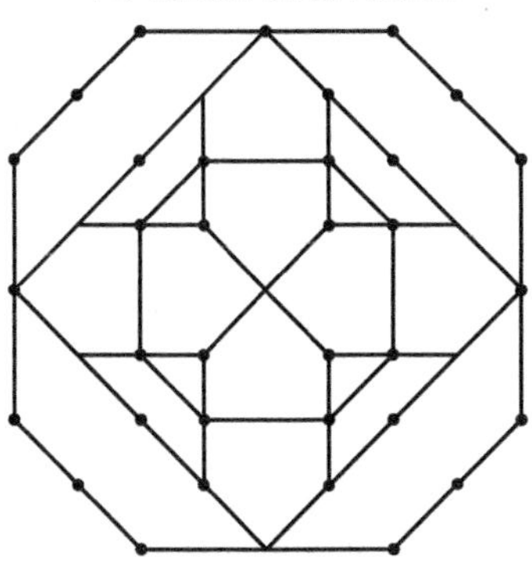

（c）优化后网架下弦拓扑图

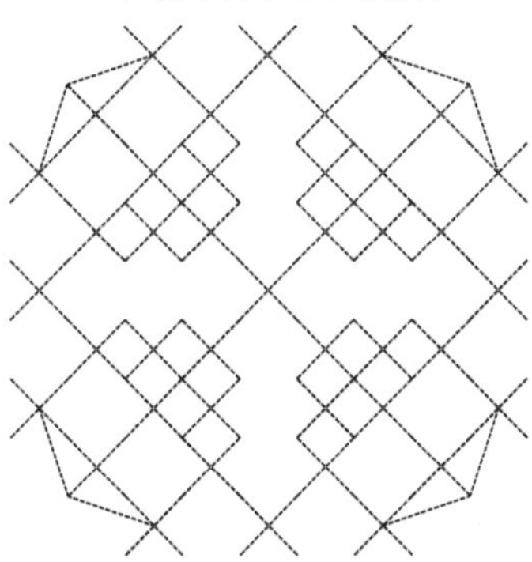

（d）优化后网架腹杆拓扑图

图 5-3　周边支承网架拓扑优化结果

将所得到的网架与现有的网架形式进行比较，网架结构均施加 2kN/m^2 匀布荷载，在 MST 软件中对杆件进行满应力设计，采用的荷载组合为 1.2×恒载。所用杆件截面分别为ϕ60mm×3.5mm、ϕ75.5mm×3.75mm、ϕ89mm×4.0mm、ϕ114mm×4.0mm、ϕ140mm×4.0mm，杆件材料为 Q235B 钢材。对所得到的网架结构分别在用钢量、鲁棒性评价指标及极限承载力等三个方面进行比较，结果如表 5-1 所示。从结果可以看出，优化后的网架结构相对于现有几种网架形式，在满足一定设计荷载的情况下用钢量是最小的。不仅如此，所得网架结构的鲁棒性评价指标和极限承载力也表现突出。鲁棒性评价指标仅略高于棋盘四角锥网架，在所有网架结构中排第 2。极限承载力低于正交正放桁架网架和正放四角锥网架，排第 3。总体来讲，所得网架结构在用钢量最小的情况下表现出优越的性能，是一个经济高效的网架结构。

表 5-1　网架杆件用钢量、鲁棒性评价指标及极限承载力的比较

网架类型	用钢量/t	鲁棒性评价指标/（mm/kN）	极限承载力/（kN/m^2）
正放四角锥	9.50	104.9	3.66
正交正放桁架	10.72	168.2	5.11
抽空四角锥	8.65	115.8	3.28
棋盘四角锥	8.21	82.7	2.88
优化后的网架	7.29	88.6	3.32

使用同样的方法还可以得出跨度为 36m×36m、48m×48m 的网架拓扑优化结果如图 5-4 和图 5-5 所示。与《空间网格结构技术规程》（JGJ 7—2010）给出的网架结构相比，在优化后用钢量非常低的情况下，网架结构表现出良好的性能。与此同时，随着跨度的增加，网架的上弦靠中心区域的刚度需要大幅提高，因此当跨度增加到一定程度时，优化后的网架相较于传统形式网架更加经济高效。

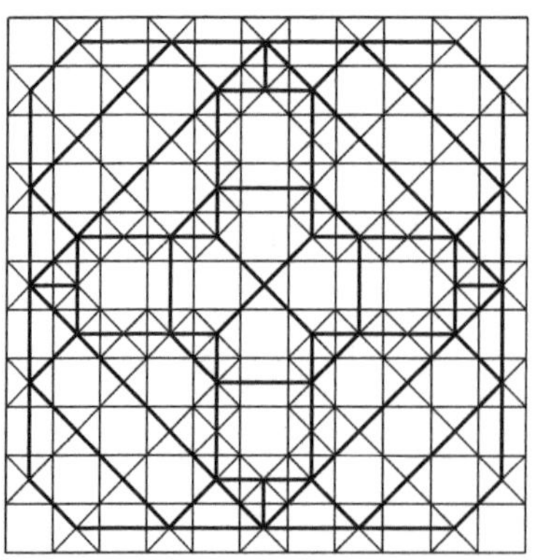

图 5-4　跨度 36m×36m 网架拓扑优化结果

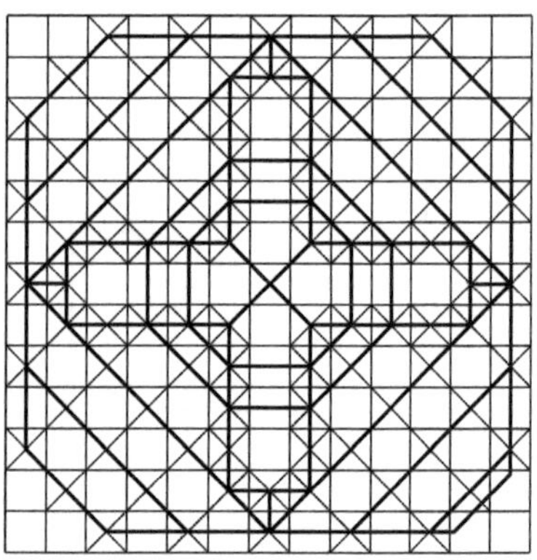

图 5-5　跨度 48m×48m 网架拓扑优化结果

2. 算例 2　四角点支承网架拓扑优化

与算例 1 相似，设一网架结构，采用下弦外缘四点支承，网架跨度为 24m×24m，高度为 2m，上弦方格数为 9×9，初始优化模型采用的两个部件如图 5-6 所示，优化的结果如图 5-7 所示，根据模型优化的结果，布置网架的拓扑优化结果如图 5-8 所示。

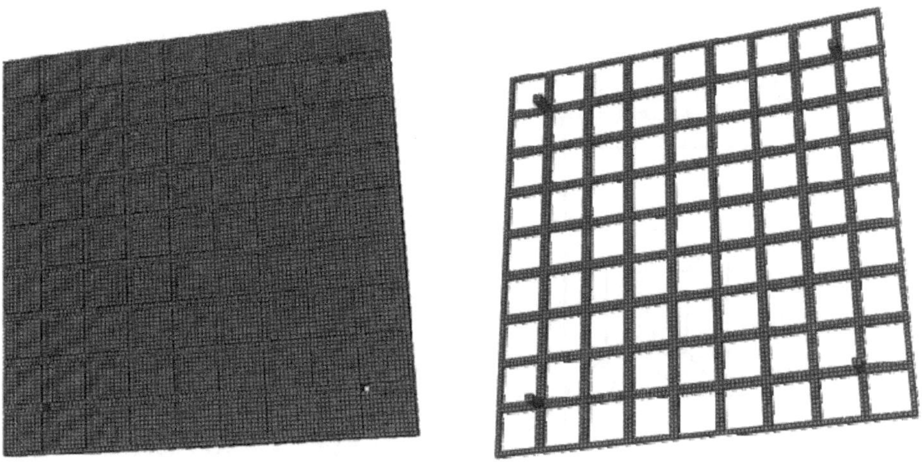

（a）实体模型部件 1　　（b）实体模型部件 2

图 5-6　外缘四点支承网架模型部件

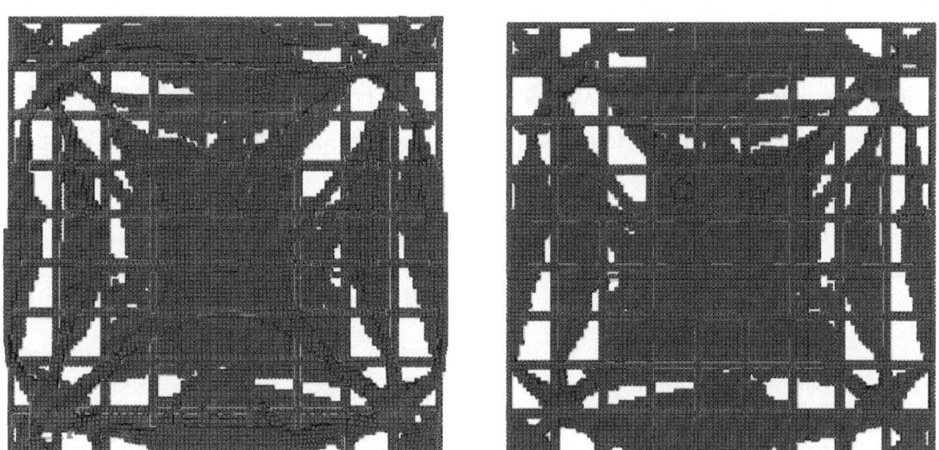

（a）拓扑优化结果俯视图　　（b）拓扑优化结果仰视图

图 5-7　外缘四点支承网架模型拓扑优化结果

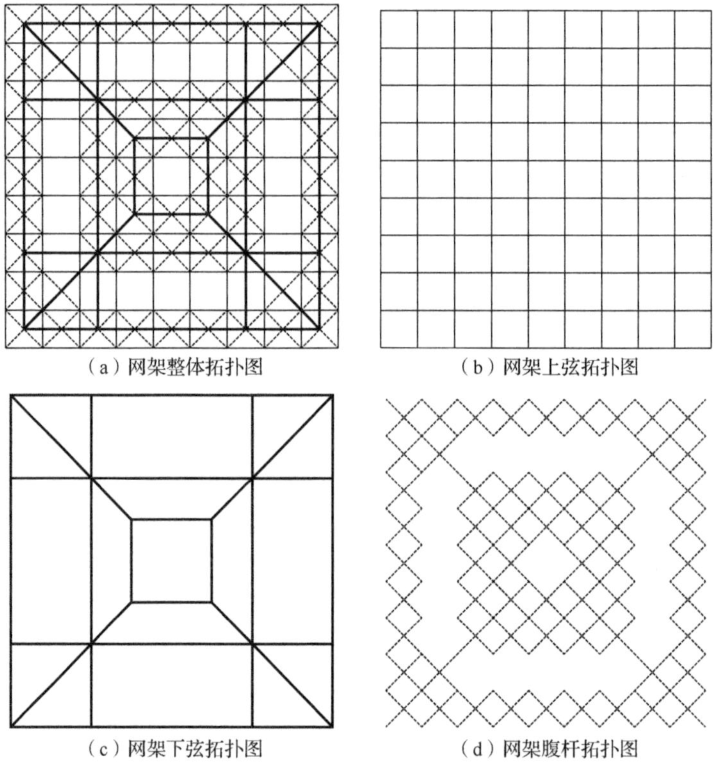

图 5-8　外缘四点支承网架拓扑优化结果

同样将所得到的网架结构与现有的网架形式进行比较，参与对比的各形式网架跨度、高度、上弦网格数、支承点数量和位置均相同，网架均施加 5kN/m^2 的匀布荷载，结果如表 5-2 所示。从结果可以看出，优化后的网架相对于常规几种网架，在满足一定设计荷载的情况下用钢量是最小的。不仅如此，优化后网架结构的鲁棒性和极限承载力也表现良好。

表 5-2　外缘四点支承网架用钢量、鲁棒性评价指标及极限承载力的比较

网架类型	用钢量/t	鲁棒性评价指标/（mm/kN）	极限承载力/（kN/m^2）
正放四角锥	17.62	78.3	10.069
抽空四角锥	16.90	87.0	8.854
棋盘四角锥	16.24	60.5	9.375
优化后的网架	15.87	74.4	9.333

使用相似的杆件拓扑方式布置的跨度为 36m×36m、48m×48m 的网架结构如图 5-9 和图 5-10 所示。同样情况下，在用钢量较低的情况下表现出良好的性能。

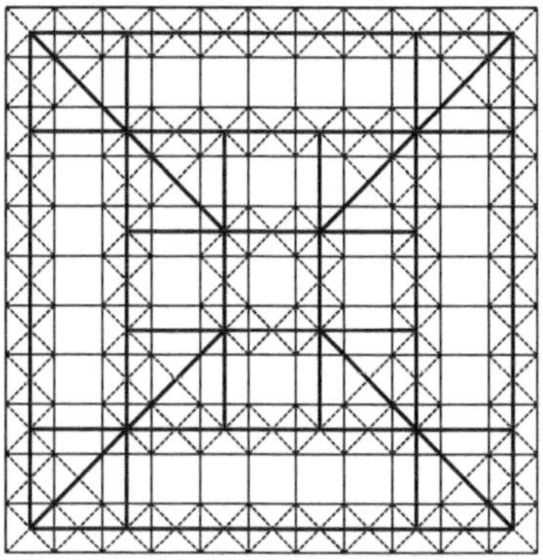

图 5-9　36m×36m 拓扑优化网架结构图

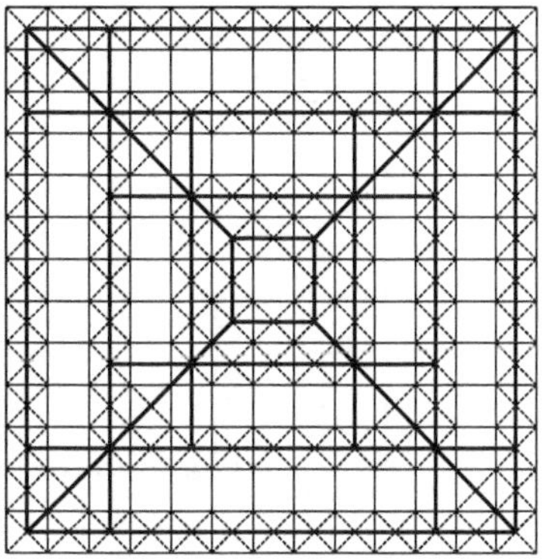

图 5-10　48m×48m 拓扑优化网架结构图

内部下弦四点支承网架拓扑优化。设一网架结构的跨度为 36m×36m，高度为 3m，上弦方格数为 11×11，采用内部下弦四点支承，两个装配部件结构如图 5-11 所示，优化结果如图 5-12 所示，根据模型优化的结果，布置的网架如图 5-13 所示。

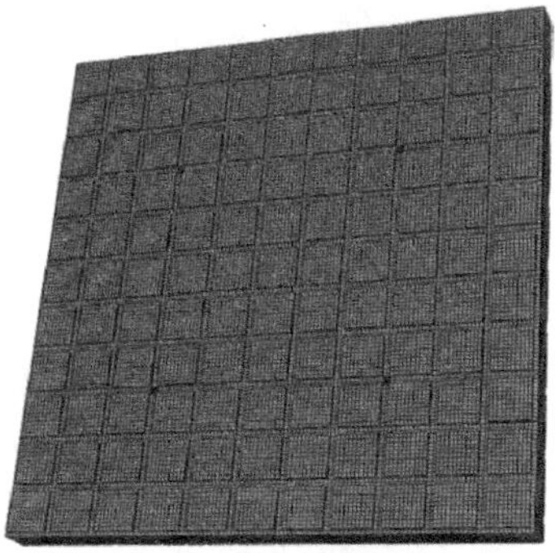

（a）实体模型部件 1

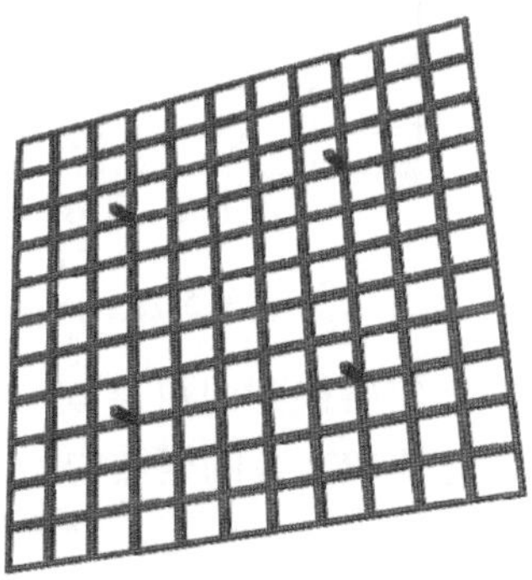

（b）实体模型部件 2

图 5-11　内部下弦四点支承网架模型部件

（a）优化结构俯视图

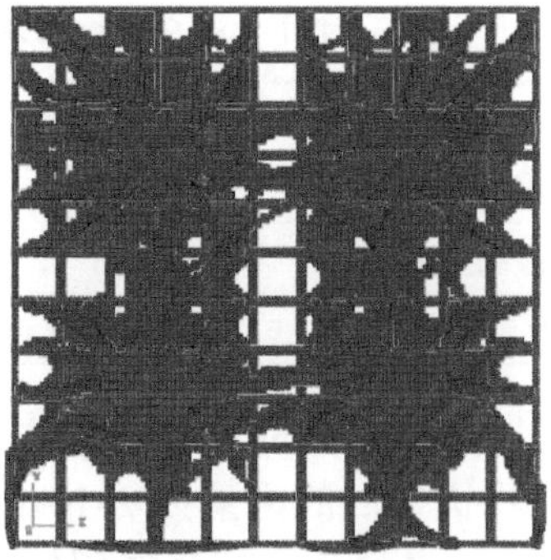

（b）优化结果仰视图

图 5-12　内部下弦四点支承网架模型拓扑优化结果

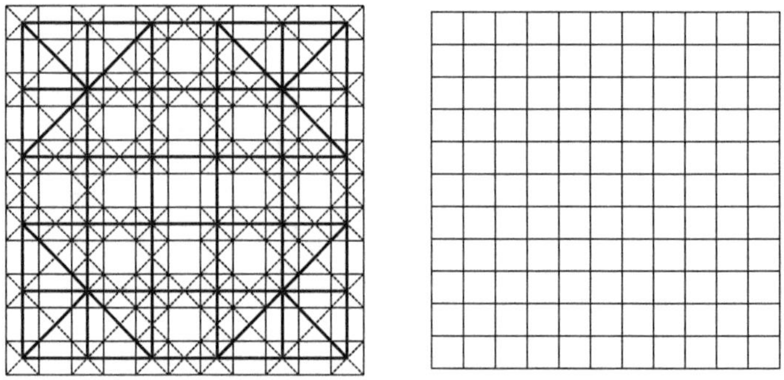

（a）网架整体拓扑图　　（b）网架上弦拓扑图

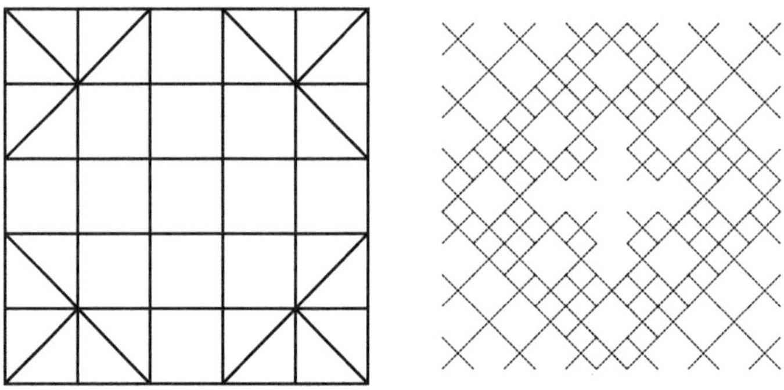

（c）网架下弦拓扑图　　（d）网架腹杆拓扑图

图 5-13　内部下弦四点支承网架拓扑优化结果

同样，将所得到的网架与《空间网格结构技术规程》（JGJ 7—2010）给出网架形式进行比较，各网架结构均施加 5kN/m^2 的匀布荷载时，结果如表 5-3 所示。从结果可以看出，优化后的网架结构相对于常规几种网架形式，用钢量最小。虽然鲁棒性比正放四角锥和抽空四角锥都要差，但是在能接受的范围内，而且极限承载力表现良好。

表 5-3　内部下弦四点支承网架用钢量、鲁棒性评价指标及极限承载力的比较

网架类型	用钢量/t	鲁棒性评价指标/（mm/kN）	极限承载力/（kN/m^2）
正放四角锥	26.49	113.3	7.100
抽空四角锥	24.20	208.5	5.875
优化后的网架	24.07	274.9	6.233

对跨度 48m×48m，网格数为 13×13 内部四点支承网架，优化结果如图 5-14 所示。将优化后的网架按 2kN/m^2 荷载作用，进行满应力设计并与现有网架比较，如表 5-4 所示，同样在用钢量最少的情况下，鲁棒性和极限承载力都表现良好。

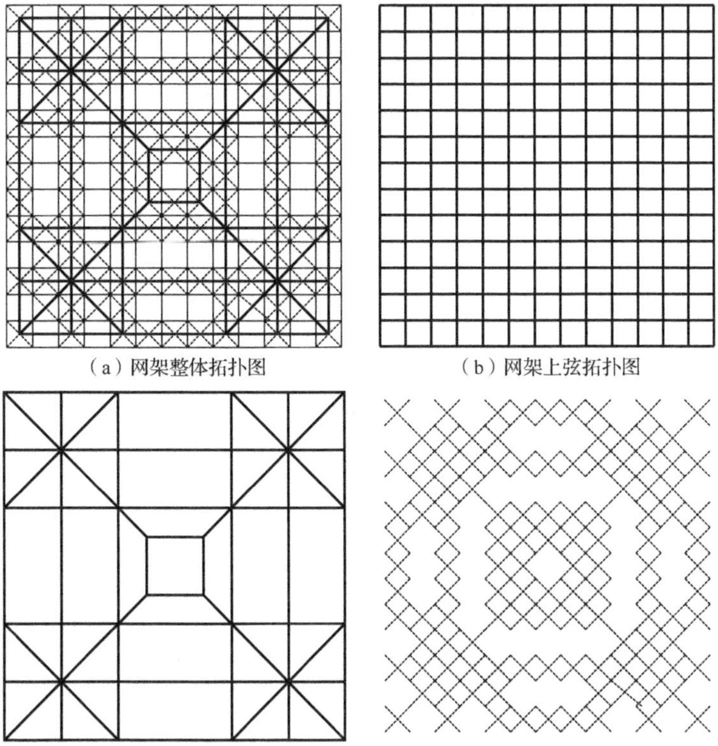

（a）网架整体拓扑图　（b）网架上弦拓扑图　（c）网架下弦拓扑图　（d）网架腹杆拓扑图

图 5-14　大跨度内部四点支承网架拓扑优化结果

表 5-4　跨度 48m×48m 内部四点支承网架用钢量、鲁棒性评价指标及极限承载力比较

网架类型	用钢量/t	鲁棒性评价指标/（mm/kN）	极限承载力/（kN/m^2）
正放四角锥	47.94	114.9	4.253
抽空四角锥	41.54	279.2	3.105
优化后的网架	41.17	168.9	3.687

5.4　变密度法及曲面网格优化

变密度法属于材料描述方法，人为地假设密度和材料弹性模量之间的关系，将拓扑优化从刚度分布问题转化成材料最优分布问题求解。其基本思想是对结构设计域进行有限元分析，引入一种假想的相对密度在[0,1]之间可变的材料，0 表示单元不存在，1 表示单元存在，优化时材料相对密度在 0 与 1 间的变动即代表了单元的增删。由于单元相对密度存在 0 与 1 之间的中间变量，需引入固体各向同性材料惩罚（solid isotropic material with penalization，SIMP）模型进行插值[162]，通过惩罚因子对中间密度值进行惩罚，使中间密度值向 0 和 1 两端聚集，这样连续变量的拓扑优化模型就能很好地逼近 0～1 离散变量的优化模型，此时中间密度单元对应一个很小的弹性模量，结构刚度矩阵的影响变得很小。

下面以结构的鲁棒性为优化目标，将结构单元的相对密度作为变量，采用遗传算法，进行 SIMP 变密度法的连续体拓扑优化。

由于优化的过程及结果只与变量的相对值有关，算例均采用无量纲的变量。

5.4.1 球面壳网格拓扑优化算例

1. 算例 1　基于三维空间连续体模型（球面壳），采用基于精英选择的遗传算法进行网格结构的鲁棒性优化设计

假定设计域平面尺寸为1×1，厚度0.01，矢跨比1/5，四角点固定，材料的弹性模量 $E_0=2\times10^{11}$，如图 5-15 所示。

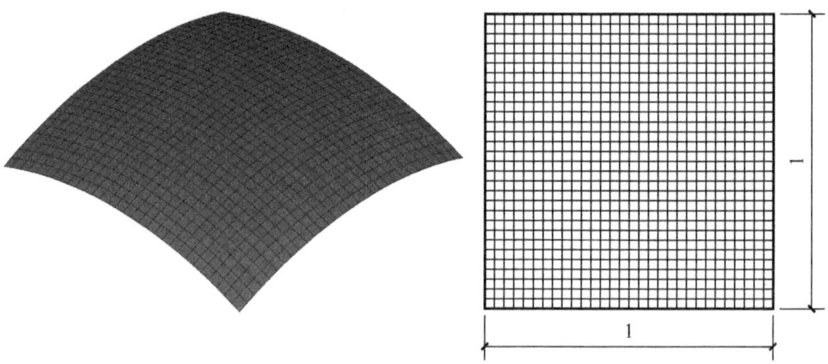

（a）三维模型　　（b）设计域

图 5-15　球面壳模型

SIMP 模型中，将整个设计域离散为30×30个单元，考虑到对称性，共有 120 个优化变量；选取惩罚因子 p=4，给定材料体积比限值 f_r=0.4。遗传算法中种群数 1000，交叉概率 0.95，变异概率 0.02，精英选择时，保留上一代前 5%最佳个体。进行基于鲁棒性的结构拓扑优化，其中输出包括三个方向的节点位移。

利用 ANSYS 软件，分析在均布荷载作用下、均质球面壳的受力情况，得到应力云图如5-16所示，其中颜色较深处应力较大。可见受力最大的区域为壳体四角直接约束处，其次为除中心部位以外的环状区域，高应力区分布面积较大，且边界模糊，难以直接给出概念设计拓扑。因此，进行基于鲁棒性的结构拓扑优化，鲁棒性优化迭代过程如图5-17所示，最终鲁棒性评价指标趋于稳定，表明本算法的收敛性良好。选择删除阈值ρ_0=0.4，并经过连接性分析，得到鲁棒性拓扑优化后保留的单元，优化结果如图 5-18 所示。

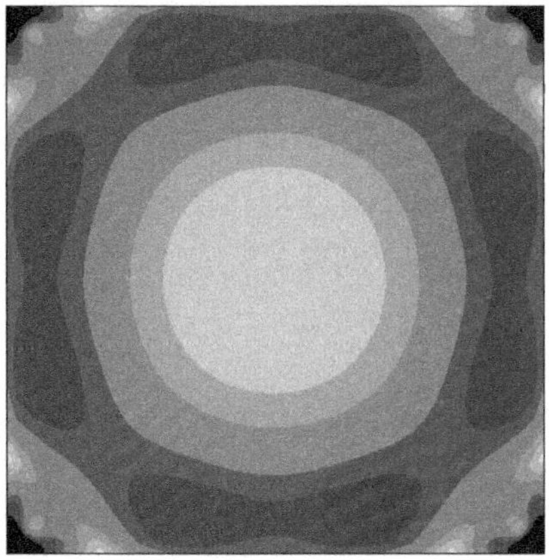

图 5-16　均布荷载下球面壳应力云图

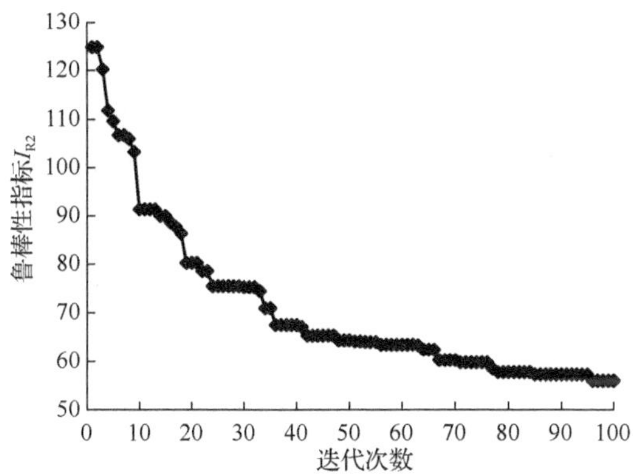

图 5-17　均布荷载下球面壳结构鲁棒性优化迭代过程

图 5-18　均布荷载下球面壳拓扑优化结果

从图 5-18 可见，结构最优拓扑形状较原始设计域发生显著变化，优化后在角部支承处保留了较多的单元，而在壳体中部形成斜置的“#”形网格。最终在图 5-18 中保留的单元基本位于图 5-16 中的高应力区，是受力最为直接的单元，对结构的鲁棒性也最重要。最终的拓扑形状较为明确，可以直接根据图5-18构造结构的主体布局，进行构件的初步布置。

2. 算例 2　集中荷载下的拓扑优化

当仅在壳体中点承受集中荷载时，首先利用 ANSYS 分析均质球面壳的受力情况，得到应力云图如图 5-19 所示。可见壳体中部直接集中荷载的区域应力最大，之后应力流向四角支座处扩散，而中部十字形区域内受力较小。进行结构鲁棒性拓扑优化，迭代过程如图 5-20 所示。选择删除阈值 ρ_0=0.4，迭代 100 次后得到鲁棒性拓扑优化的结果如图 5-21 所示。

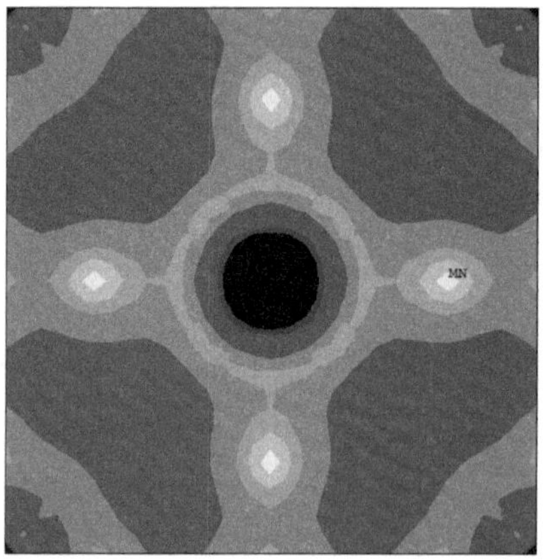

图 5-19　集中荷载下球面壳应力云图

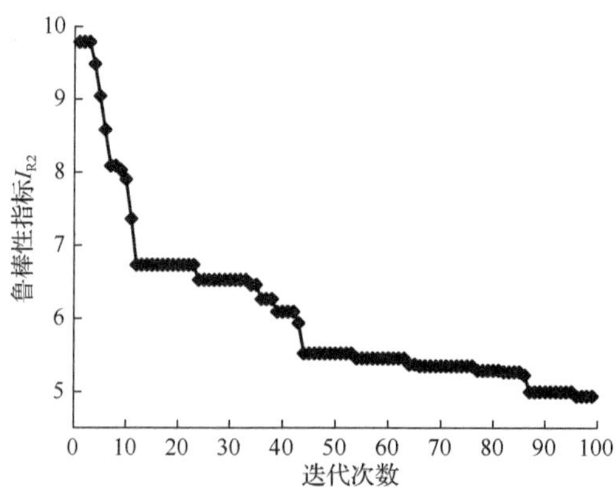

图 5-20　集中荷载下球面壳结构鲁棒性优化迭代过程

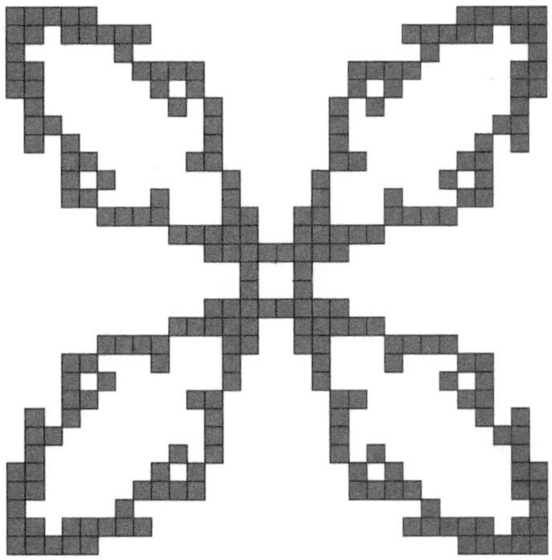

图 5-21　集中荷载下球面壳拓扑优化结果

可见优化后结构拓扑形状与图 5-18 类似，壳体四角支承处和中部荷载作用点附近保留了较多的单元，而两者之间通过鱼腹形分布的单元连接。对照图 5-19 的应力分布图，可见最终的拓扑形状基本处于高应力区的边界，而舍弃了受力较小的中部十字形附近的单元，形成了较为明确的布局，且保证了结构的鲁棒性。

以图 5-18 和图 5-21 中的拓扑形状为基础，可以得到球面壳模型的一种较为鲁棒的构件布置方案如图 5-22 所示，在此基础上细化即可获得最终的网格结构。

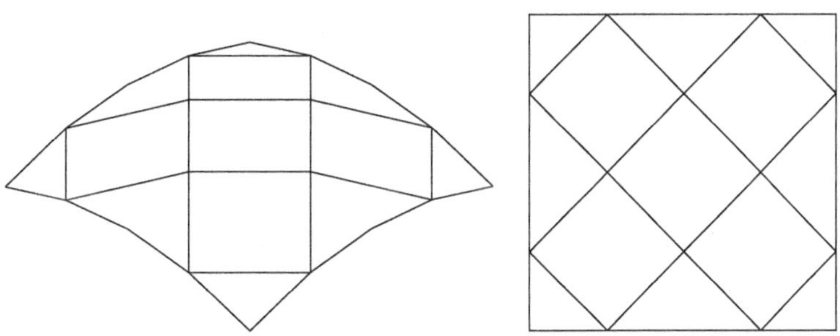

（a）轴测图　　（b）平面图

图 5-22　一种较为鲁棒的球面壳模型的构件布置方案

5.4.2　双曲面网格结构的拓扑优化

本节对双曲面进行网格结构的鲁棒性设计。设计域平面尺寸为 1×1，厚度 0.1，两方向矢跨比均为 1/5，周边固定，如图 5-23 所示。材料的弹性模量 $E_0=2\times10^{11}$。在 SIMP 模型中，将整个设计域离散为 30×30 个单元，考虑到对称性，共有 225 个优化变量；选取惩罚因子 $p=4$，给定材料体积比限值 $f_r=0.5$，遗传算法中其余参数与 5.4.1 节相同。

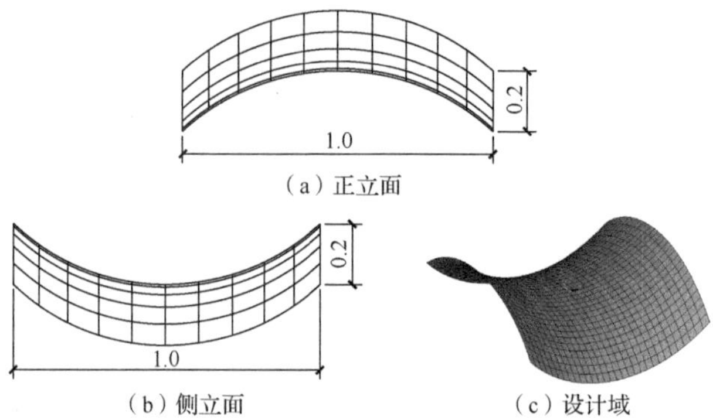

图 5-23　自由曲面模型

利用 ANSYS 软件，分析在均布荷载作用下均质双曲面模型的受力情况，得到应力云图如图5-24所示。可见受力较大的区域包括中心部位的环状区域及受拉边中心附近，而受压边则承担了较小的力。

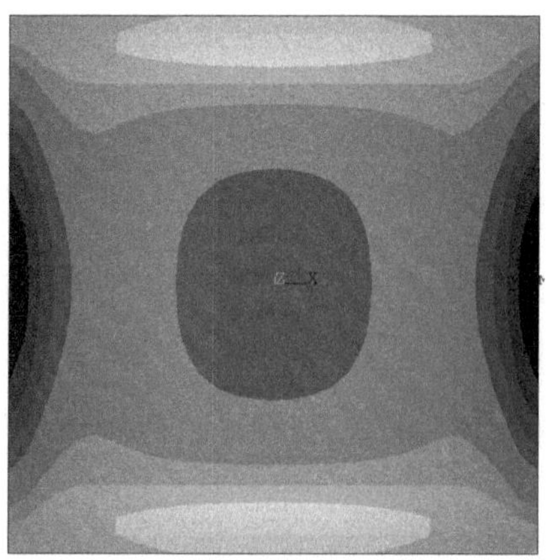

图 5-24　双曲面模型应力云图

进行结构鲁棒性拓扑优化，优化迭代过程如图 5-25 所示。选择删除阈值 ρ_0=0.6，并经过连接性分析，得到鲁棒性拓扑优化后保留的单元，优化结果如图 5-26 所示。可以看到，结构最优拓扑形状与图 5-24 中的受力最大区域不完全吻合，而是在受压区域保留部分单元形成拱形结构，整体拓扑形状接近正方的“十”形，结构中部保留较多单元，没有保留角部单元等特征则与图 5-24 相符。结构拓扑优化的目的是寻找材料的最佳分布，对周边支承的双曲面而言，连接对边正是最短的传力路径，因此图 5-26 中的拓扑形状更有利于抵抗荷载波动的干扰。

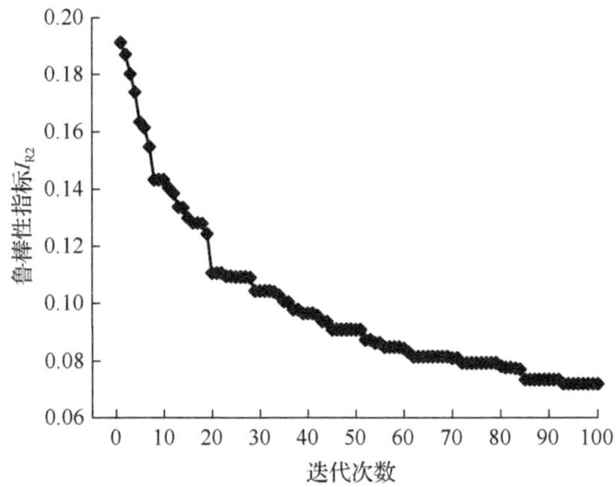

图 5-25　双曲面结构模型鲁棒性优化迭代过程

（a）平面图　　（b）透视图

图 5-26　双曲面结构模型拓扑优化结果

5.5　多工况下网格结构的鲁棒设计

5.5.1　多工况下网格结构的鲁棒设计方法

基于鲁棒性的连续拓扑优化方法，提供了从结构设计域到结构拓扑模型的可靠途径，但由于实际结构设计所需考虑的不仅是一种固定荷载工况下的结构性能，尤其当不确定性被纳入研究范围时，可能出现无穷组可能出现的任意荷载工况情形。考虑工程可行性的鲁棒设计，首先限定了可能的荷载作用方式，其次对于不确定性也给予一定频域或者幅值范围的限制，以避免出现过于保守的设计结果。

在荷载与不确定因素的有限组合条件下，当结构的鲁棒性评价指标 I_{R1} 作主要优化目标、I_{R2} 作约束条件时，优化过程就会受到荷载作用方式与不确定性范围的影响。需要在优化之前给出结构的主要荷载作用方式，如脉冲荷载、具有均匀功率谱密度的随机荷载或者特定荷载分布下的静荷载等，同时也需要给出荷载的频率、幅值等不确定性波动范围。已有的结构设计中，多采用荷载组合的方式计算结构在若干种主要荷载工况下的性能。由此引出多工况下结构的鲁棒设计问题，以及如何处理多个鲁棒构型，给出合理的结构设计方案。

对于多工况下的结构鲁棒设计来说，需要对分布不同的若干荷载工况分别进行连续体拓扑优化，得到对应的独立鲁棒构型，综合多个结构拓扑模型得到综合鲁棒构型，布置结构的主要构件，之后仍需补充次要杆件与构造措施，才能最终实现完整结构的设计工作。具体过程如图 5-27 所示。

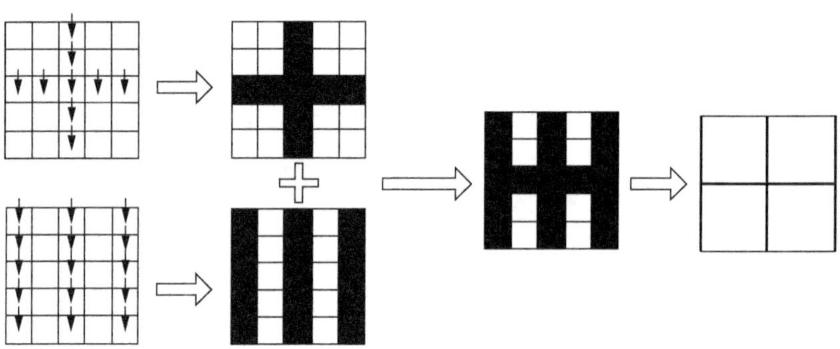

（a）荷载工况 （b）荷载工况对应的独立鲁棒构型 （c）综合鲁棒构型 （d）结构构件布置方案

图 5-27　多工况下的结构鲁棒设计步骤

运用 SIMP 变密度法，通过拓扑优化层次的鲁棒性设计，可以得到鲁棒性最佳的结构刚度分布。从初始信息、鲁棒性设计、工程应用 3 个宏观阶段观察，具体的设计流程可细分为初始信息、拓扑优化、结构分析、鲁棒构型生成、多工况处理、反演结构等子模块。多工况荷载作用下结构鲁棒设计及工程应用的流程图如图 5-28 所示。

首先，进行初始信息的输入。确定有关结构设计域和几何尺寸的信息，结合实际情况给出结构的约束条件与荷载分布情况，如果需要计算的结构系统较为复杂，需要考虑多种分布差异明显的荷载作用。

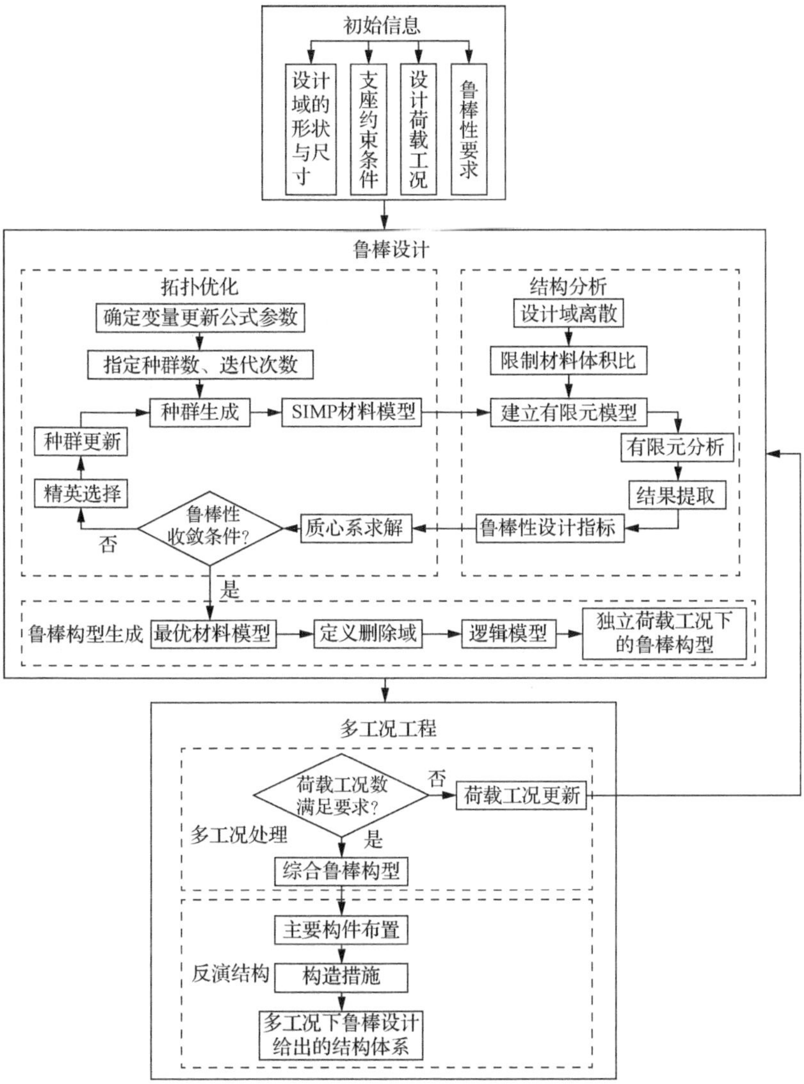

图 5-28　多工况荷载作用下的结构鲁棒设计流程图

其次，进行结构系统的鲁棒性设计，主要包括拓扑优化、结构分析与鲁棒构型生成等 3 个子模块。拓扑优化部分可通过 MATLAB 软件完成。首先读入初始信息；然后依据需要达到的鲁棒性要求确定计算精度；再后设置大爆炸算法迭代更新时的变量更新公式参数、种群数及迭代次数；最后通过生成初始种群，建立结构的 SIMP 变密度法材料模型。包括 SIMP 材料模型数据在内的文件输出后，由 ANSYS 等有限元计算软件读入，生成结构计算的有限元模型。生成的模型需要检查是否满足结构的材料体积比限制。结构的有限元分析完成之后，可以获得结构的质量矩阵、刚度矩阵、阻尼矩阵、总质量、节点位移、节点速度、节点加速度等信息。通过对鲁棒性设计指标的排序、精英种群计算、种群更新等过程生成新的种群，反复迭代直至质心系坐标对应的鲁棒性设计指标满足收敛条件。鲁棒构型生成模块定义了删除域，将拓扑优化输出的最优材料模型转化为逻辑模型，进而生成对应荷载工况下的鲁棒构型。该鲁棒构型为结构系统的鲁棒性设计结果，反映了在指定的荷载工况作用下，结构鲁棒性优秀的刚度分布。

最后，上升到工程应用层面上。当结构系统的设计需要考虑多个荷载工况时，则需要对计算过的荷载工况进行检查，若不满足则需更新荷载工况重新进行鲁棒性设计，反复计算得到不同荷载工况下结构的鲁棒构型，直至给定荷载工况下鲁棒性设计满足要求。多个独立荷载工况下的鲁棒构型，通过叠加取舍，整合为一张综合鲁棒构型图。综合鲁棒构型图是进行结构主要构件布置的依据，它反映了结构主要构件的位置和刚度分布，再添加必要的构造构件，即完成反演结构子模块，实现多工况下结构鲁棒性设计。

逐一进行工况优化方法思路简单，但其明显的缺点是随着荷载工况的增加，优化结构的构件逐渐增加，在最终结果中，第一种荷载工况下的约束条件可能有较大的富余。在上述拓扑优化的基础上，可采用基结构法，将低效率构件删除。在此，提出一种多工况直接优化方法，通过把不同荷载工况下的构件应力组合成等效应力，将多工况构件布局优化转换为单工况优化问题。应力组合方式可采用以下两种方式。

第一种组合方式是使用最大等效应力 $\sigma_i^{\max}$，它是构件在所有荷载工况下的最大应力，可由下式求得

$$\sigma_i^{\max} = \max(\sigma_i^{\text{case}_1}, \cdots, \sigma_i^{\text{case}_K}) \quad (i = 1, 2, \cdots, N) \tag{5.6}$$

式中：$\sigma_i^{\max}$ 为 i 单元在荷载工况 j 下的构件应力，$j = 1, 2, \cdots, K$；K 为所考虑的荷载工况总数；N 为总单元数。

第二种方式是使用综合等效应力 σ_i^{coe}，它是构件在所有荷载工况下的无量纲综合值，可由下式计算：

$$\sigma_i^{\text{coe}} = \prod_{\text{case}=\text{case}_1}^{\text{case}_K} \frac{\sigma_i^{\text{case}}}{\max(\sigma_1^{\text{case}}, \cdots, \sigma_N^{\text{case}})} \quad (i = 1, 2, \cdots, N) \tag{5.7}$$

综合等效应力可以看作某一构件对所有荷载工况的综合贡献。此外，对于不同荷载工况可以采用不同的系数来反映其重要性，即

$$\sigma_i^{\text{coe}} = \prod_{\text{case}=\text{case}_1}^{\text{case}_K} \frac{\gamma^{\text{case}} \cdot \sigma_i^{\text{case}}}{\max(\sigma_1^{\text{case}}, \cdots, \sigma_N^{\text{case}})} \quad (i = 1, 2, \cdots, N) \tag{5.8}$$

式中：γ^{case}（$0 \leqslant \gamma^{case} \leqslant 1$）为荷载工况的重要性系数，当对所有荷载工况均取 1 时，式（5.8）退化为式（5.7）。

5.5.2　网格结构在多工况下的鲁棒设计算例

本节以双曲扁网壳结构为例，进行以鲁棒性为目标的连续体拓扑优化，探索合适的空间结构材料分布形式。如图 5-29 所示，一 1×1 双曲扁网壳结构的设计域，厚度 0.01，矢跨比 1/5，四角点固支，材料的弹性模量 $E_0=2\times10^{11}$。在用于拓扑优化的有限元模型中，设计域 D 被离散为 30×30 个单元，考虑到双曲网壳具有经过中心点的水平线、竖直线及两条对角线共 4 条对称轴，因此共有 120 个相互独立的单元，各个单元的材料相对密度组成的向量即为优化变量 $\boldsymbol{\rho}$。

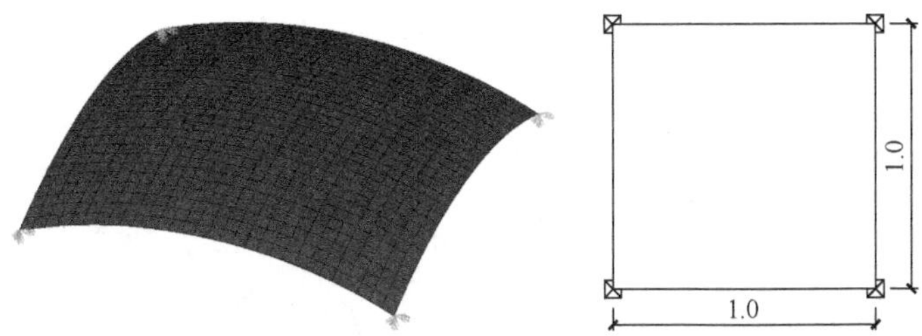

（a）侧视图　　（b）俯视图

图 5-29　双曲扁网壳结构示意图

选取 SIMP 变密度法的惩罚因子 $p=3$，给定材料体积比限值 $f_r=0.4$。采用结构的位移作为输出函数，选取大爆炸算法的种群数 $S=500$ 个，迭代次数 $t=100$ 次，并在每步迭代中保留上一代的前 5%精英种群，以鲁棒性评价指标 I_{R2} 为约束条件，以鲁棒性评价指标 I_{R1} 为连续体拓扑优化目标，对目标函数 I_{R1} 进行最小值优化，选取删除阈值 ρ_0 为 0.47。

1. 不同荷载作用下的鲁棒构型图

分别考虑如下 3 种荷载工况情形：①在双曲扁网壳中心作用一点集中荷载，如图 5-30（a）所示；②在结构对称中心与距结构边界 1/4 边长处的五点集中荷载，如图 5-30（b）所示；③在整个结构平面上作用均布荷载。

对双曲扁网壳结构分别施加上述 3 种不同分布形式的静荷载，总荷载大小均为 50kN，方向竖直向下。通过基于鲁棒性的连续体拓扑优化可得如图 5-31 中所示的 3 种鲁棒构型图。

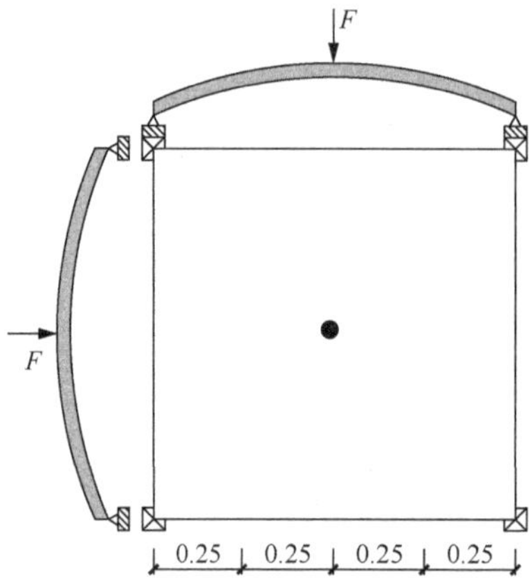

（a）一点集中荷载示意图

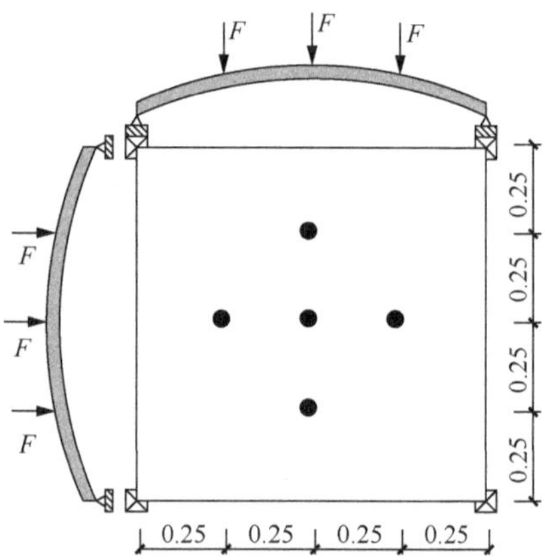

（b）五点集中荷载示意图

图 5-30　双曲扁壳的荷载工况

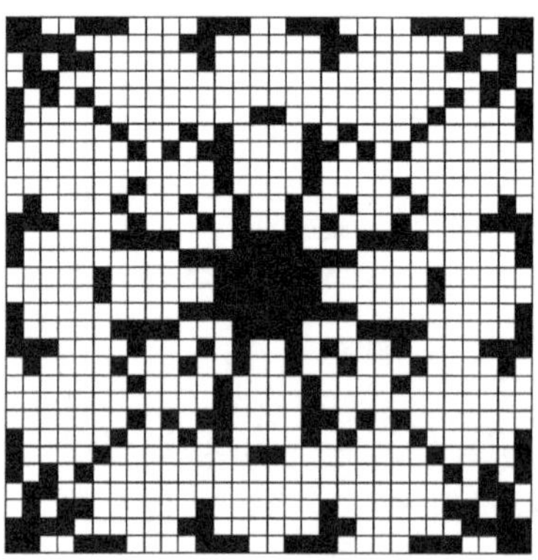

（a）一点集中荷载

（b）五点集中荷载

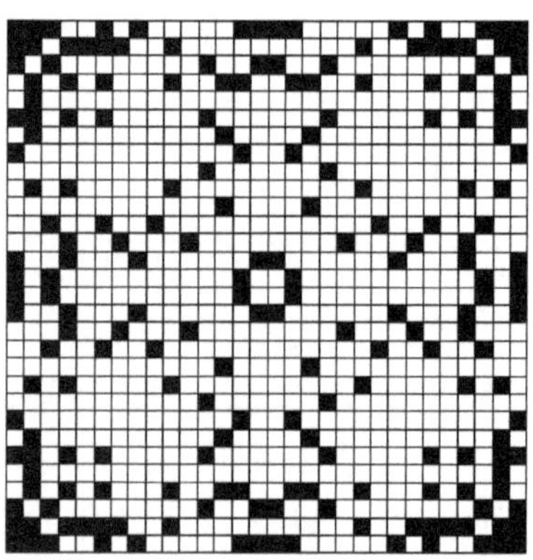

（c）均布荷载

图 5-31　不同荷载工况下的双曲扁网壳结构鲁棒构型图

为观察大爆炸算法在连续体拓扑优化中的计算效果，给出五点集中荷载作用下，结构鲁棒性优化迭代过程曲线如图 5-32 所示。图 5-32 中曲线显示，迭代的前 10 次，结构鲁棒性评价指标计算结果下降迅速，之后下降速度减慢，并逐渐趋于收敛。结果表明，大爆炸算法可应用于双曲扁网壳结构的连续体拓扑优化中，并具有参数少、收敛迅速的优点。

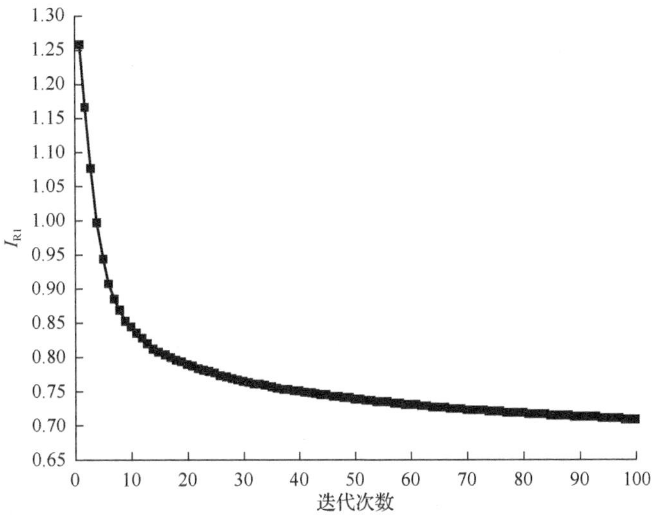

图 5-32　结构鲁棒性优化迭代过程曲线

依据鲁棒构型图（图 5-31），得出结构重要构件分布位置和主要传力路径。双曲扁网壳结构在不同荷载工况作用下的鲁棒构型材料分布示意图如图 5-33 所示。由以上分析可得如下结论。

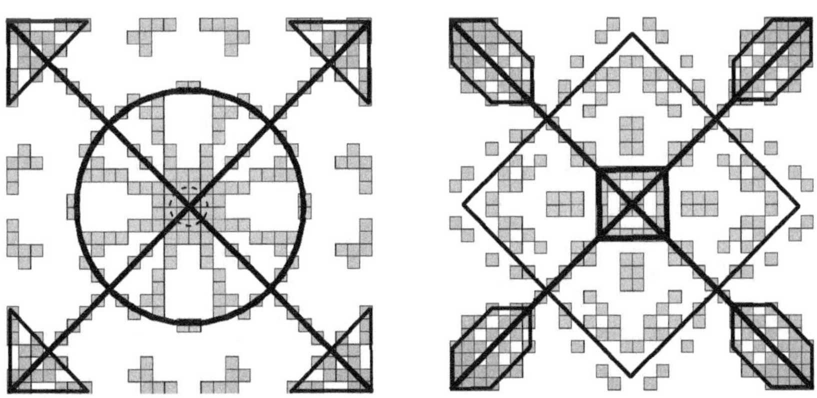

（a）一点集中荷载　　（b）五点集中荷载

图 5-33　双曲扁网壳结构在不同荷载工况下的鲁棒构型材料分布示意图

（c）均布荷载

图 5-33（续）

（1）一点集中荷载作用下的鲁棒构型。主要传力路径：其一为沿着结构的两条对角线，其二为环绕集中荷载作用点的环状图形。在固定约束的四个角点和集中荷载作用的中心点附近，材料分布集中。

（2）五点集中荷载作用下的鲁棒构型。主要传力路径：其一为沿着结构的两条对角线，其二为环绕中心点的环状图形，其三为通过 4 个集中荷载作用点的环状图形。在固定约束的 4 个角点和 5 个集中荷载作用点附近，材料分布较为集中。

（3）均布荷载作用下的鲁棒构型。其传力路径的材料分布，主要表现为沿着结构周边四分之一点连成的斜井字形状。在固定约束的 4 个角点附近材料分布集中。

由此可见，荷载工况会影响结构的鲁棒构型，由于荷载作用点的不同，导致传力路径的出发点不同，从而形成不同的传力路径和拓扑关系，影响了最优鲁棒性的结构刚度与材料分布；不同荷载工况下的结构鲁棒构型虽有不同，但无论外荷载工况如何变化，只要结构的支承条件不变，那么荷载传力路径的终点是确定的。

2. 多工况下的综合鲁棒构型图

根据多工况下结构的鲁棒设计思想，对 3 种不同荷载工况下的鲁棒构型图进行提取和整合，获得如图 5-34 所示的综合鲁棒构型图。该图集中了单点集中荷载、五点集中荷载、均布荷载分别作用下的多条传力路径，在这 3 种荷载工况及它们的组合荷载情形下，都能够有效地将荷载传递至支座上。

假设当其中一条路径在意外损伤状态下进入失效状态，如对角线方向的斜向路径失效，如图 5-35 中虚线所示，此时附近的传力路径 1 和 2 将共同分担失效路径方向的荷载，结构不会突然失效。由此可见，该综合鲁棒构型图符合备用荷载路径的要求，在遇到类似的意外情形时，具有较好的鲁棒性。

图 5-34 多工况下的综合鲁棒构型图

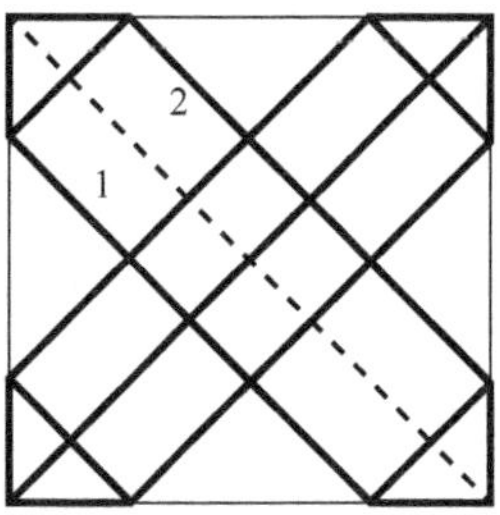

图 5-35 意外损伤状态下的备用荷载路径

3. 鲁棒构型合理性的验证

为了观察连续体拓扑优化获得的鲁棒构型图的有效性，对具有同样曲面形式、支承条件、荷载分布的结构，布置两种不同形式的网格，并进行结构力学性能对比。

对于四点支承 30m×30m 双曲扁网壳结构，假设结构所受的主要荷载为均布荷载形式，参照综合鲁棒构型图 5-34，并重点考虑均布荷载作用下的鲁棒构型图 5-31（c）和材料分布图 5-33（c），进行正交正放网格布置和符合鲁棒构型的正交斜放的网格布置对比。均布荷载大小为 0.6kN/m^2，采用 Q345 圆钢管，在 MST 软件中，依据满应力原则进行杆件截面设计。计算结果显示，在满足结构强度的前提下，正交正放网格和正交斜放网格的双曲扁网壳结构，杆件总用钢量分别为 19.71t 与 15.55t，最大位移分别为 51mm 和 14mm，鲁棒性指标 I_{R1} 分别为 1.291m/kN 和 0.818m/kN。得到的网格结构截面分布如图 5-36 所示，随着杆件截面的加粗，图中线条逐渐加粗、加深。

正交正放双曲扁网壳结构的杆件截面，仅在 4 个支承点附近受力较大，虽然用钢量高，但是并没有形成直接的传力路径，导致结构在中心处产生较大位移。正交斜放双曲扁网壳结构的杆件截面，在 4 个支承点附近受力最大，并且构成符合鲁棒构型的斜放井字形传力路径，因而以较少的材料构成了更高效的结构，验证了鲁棒构型的有效性。

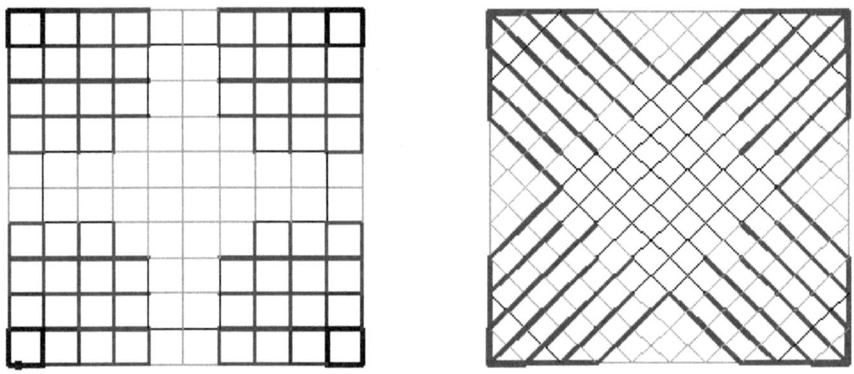

（a）正交正放　　（b）正交斜放

图 5-36　不同形式的网格结构截面分布图

5.6　小　　结

本章将优化理论与结构鲁棒性相结合，对平板网架结构进行拓扑优化，给出了较好的可用于工程的网架形式，发现除了《空间网格结构技术规程》（JGJ 7—2010）提供网格形式外，还存在结构性能更好的形式。本章还采用变密度法，以结构鲁棒性为优化目标，对球面网壳、双曲面网壳进行拓扑优化，讨论了多工况下拓扑优化途径，以一双曲扁网壳结构为例，展示经过拓扑优化后的构型具有较好的力学性能。

第 6 章 基于鲁棒性的自由曲面形态优化

6.1 引 言

自由曲面结构的受力性能与其几何形态有着直接的关系，由于自由曲面外形复杂多变，建筑师给定的曲面形状往往存在受力性能上的缺陷。目前的结构鲁棒性研究大多是对已有结构的评价与分析，如在常规结构设计完成后，通过杆件移除模拟损伤场景，验算结构鲁棒性。若鲁棒性指标不满足，则通过提高结构的延性、耗能能力和冗余度等措施，来提高结构的鲁棒性。然而，直接面向结构设计的鲁棒性研究比较缺乏。

本章将 H_∞鲁棒性指标作为自由曲面形态优化的目标，用该指标宏观表征结构的受力性能，构建起曲面形状变量与结构鲁棒性的内在联系，通过优化实现结构的鲁棒性设计。考虑到 NURBS 的参数化特征十分有利于提取形状控制变量，在此采用 NURBS 作为自由曲面创建和优化的理论基础，选取 NURBS 曲面的控制点坐标、权因子作为形状调节的变量。由于难以直接构建曲面形状控制变量与鲁棒性评价指标的函数关系式，本章采用差分演化算法作为优化数学工具。

6.2 基于鲁棒性的自由曲面形态优化模型

对本章所述的自由曲面形状优化问题，数学优化模型如下：

$$\begin{cases} \min I_{\mathrm{R2}} = f(\boldsymbol{x}) \\ \text{s.t.} \quad \sigma(\boldsymbol{x}) \leqslant \sigma^{\mathrm{U}} \\ \qquad S(\boldsymbol{x}) \leqslant S^{\mathrm{U}} \end{cases} \tag{6.1}$$

式中：优化变量 $\boldsymbol{x}$ 包括控制点坐标、权因子等，满足 $x_i^{\mathrm{L}} \leqslant x_i \leqslant x_i^{\mathrm{U}}$ ，i=1,2,$\cdots$,n，x_i^{L} 和 x_i^{U} 分别为优化变量 x_i 的上、下限值；$\sigma(\boldsymbol{x})$ 、σ^{U} 分别为最大 Mises 应力、应力限值；$S(\boldsymbol{x})$、S^{U} 分别为最大位移、位移限值；I_{R2} 为基于 H_∞控制理论的结构鲁棒性评价指标，结构系统传递函数的 H_∞范数则具体反映了结构的健壮程度，即鲁棒性。

对数学优化模型的求解，目前可分为数学规划法、优化准则法、智能算法等。基于数学规划法理论，由目标函数和约束条件求出搜索方向，通过迭代求解收敛至最优解。常用的有序列线性规划[167]、移动渐近线法[168]等。数学规划法理论推导较为严谨，当优化目标与约束函数连续且性态良好时，求解较为方便，对于复杂的隐式函数，要专门进行灵敏度分析，类似本章的优化模型求解效率较低[169]。优化准则法，依据经验和对问题的理解，预先建立求解准则，避免了理论推导的繁复，具有迭代次数少的特点，且求解规模与结构大小及复杂程度无关[170]。常用的优化准则包括满应力准则[171]、库恩-塔克（Kuhn-Tucker）条件[172]等。但优化准则法对不同性质的约束需要引入不同的拉格朗日（Lagrange）乘子，对于复杂的目标函数难以构造设计变量的迭代格式。

智能算法是模拟自然过程的一类优化算法，比较著名的算法有遗传算法、模拟退火法、神经元网络法等[173,174]，在解决一些复杂的工程问题时显示出非常灵活的适用性。这类算法的特点是具有强大的全局寻优能力，采用概率式或随机式的寻优策略，能自动获取和指导优化的搜索空间，不需要确定的优化规则，特别适用于复杂隐式函数或变量关系不明确的函数优化，不过优化结果具有随机性。

式（6.1）函数 I_{R2} 与优化设计变量 x 是隐式函数关系，若采用一般的数学规划法或优化准则法求解，求解过程十分复杂或难以构建优化准则，且难以寻求全局最优解，在选用优化算法时，本书采用差分演化算法作为求解方法，下一节对该方法作详细介绍。

6.3　差分演化算法

差分演化（differential evolution，DE）算法最初由 Storn 等[175,176]提出，是一种基于实数编码的进化算法，具有较强的全局搜索能力和出众的收敛速率，适合解决复杂的全局优化问题，是一种有效的全局最优解搜索算法。该算法简单，收敛速度快，解决复杂优化问题能力强，获得了广泛的应用。

设 DE 算法种群数为 NP，变量维度为 D。G 代种群个体为：$\boldsymbol{X}_{i,G}=\{x_{i,G}^1,\cdots,x_{i,G}^D\}$ i=1,2,⋯,NP。变量上下界限为：$\boldsymbol{X}_{\max}=\{x_{\max}^1,\cdots,x_{\max}^D\}$，$\boldsymbol{X}_{\min}=\{x_{\min}^1,\cdots,x_{\min}^D\}$。

种群初始化可按如下方法进行：

$$x_{i,0}^j = x_{\min}^j + \mathrm{rand}_{i,j}(0,1) \times \left(x_{\max}^j - x_{\min}^j\right) \tag{6.2}$$

式中：i=1,⋯,NP; j=1,⋯,D：$\mathrm{rand}_{i,j}(0,1)$是[0,1]上的随机数。DE 算法的实现需要 3 个步骤的操作，包括变异、交叉和选择，具体如下。

1）变异操作

变异操作指保证从父代种群中生成新个体进入中间代，Storn 和 Price 用

DE/***x***/*y*/*z* 形式表示变异模式，DE（differential evolution）是指差分进化算法，***x*** 是被加噪声的染色体向量，它可以从当前代中随机选取，也可以取当前代中最好的染色体向量，*y* 为差异向量的个数，*z* 代表交叉的模式[177]。

目前该演化模式有十几种，常用的模式有如下几种。

（1）DE/rand/1/bin 模式：

$$\boldsymbol{V}_{i,G}=\boldsymbol{X}_{i,G}+\left(\boldsymbol{X}_{r_1^i,G}-\boldsymbol{X}_{r_2^i,G}\right) \tag{6.3}$$

（2）DE/rand to best/1/bin 模式：

$$\boldsymbol{V}_{i,G}=\boldsymbol{X}_{i,G}+F\left(\boldsymbol{X}_{\text{best},G}-\boldsymbol{X}_{i,G}\right)+F\left(\boldsymbol{X}_{r_1^i,G}-\boldsymbol{X}_{r_2^i,G}\right) \tag{6.4}$$

（3）DE/best/2/bin 模式：

$$\boldsymbol{V}_{i,G}=\boldsymbol{X}_{\text{best},G}+F\left(\boldsymbol{X}_{r_1^i,G}+\boldsymbol{X}_{r_2^i,G}-\boldsymbol{X}_{r_3^i,G}-\boldsymbol{X}_{r_4^i,G}\right) \tag{6.5}$$

式中：F 为变异因子（缩放因子），通常是位于[0,2]范围内的实数；$\boldsymbol{X}_{\text{best},G}$ 为 G 代最优个体；r_1^i,G 、r_2^i,G 、r_3^i,G 、r_4^i,G 为位于[1,NP]内互不相同的随机整数。

2）交叉操作

为增加种群多样性，运用交叉策略完成中间代与旧个体之间代码互换，产生新个体，记新个体为

$$\boldsymbol{U}_{i,G}=\left\{u_{i,G}^1 \quad u_{i,G}^2 \quad \cdots \quad u_{i,G}^D\right\} \tag{6.6}$$

则

$$u_{i,G}^j=\begin{cases} v_{i,G}^j, \text{rand}(0,1)\leqslant \text{CR 或 } j=\text{randint}(1,D) \\ x_{i,G}^j, \text{rand}(0,1)>\text{CR 且 } j\neq \text{randint}(1,D) \end{cases} \tag{6.7}$$

式中：CR 为交叉概率，位于[0,1]之间；rand int(1,D)为[1,D]上产生的随机整数；$v_{i,G}^j$ 为 $v_{i,G}$ 中的第 j 个变量。

3）选择操作

计算新旧个体函数值，优胜劣汰，即

$$\boldsymbol{X}_{i,G+1}=\begin{cases} \boldsymbol{U}_{i,G}, & f\left(\boldsymbol{U}_{i,G}\right)\leqslant f\left(\boldsymbol{X}_{i,G}\right) \\ \boldsymbol{X}_{i,G}, & f\left(\boldsymbol{U}_{i,G}\right)>f\left(\boldsymbol{X}_{i,G}\right) \end{cases} \tag{6.8}$$

对于约束条件，采用惩罚函数的思想，考虑不等式约束。若不等式约束不满足，则函数值受到惩罚。

对于 DE 算法，影响算法寻优能力和效率的主要因素是参数选择，几个主要参数有种群数 NP、缩放因子 F、交叉概率 CR。种群数一般在 $5D$～$10D$ 较好；F 取 0.5 左右，增大 F 可增加种群的多样性；CR 取 0.3 左右，CR 越大越有利于局部搜索和加速收敛速率，CR 越小越有利于保持种群的多样性和全局搜索，由此可见，保持种群多样性和收敛速率是矛盾的[178]。

优化流程。基于通用软件 MATLAB 和 ANSYS，通过数据文件的交互完成联合调用，实现流程如图 6-1 所示。

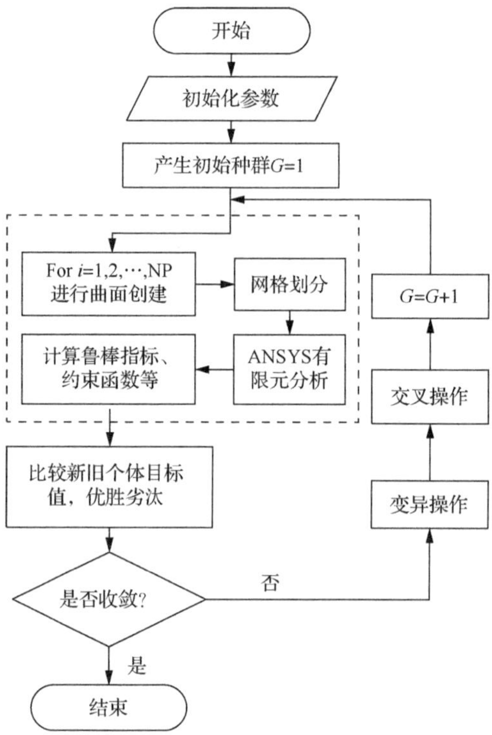

图 6-1　优化过程实现流程

在本方法的实现过程中，存在两个关键技术问题，处理方法如下。

（1）MATLAB 与 ANSYS 数据转换。本方法优化程序涉及 MATLAB 和 ANSYS 两个通用软件，MATLAB 主要包括优化算法、NURBS 曲面创建、曲面有限元网格划分等模块，而 ANSYS 负责有限元求解，两个软件之间通过数据交换实现优化求解。如图 6-2 所示，正向表示 MATLAB 向 ANSYS 传递网格节点坐标、单元信息；反向表示 ANSYS 向 MATLAB 传递有限元分析结果，包括位移、应力、应变能等数据。

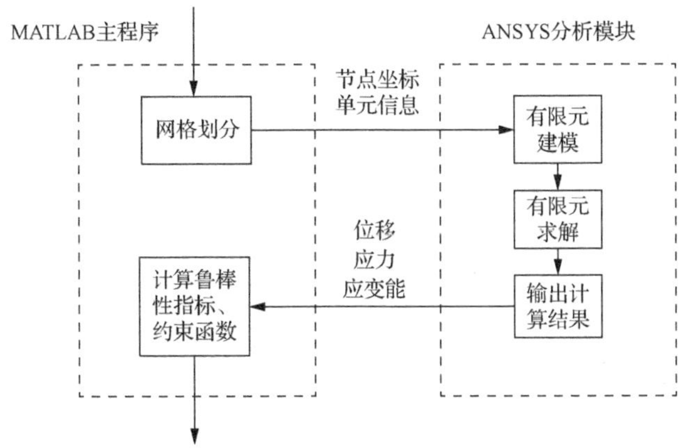

图 6-2　MATLAB 与 ANSYS 联合求解

（2）有限元网格划分。在 MATLAB 中实现网格划分，并将节点坐标、单元信息传递给 ANSYS，因此如何对 NURBS 自由曲面进行网格划分成为一个关键。NURBS 存在一个参数域平面，为一个正方形平面，在参数域平面内进行网格划分大大降低了划分的难度，基于映射法思想，将参数域平面的网格映射至实际三维曲面，由于映射法具有拓扑不变性，映射后网格的拓扑关系保持不变。同时，因为网格划分基于同一个参数平面网格，故每一步迭代的网格划分时，只需在新的曲面上进行一次映射操作即可，提高了效率。

6.4　考虑不同约束条件下自由曲面形状优化算例

由于 NURBS 曲面的控制点、权因子、节点矢量均可作为形状优化变量，但节点矢量对曲面的影响较为复杂，形状调节效果难以控制，实际应用中多以控制点、权因子作为形状优化变量，二者的变化足以形成丰富的曲面形式。鉴于此，将控制点和权因子分别作为单独优化变量和联合优化变量，给出满足支座、荷载条件下形状优化的结果[113]。

首先，本节分别选取 NURBS 控制点、权因子作为形状优化变量；其次，联合控制点和权因子，将二者同时作为优化变量，进行综合优化研究；最后，分析上述 3 种形状优化策略的优缺点及适用条件。

选取的初始结构优化模型（图 6-3）为正方形平板，尺寸 2m×2m，板厚 0.005m，4 个角点处设置固定约束，约束 6 个方向的自由度；材料的弹性模量 $2\times10^{11}N/m^2$，密度 $7850kg/m^3$，泊松比 0.3；外荷载为五点集中荷载，荷载加载位置如图 6-3 所示，荷载大小 1600N。

平板通过 NURBS 控制点、权因子变化形成不同的曲面形状，NURBS 曲面构建信息：u、v 参数曲面拟合次数 $p=q=3$，参数节点向量 $\boldsymbol{U}=\boldsymbol{V}=\{0\quad 0\quad 0\quad 0\quad 0.5\quad 1\quad 1\quad 1\quad 1\}$，控制点网格为 5×5，曲面控制点分布如图 6-4 所示。由于本算例采用的荷载、支座具有对称性（对称轴沿图 6-4 中粗线），优化后结构必然也是对称的，因此，控制点取 2、3、6、7、8、11、12、13 位置，共 8 个变量（1 号位置是支座，为固定点）；权因子取 1、2、3、6、7、8、11、12、13 位置，共 9 个变量；剩余控制点、权因子由对称性获得。为保证有限元计算的效果，网格划分密度必须大于控制点密度，本算例采用 30×30 的有限元网格。

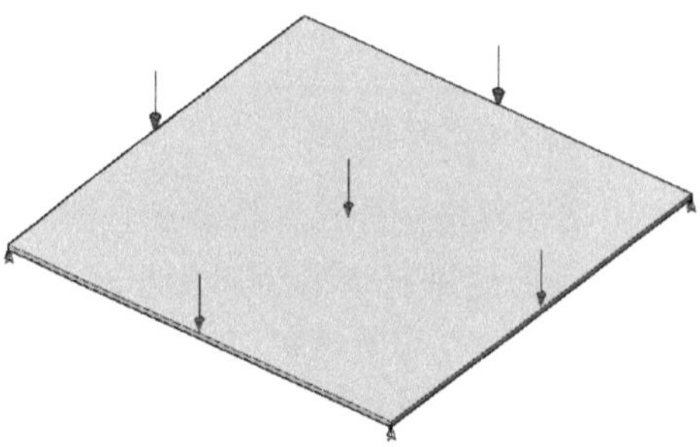

图 6-3　初始结构优化模型

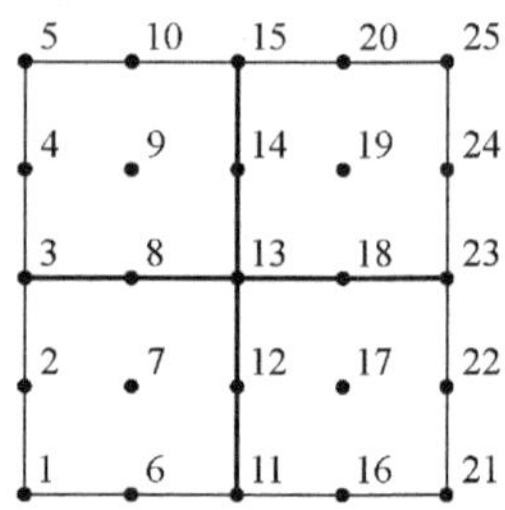

图 6-4　曲面控制点分布

6.4.1　算例 1　以控制点为变量的形状优化

本算例优化中，控制点变量的坐标变化范围为 0～0.5m，相应权因子假定为 1。DE 算法参数：种群数 NP=50，优化步 Iter=150。优化后的最优曲面形状和等高线如图 6-5 和图 6-6 所示。曲面边界线中点，相应于集中荷载作用处发生拱起，拱起高度 0.3231m；曲面中部形成盆地形，最低点高度 0.04915m。

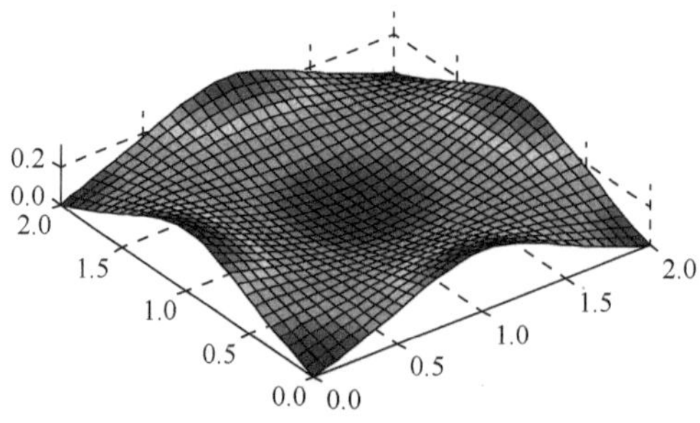

图 6-5　最优曲面形状（一）

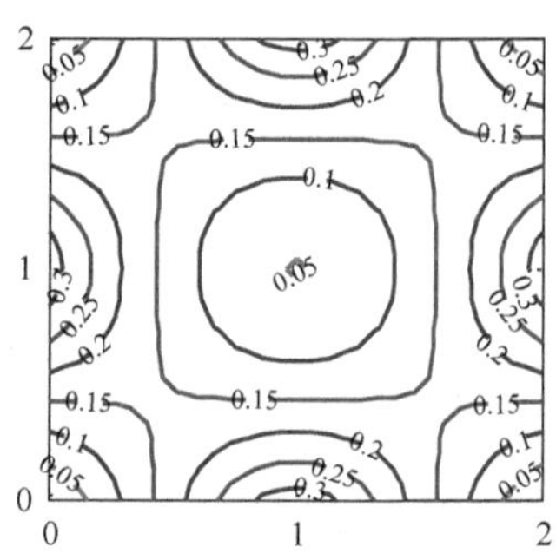

图 6-6　最优曲面等高线（一）

6.4.2　算例 2　以权因子为变量的形状优化

本算例在以控制点为变量的形状优化结果基础上，调整权因子，权因子变化范围为 0.2～5。DE 算法参数：种群数 NP=50，优化步 Iter=150。优化后，曲面形状整体变化趋势没有发生变化，原因在于控制点坐标没有发生改变，但是，边界的拱形凸起得到加强，凸起高点处为 0.373m；中部下沉也更剧烈，最低点高度 0.0188m，如图 6-7 和图 6-8 所示。产生这一结果的原因在于，边界中点和曲面中心的权因子变大，对曲面的吸引增强，增大了曲面的拱形凸起效应。由此也发现，拱形结构是抵抗集中荷载的有效手段。

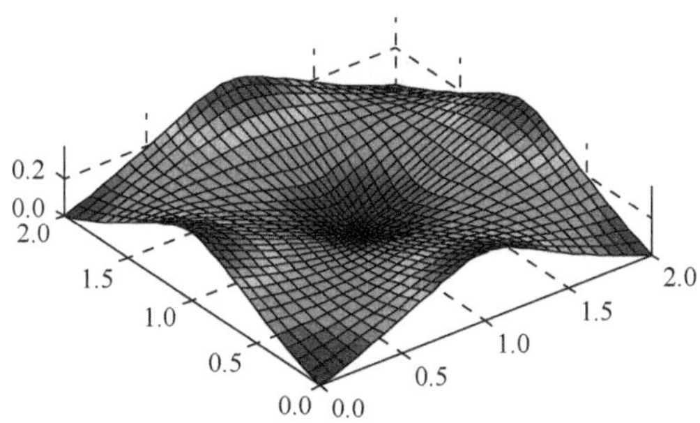

图 6-7　最优曲面形状（二）

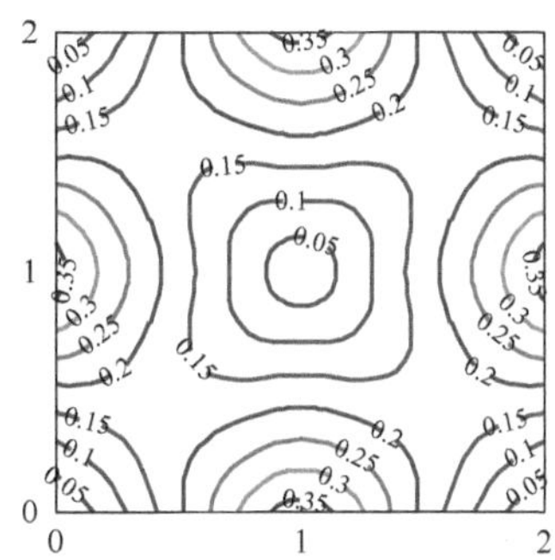

图 6-8　最优曲面等高线（二）

6.4.3　算例 3　同时以控制点、权因子为变量的形状优化

以权因子为变量的形状优化的例子，说明合理选择权因子可以进一步增强结构的鲁棒性，提高受力性能。通过优化得到鲁棒性最佳结构的方法是将控制点坐标和权因子作为变量一起优化，本算例则证明联合优化可以进一步提高优化效果，得到最优的结构形式。本算例采用的 DE 算法参数：种群数 NP=100，优化步 Iter=150。优化后，得到的最优曲面形状和等高线如图 6-9 和图 6-10 所示，边界的中点处同算例 1 与算例 2，形成了拱形凸起，凸起高度 0.4518m，远远大于算例 1 与算例 2 的优化结果；但是，曲面中心处没有发生下沉，而发生了中心凸起，形成山头形状，中心点高度 0.4415m，略低于边界中点的凸起高度。算例 3 的结果不同于前述两例的原因在于，本算例采用了联合优化策略，控制点和权因子发生了相互耦合，共同影响优化结果，故得到不同的曲面形状。

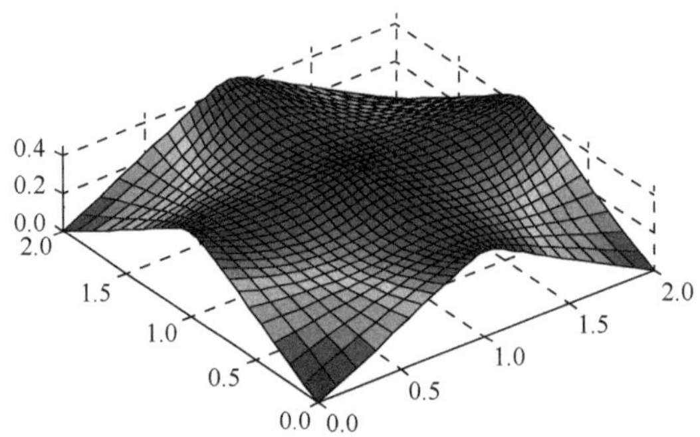

图 6-9　最优曲面形状（三）

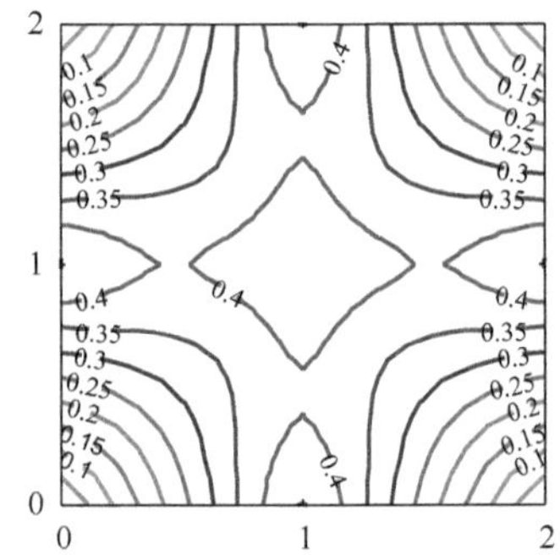

图 6-10　最优曲面等高线（三）

6.4.4　结果分析

在以上 3 个算例的优化过程中，鲁棒性评价指标的变化过程如图 6-11 所示，鲁棒性评价指标初期下降十分迅速，优化至 40 步左右时，DE 算法基本锁定最优解范围，进入最优解的局部搜索，因此后期指标下降较缓慢。优化完成后，3 个算例得到的结构力学指标列于表 6-1 中。从力学角度，算例 3 得到的结构鲁棒性最佳，鲁棒性评价指标分别为算例 1 的 54.5%，算例 2 的 70.4%；算例 2 的鲁棒性评价指标居次，算例 1 的鲁棒性评价指标最差。算例 2 好于算例 1 原因在于，算例 2 是在算例 1 优化了控制点坐标的基础上，对权因子进行了优化，是对算例 1 结构性能的进一步改善。算例 3 优化策略是同时优化控制点和权因子，变量的增加提高了曲面搜索的范围，曲面变化更加丰富，故能够得到优于算例 1 和算例 2 的曲面形态。

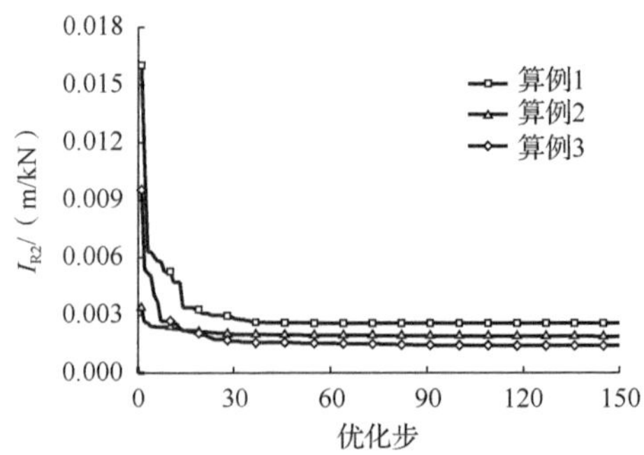

图 6-11　各算例鲁棒性评价指标的变化过程

表 6-1　优化后结构力学指标对比

算例	优化后结构力学指标			
	鲁棒性指标 I_{R2}/（mm/kN）	应变能/J	最大 Mises 应力/MPa	最大竖向位移/mm
算例 1	2.583	2.249	42.5	0.669
算例 2	2.000	1.365	45.1	0.438
算例 3	1.407	0.846	40.7	0.249

同时，表 6-1 列举了 3 个算例结果的其他力学指标，除最大 Mises 应力差别不大外，应变能和最大竖向位移随鲁棒性指标的变小而变小。应变能和最大竖向位移可用于判断结构的变形、评价结构刚度。本算例中鲁棒性评价指标与结构刚度变化趋势较为一致，体现了鲁棒性评价指标可以表征结构的整体力学性能，全面反映结构的力学性能。3 个算例的控制点、权因子优化结果列于表 6-2 和表 6-3 中。

表 6-2　控制点优化结果

算例	控制点竖坐标/m								
	1	2	3	6	7	8	11	12	13
算例 1	—	0.146	0.500	0.146	0.197	0.000	0.500	0.000	0.000
算例 2	—	—	—	—	—	—	—	—	—
算例 3	—	0.218	0.500	0.218	0.246	0.492	0.500	0.474	0.500

表 6-3　权因子优化结果

算例	各控制点权因子								
	1	2	3	6	7	8	11	12	13
算例 1	—	—	—	—	—	—	—	—	—
算例 2	0.429	0.582	1.008	0.504	0.549	0.200	0.899	0.204	4.786
算例 3	0.361	0.547	0.654	0.547	1.751	0.603	2.633	0.685	4.966

通过以上算例分析可知，控制点和权因子作为形状优化时的变量，其中控制点对曲面形状变化影响程度较大，适合作为方案设计阶段的优化变量；权因子对曲面形状调节幅度较小，适合对曲面的形状进行微调，以改善结构的受力；若以结构受力性能最优为目标，宜将控制点和权因子同时作为优化变量。

此外，以权因子为优化变量时，应限制权因子大小波动范围，权因子太大时，曲面的局部往往会曲率变化剧烈。例如，算例 2 中曲面中心点权因子为 4.786，曲面形成较为尖锐的凹形，造成曲面局部的突兀感，而算例 1 的曲面中心权因子为

1，曲面变化较为缓和自然。因此，权因子越大，曲面的曲率就会越大，要按需设置。

6.5 给定曲面下的形状微调算例

6.4 节优化得到的曲面是满足特定荷载、支承等条件的最优曲面形状，由优化设定的场景决定。现实设计中大部分曲面是建筑师给定的，未经过力学上的设计，结构工程师需要做的就是在原有曲面基础上进行曲面的微调，改善其力学性能，降低造价。

由前述理论，进行曲面微调的策略有两种，一种是调节控制点，另一种是调节权因子。本节选用调节控制点的方法微调曲面形状，具体做法为在原曲面附近叠加一张小范围波动的曲面。

6.5.1 均布荷载作用下的正方形球面壳形状微调

本算例优化的初始曲面为四点支承球面壳（双曲扁壳），通过在初始球面上增加一个小范围波动的自由曲面，分析曲面形状微调对结构力学性能的影响。

初始球面半径 3m，长宽各 2m，矢高 35.42cm，球面厚度 5mm，均布荷载 9kN/m^2。初始曲面的鲁棒性评价指标为 0.0831m/kN，应变能 24.4J，最大竖向位移 6.78mm，最大 Mises 应力 140MPa。

在初始球面上附加微小波动的自由曲面调节球面的形状，NURBS 控制点分布同图 6-4，控制点竖向变化幅度为−0.1～0.1m，曲面其余信息同 6.4 节中算例。DE 算法种群数为 50，迭代次数为 150，材料体积比限值 f_r=CR=0.6。优化完成后，相比初始球面，最优曲面矢高提高了 8.62cm，达到 44.04cm，如图 6-12 所示。鲁棒性评价指标下降 90.5%，应变能下降 83.0%，最大 Mises 应力下降 43.7%，最大竖向位移下降 91.9%，表明曲面较小的形状变动即可显著改善结构的力学性能，同时也说明该曲面非常敏感。相关指标参照球面数值进行了均一化，均一化指标变化如图 6-13 所示。

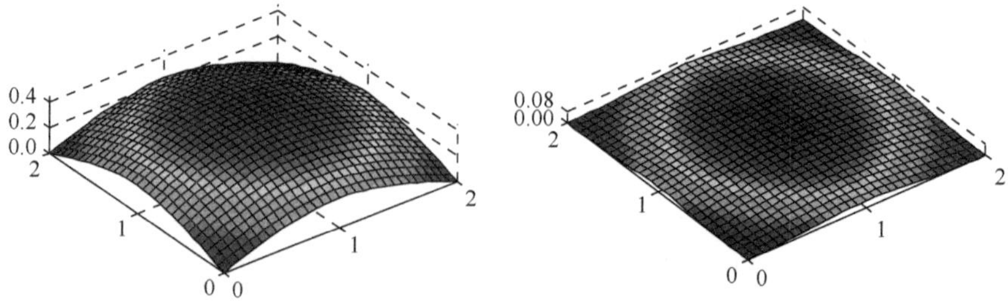

（a）最优形状（矢高44.04cm）　（b）附加曲面（矢高8.62cm）

图 6-12　优化曲面形状

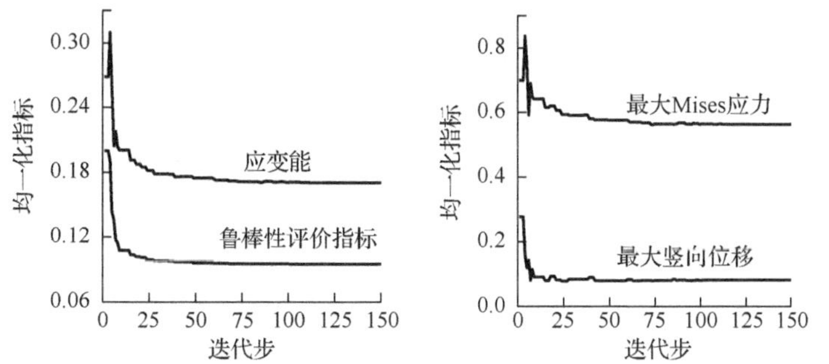

（a）鲁棒性评价指标与应变能　　（b）最大Mises应力及最大竖向位移

图 6-13　优化过程中均一化指标变化

为观察附加曲面的形状，利用 MATLAB 生成附加曲面的等高线图，如图 6-14 所示。附加曲面的特点为：曲面形成 4 个如箭头所示的山脊形状，表明曲面通过起拱的方式抵抗荷载，曲面的中心较为平坦，中心矢高 8.62cm，周边的等高线分布较为均匀。

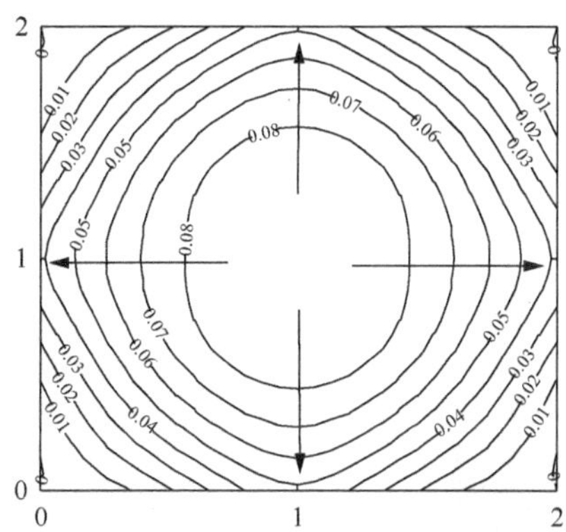

图 6-14　附加曲面等高线图

6.5.2　复杂曲面的形状调节

利用 Rhinoceros 软件建立曲面，曲面控制点分布如图 6-15 所示，共设置 10×6=60 个控制点，曲面长边约 32m，短边 13～20m，优化前曲面竖向高度-2.870～3.497m，采用 ANSYS 进行结构有限元计算，计算模型如图 6-16 所示，其中共有 6 个三向线位移约束点，划分网格数目 80×30，施加均布荷载 q=5kN/m^2。优化时，支座 6 个位置的控制点保持固定，以剩余 54 个控制点竖坐标为变量进行优化。

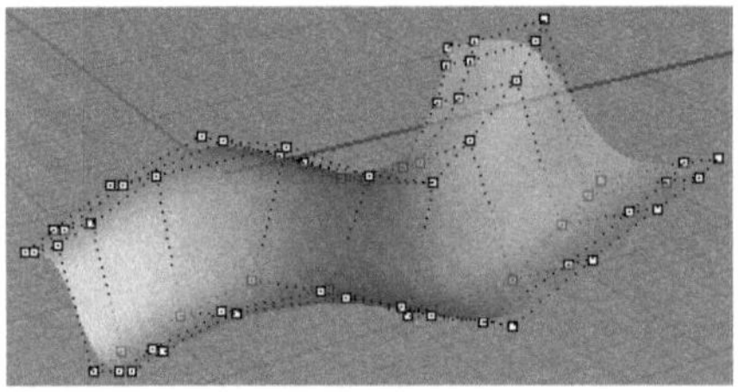

图 6-15　曲面控制点分布

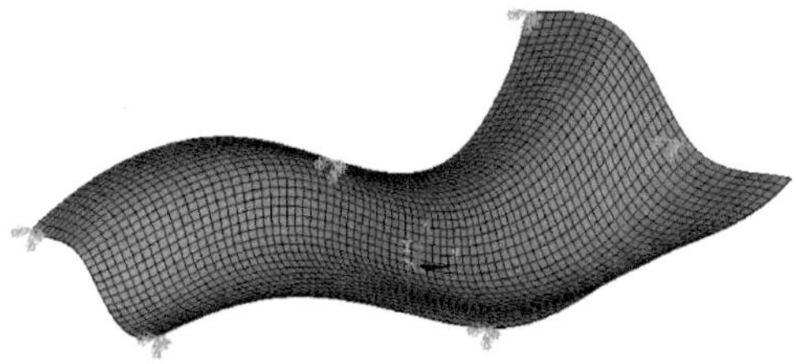

图 6-16　曲面支承条件与网格划分

优化后的曲面高度变化范围为-2.800～3.731m，附加曲面高度为-0.499～0.453m，优化前、后曲面和附加曲面形状和等高线云图如图 6-17～图 6-20 所示。

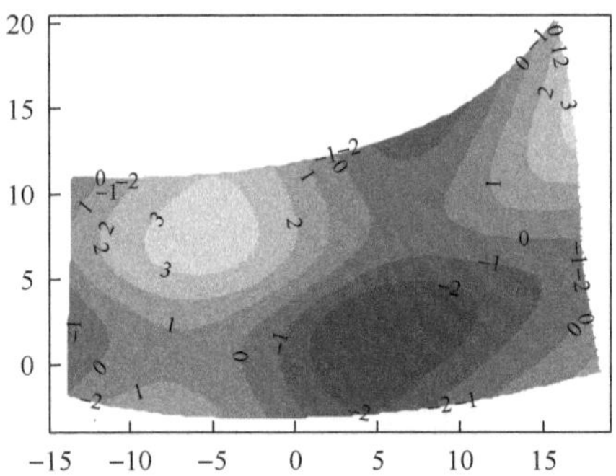

图 6-17　优化前曲面等高线云图

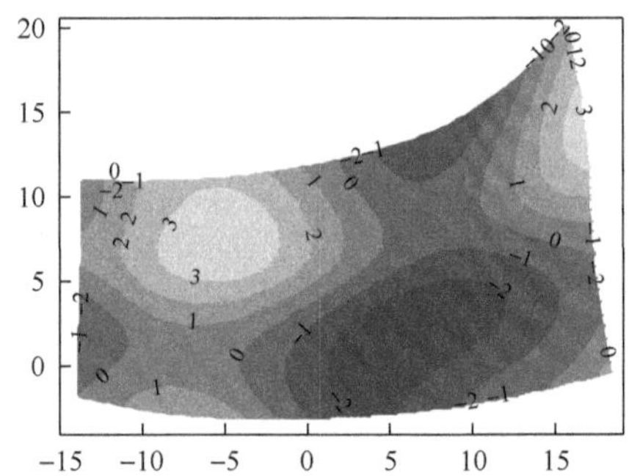

图 6-18　优化后曲面等高线云图

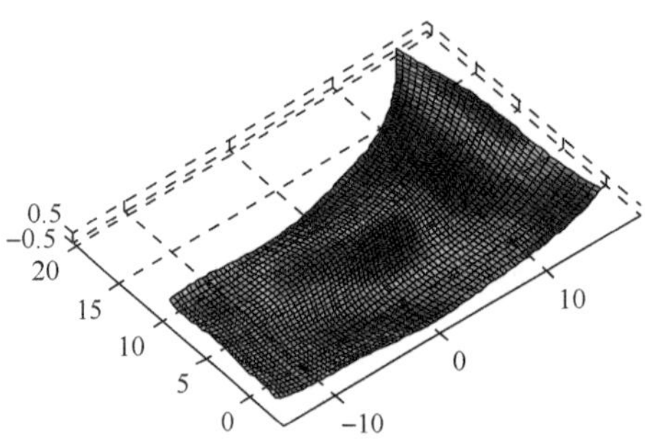

图 6-19　附加曲面形状

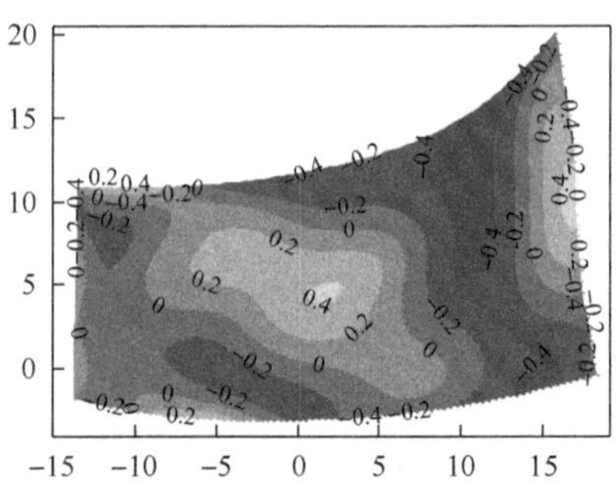

图 6-20　附加曲面等高线云图

虽然优化前、后曲面的形状变化较小，最高点升高了仅 0.234m，最低点降低 0.07m，但结构的力学指标变化非常明显，优化前、后结构力学指标对比如表 6-4 所示，图 6-21 和图 6-22 为优化前、后的位移云图，可见优化后结构的位移变形大大减小。

表 6-4　优化前、后结构力学指标对比

项目	鲁棒性评价指标 I_{R2}/（mm/kN）	应变能/kJ	最大 Mises 应力/MPa	最大位移/m
优化前	3.611	36.969	217.296	0.519
优化后	0.328	5.140	102.280	0.0444

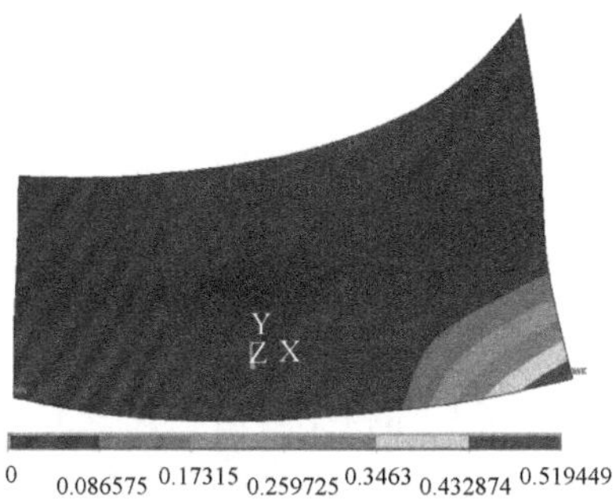

图 6-21　优化前位移云图（单位：m）

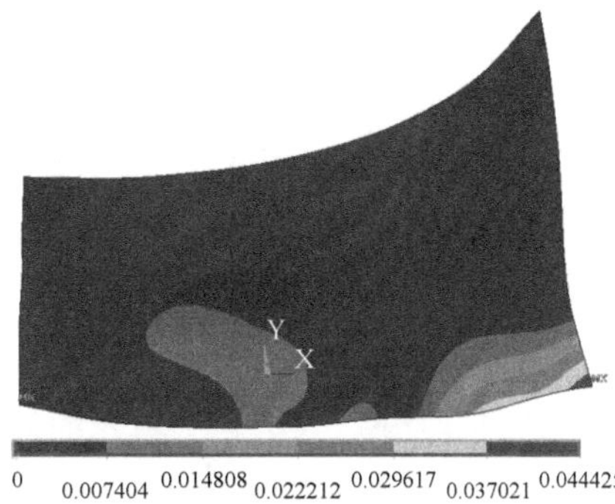

图 6-22　优化后位移云图（单位：m）

6.6　基于鲁棒性的联合优化

前几节详细描述了自由曲面结构的形状优化方法，对自由曲面网格结构，影响其力学性能的另一个因素是杆件拓扑布置，然而，由于结构杆件数量众多，实际的杆件布置多由人为或软件自动生成，网格布置很难考虑结构的力学性能。

结构的拓扑优化是一个古老的课题。由于拓扑优化可以给出结构的传力路径或者材料分布规律，因此，一个富有想象的方法是在自由曲面网格划分时，考虑结构的拓扑优化路径对网格走向的指引，从而使网格布置更符合传力规律，但相关的研究十分有限。浙江大学祝顺来[179]将自由曲面的主应力轨迹线作为约束网格划分的条件，通过将其作为推进波前法中的波前线，实现力学轨迹对网格划分的指引，成功将推进波前法引入到自由曲面结构的网格划分中。

由于形状和拓扑同时影响结构的力学性能，因此对自由曲面网格结构，应考虑曲面形状和拓扑的耦合影响，即进行形状和拓扑联合优化。本章前几节介绍了联合优化方法，但前述方法是考虑控制点和权因子联合影响的形状优化，并不涉及结构的拓扑。

本节将取 NURBS 控制点坐标作为形状控制变量，结构的厚度变量或 SIMP 变量相对密度作为拓扑优化变量，运用 DE 算法求解自由曲面网格结构的形状和拓扑联合优化问题。算例表明，DE 算法能够适应不同变量同时存在的优化问题，采用联合优化设计的自由曲面网壳，相比依次进行形状优化和拓扑优化，其力学性能更加优越，可实现自由曲面网格结构形与力的完美结合。

6.6.1 联合优化数学模型

在给定设计域尺寸、结构所要承受的荷载和受到的约束等条件下，基于 SIMP 材料模型的自由曲面联合优化问题如下：

$$\begin{cases}\min I_{\mathrm{R}}=\|\boldsymbol{G}(s)\|_{\infty}=f(\{\rho_e\},\{z_i\})\\ \text{s.t.}\ \sum_{e=1}^{m}\rho_e V_e\leqslant f_{\mathrm{r}}V_0\\ 0<\rho_e\leqslant 1\\ z_i^{\mathrm{L}}\leqslant z_i\leqslant z_i^{\mathrm{U}}\end{cases}\tag{6.9}$$

式中：V_e和 V_0分别为第 e 个单元的体积和总体积；f_{r}是体积比限值，代表了材料保留的数量，一般可设f_{r}=0.5； z_i^{L} 和 z_i^{U} 为 NURBS 控制点的竖坐标上下界。优化目标是使结构鲁棒性评价指标 I_{R2} 最小，拓扑设计变量 $\boldsymbol{\rho}=[\rho_1 \quad \rho_2 \quad \cdots \quad \rho_n]$为单元的材料相对密度，形状设计变量 $\boldsymbol{Z}=[z_1 \quad z_2 \quad \cdots \quad z_m]$为 NURBS 曲面控制点竖坐标向量。图 6-23 为联合优化求解框图。

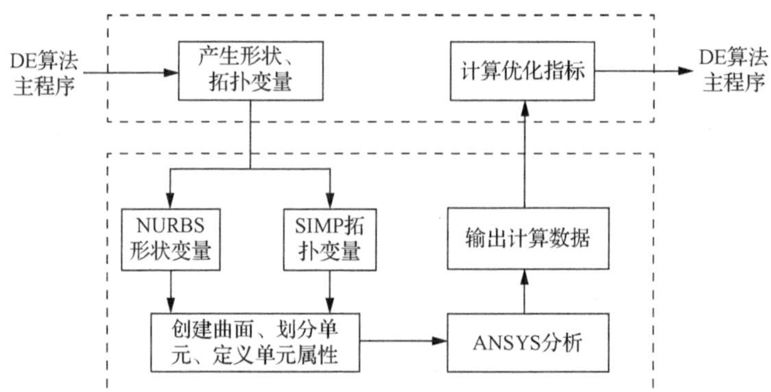

图 6-23 联合优化求解框图

6.6.2 形状和厚度的联合优化

对于自由曲面结构，除形状外，曲面的厚度分布应与受力路径相一致，合理的材料布置可以进一步提高曲面的受力能力。在进行自由曲面形状优化时，预先划定了结构的有限元网格，若在优化形状时同时优化单元的厚度，则可以同时实现曲面形状和结构材料分布的优化，即通过自由曲面结构形状和厚度的联合优化，考虑两种变量同时存在的最优结构求解问题。

本算例采用的曲面控制点布置、尺寸和材料参数等同 6.4 节中的算例，有限元网格采用 20×20，初始结构是一矢高为 0 的平面，如图 6-24 所示。控制点竖向坐标在 0～0.5m 范围变化，作用 10kN 集中荷载于曲面中心。由对称性，取 1/4 结构的有限元单元厚度作为优化变量，数目为 100 个，其余部分单元的厚度采用对称性获得，单元厚度变化范围限制在 2.0～8.0mm；初始材料体积 V_0=2m×2m×0.005m=0.02m^3，f_r=CR=0.5，NP=400，迭代 400 次。曲面的鲁棒性评价指标变化如图 6-25 所示，最优解的鲁棒性评价指标为 0.000824m/kN。优化算法求出最优解的同时，得到一个较好的局部最优解，最优形态和最优厚度分布灰度图如图 6-26 和图 6-27 所示。

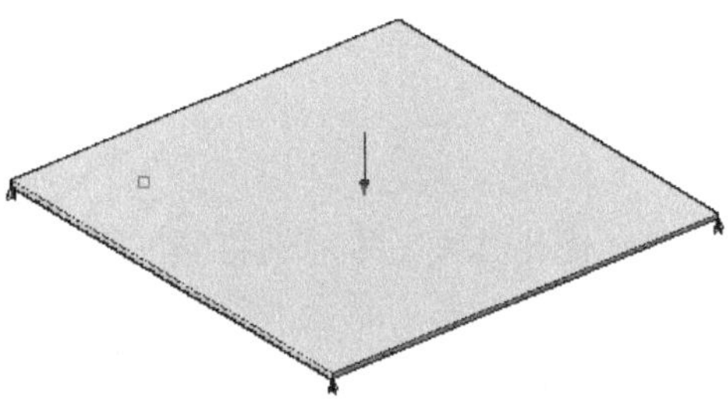

图 6-24　初始结构示意图

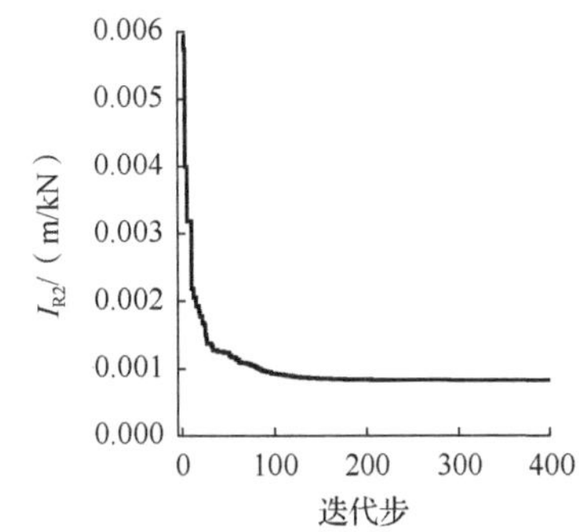

图 6-25　鲁棒性评价指标变化

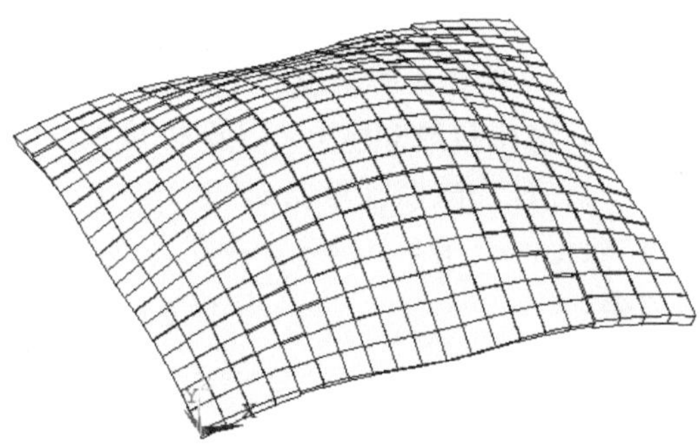

图 6-26　最优形态

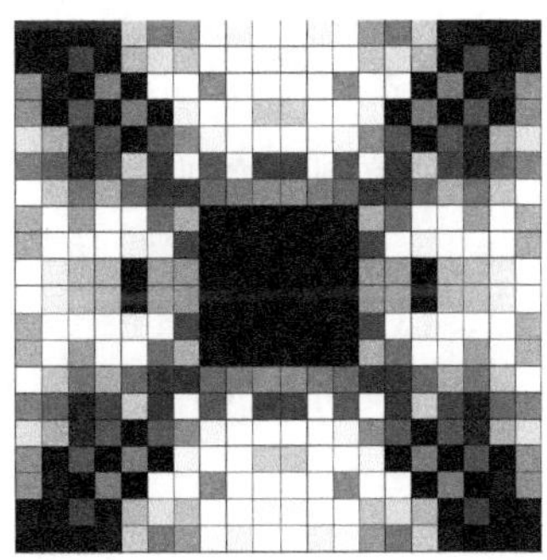

图 6-27　最优厚度分布灰度图

观察优化结果的形态（图 6-26），在曲面的对角线方向形成两道交叉的凸起拱形，有效地提高了结构鲁棒性和刚度。对于单元厚度分布，若单元的厚度越大，可认为此部分材料越重要，对实际结构的受力贡献越大，将单元的最优厚度分布用灰度图进行显示，如图 6-27 所示，颜色越深，单元厚度越大，可以明显地看出主要材料分布位于对角线范围内，即集中荷载传递到支座位置的最短路径。增强对角线范围内的材料分布可提高材料的利用效率，并进一步改善曲面的力学性能。优化到 200 步左右时，产生了一个较好的局部最优解，即次优形态，其鲁棒性评价指标为 0.000845m/kN，形状明显不同于最优解，但厚度分布与最优解较接近，如图 6-28 和图 6-29 所示。

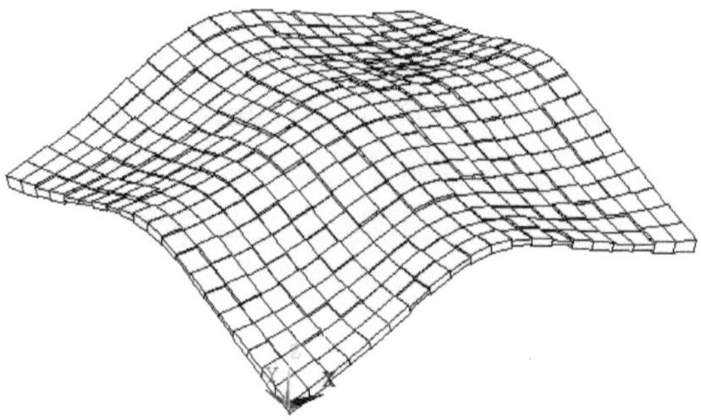

图 6-28　次优形态

图 6-29　次优厚度分布灰度图

6.6.3 联合优化与单独优化结果比较

通过对比联合优化结果与形状、拓扑单独优化结果，本算例将验证联合优化的优势，即能够考虑形状和拓扑的耦合影响，实现结构力学性能的进一步改进，同时表明联合优化的结构是数学上的全局最优解，而单独优化只是特定条件下的最优解。

1. 全跨荷载作用下四角点支承的自由曲面联合优化

本算例施加均布荷载 q=11kN/m^2，如图 6-30 所示，所采用的结构模型其余参数同 6.4 节算例。控制点分布如图 6-31 所示，网格数量 20×20（图 6-32），体积比限值 f_r=0.5。基于对称性，结构应具有 1/4 对称性，故控制点取 2、3、6、7、8、11、12、13 共 8 个，其余控制坐标由对称取得，在 1/4 结构单元中引入 SIMP 变密度，剩余单元 SIMP 变密度值由对称取得。

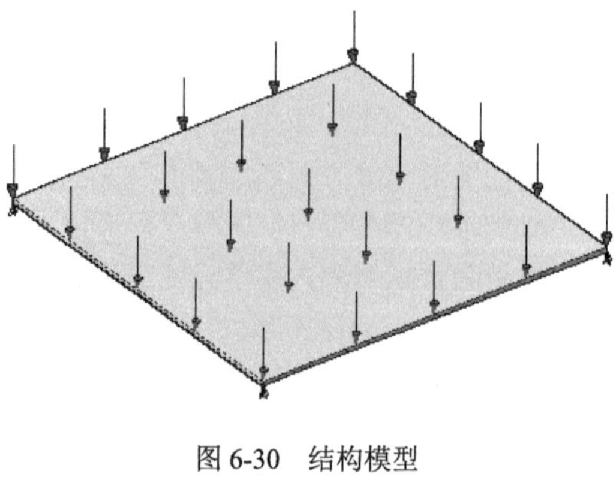

图 6-30　结构模型

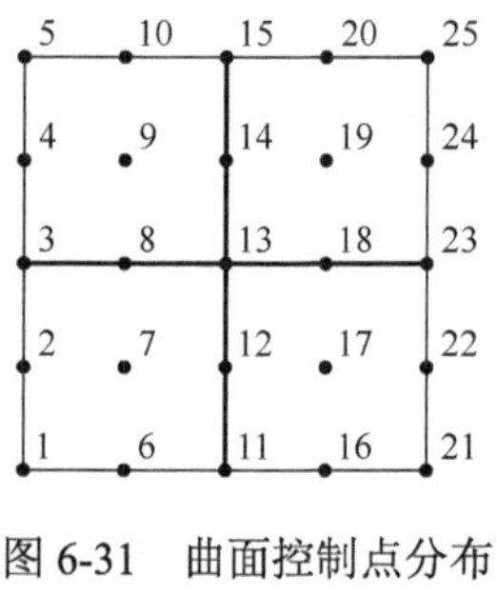

图 6-31　曲面控制点分布

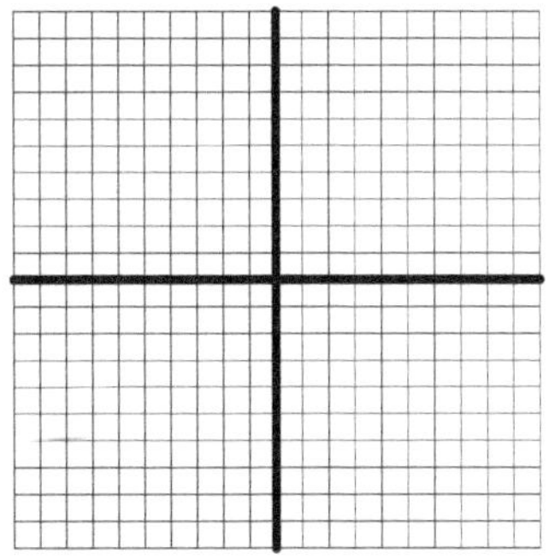

图 6-32　曲面有限元网格划分

进行 3 次结构优化并做对比。

第一次优化过程为单独形状优化，此时所有的单元相对密度 ρ_i=1，DE 参数：种群数 NP=50，优化步 Iter=150，变量维度 D=8，缩放因子 F=0.6，交叉概率 CR=0.6，采用 DE/rand to best/1/bin 模式。

第二次为单独拓扑优化，结构形状来源于第一次优化结果，DE 参数：NP=250，Iter=400，D=100，其余同上。

第三次为形状和拓扑联合优化，约束条件同前两次，DE 参数：NP=300，Iter=400，D=108，其余同上。

3 次结构优化的结果比较如下。

单独形状优化与联合优化对比。以 0.3m 等高线作为对比，采用单独优化的曲面中部凸起范围更广、更加平坦；两者最终矢高均达到 0.5m，如图 6-33 所示。

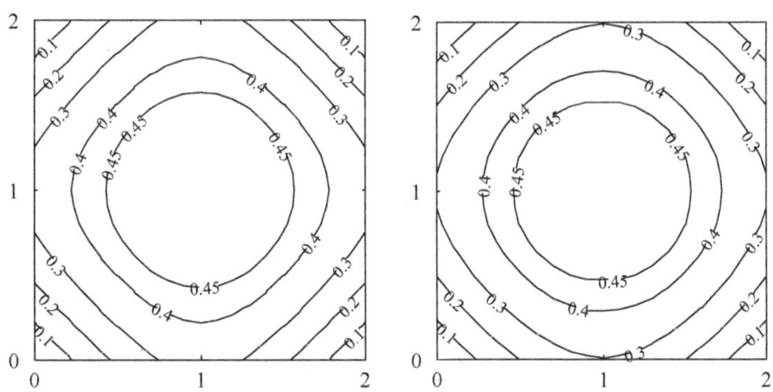

（a）单独形状优化等高线图　（b）联合优化等高线图

图 6-33　单独形状优化与联合优化对比

单独拓扑优化与联合优化对比。两者最终拓扑构型较为接近，但联合优化结果更为清晰；拓扑构型显示在均布荷载作用下，结构主要在对角线方向受力；支座部位颜色较深，表明此处对整个结构的鲁棒性影响较大，应重点加强，如图 6-34 所示。

（a）单独拓扑优化灰度透视图

（b）联合优化灰度透视图

（c）单独拓扑优化灰度平面图

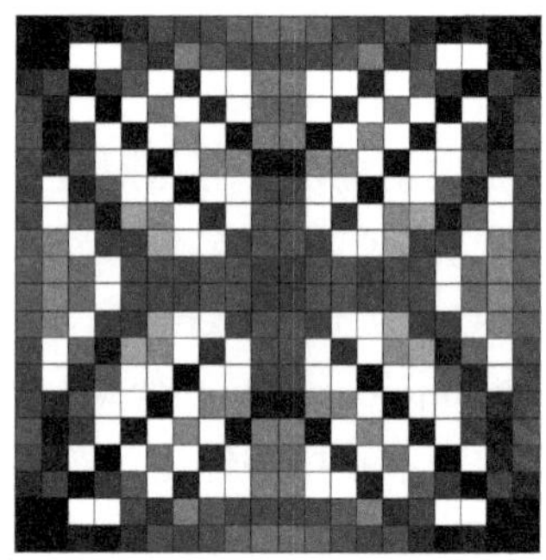

（d）联合优化灰度平面图

图 6-34　单独拓扑优化与联合优化对比

为验证联合优化能最大限度提高结构受力性能，将 3 次优化结果列于表 6-5 中。

表 6-5　单独形状优化、先形状优化后拓扑优化与联合优化结果

项目	鲁棒性评价指标 I_{R2}/（10^{-3}m/kN）	应变能/J	最大 Mises 应力/MPa	最大位移/mm
单独形状优化	1.97	1.86	25.98	0.15
先形状优化后拓扑优化	5.33	4.69	28.92	0.50
联合优化	4.26	4.15	29.81	0.42

由于单独形状优化所有的相对密度 ρ_e=1，而基于结构形状优化的拓扑优化和联合优化的相对密度值是变动的，因此单独形状优化不具有比较条件，而主要对后两个结果进行比较。因为优化目标为结构鲁棒性评价指标，先进行形状优化，然后在形状优化基础上进行拓扑优化，得到的鲁棒性评价指标为 5.33×10^{-3}m/kN，而联合优化的鲁棒性评价指标为 4.26×10^{-3}m/kN，明显优于前述方法，证明了联合优化对寻找最优结构的有效性。

先形状优化后拓扑优化得到的结构，指标劣于联合优化的原因在于，在单独进行拓扑优化时，结构形状已经确定，故在进行拓扑优化时，形状变量无法改变，不能实现形状、拓扑变量的耦合影响，最优拓扑结构受到先决形状的限制。之所以形状和拓扑变量需要联合优化，是因为二者对优化指标的影响不是线性分离的，而是非线性耦合的，故在寻求最优结构时，应采用联合优化的方法，这样才能求解出最优的形状和拓扑，实现结构力学性能的最优，单独优化的结构可从数学角度理解为局部最优解。

根据均布荷载作用下联合优化得到的构型，可以设计如图 6-35 所示曲面网格结构，得到的结论是，结构总是试图以最短路径传递荷载，即一个性状良好的结构，其传力方式总是简单直接的，这与结构设计的认知一致；传力路径呈拱形，且传递路径可以分为对角拱或边界拱，将均布荷载聚集传递至支座。由于拓扑优化无法考虑结构杆件的长细比，因此图 6-35 所示的结构部分杆件长度较大，实际应用中应根据拓扑优化结果，合理设置杆长，并设置交叉网格，满足杆件稳定性需要。拓扑优化的意义在于，给实际的网格布置提供理论依据与参考，指导曲面的网格划分。

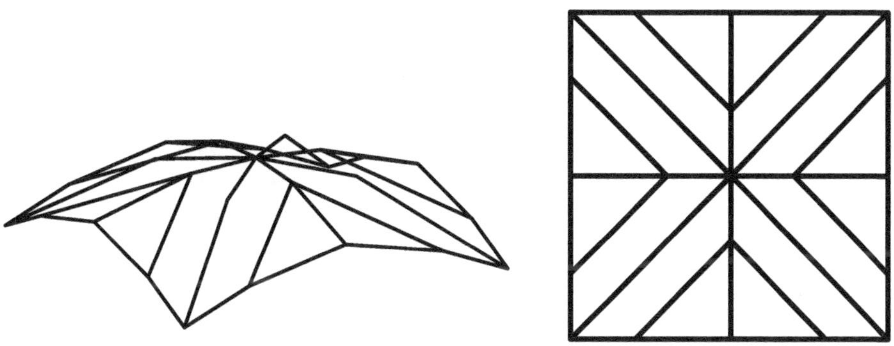

（a）透视图　　（b）平面图

图 6-35　根据联合优化结果得到的结构主要传力路径

在结构优化中，几个参数对结果有重要影响，主要包括荷载形式、支座条件、有限元网格密度、控制点高度等。荷载形式与支座条件对形状、拓扑的优化结果均有决定性影响，显示了曲面形状和拓扑构型对荷载与支座条件的适应性；有限元网格密度主要影响结构的拓扑优化，显然，网格越精细，结构拓扑优化结果越精细，但是，当网格数量较大时，拓扑优化变量将会很大，影响优化效率；控制点高度主要影响结构的形状，体现在结构矢高上，一般规律是结构矢高变大后，对荷载的抵抗能力会增强。下面通过算例分析，给出不同限制条件下的联合优化结果。

2. 半跨荷载作用下角点支承的自由曲面联合优化

为比较荷载形式对优化结果的影响，取结构模型如图 6-36 所示，施加左半边的均布半跨荷载，由于半跨荷载具有 1/2 对称性，控制点取图 6-31 中 2、3、6、7、8、11、12、13、16、17、18、22、23 共 13 个形状变量，在图 6-32 下半部共 10×20=200 个单元中引入 SIMP 变密度值，其余条件同 6.4 节算例。DE 算法参数：种群数 NP=500，优化步 Iter=400，变量维度 D=213 个，缩放因子 F=0.55，交叉概率 CR=0.75，采用 DE/rand to best/1/bin 模式。

优化结果的灰度透视图如图 6-37 所示，显示其最优结构形状和材料布局。在半跨荷载施加的位置，结构高凸，最高点达到 0.461m，而无荷载的半跨，结构则较为低缓，结果表明这是对半跨荷载最有效的承载形状；依据拓扑构型结构的主要传力路径如图 6-38 所示，变密度值的分布集中于左半跨，除了支座部位，右半跨材料较为稀疏，单元颜色较深的地方用粗线绘制，单元颜色较浅的地方用细线绘制，可以发现，荷载中心附近一点发出的与支座相连的 4 条粗线和 3 条边界线是结构主要传力路径，是材料分布的集中区域，应重点加强。

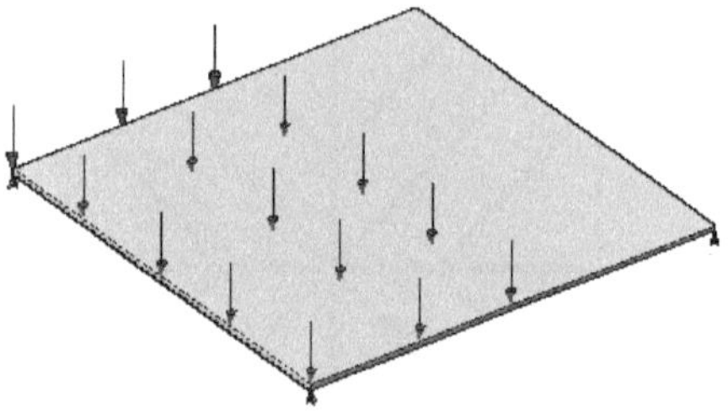

图 6-36　结构模型

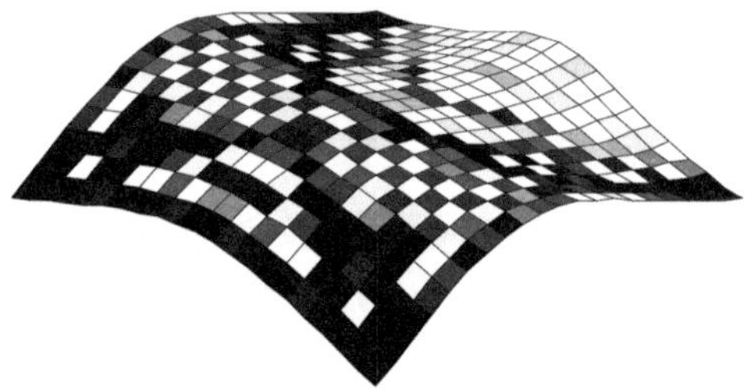

图 6-37　优化结果的灰度透视图

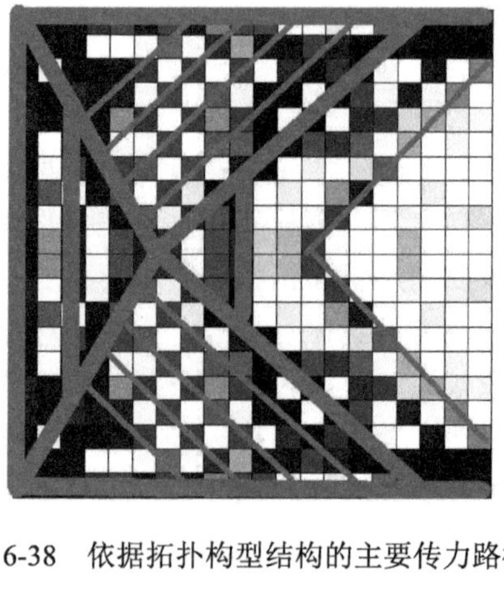

图 6-38　依据拓扑构型结构的主要传力路径

3. 集中荷载作用下边界中点支承的自由曲面联合优化

为比较支座条件对优化结果的影响，取结构模型如图 6-39 所示，将支座移动至 4 条边界的中点，由结构双轴对称性，取图 6-31 中 2、3、6、7、8、11、12、13 共 8 个控制点作为形状变量，1/4 结构单元的 SIMP 值作为拓扑优化变量，其余条件同 6.4 节算例。DE 算法参数：种群数 NP=250，优化步 Iter=400，变量维度 D=107 个，缩放因子 F=0.55，交叉概率 CR=0.75，采用 DE/rand to best/1/bin 模式。

优化完成后，曲面形状如图 6-40 所示，该曲面的边界保持不变，中心处形成凸起，最高点达到 0.37m；曲面拓扑灰度如图 6-41 所示，可以发现，荷载传力路径呈十字形，材料分布集中于荷载作用处及 4 个支座位置。

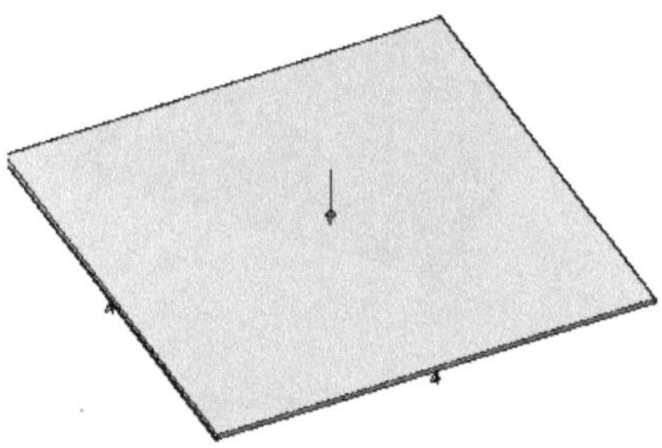

图 6-39　结构模型

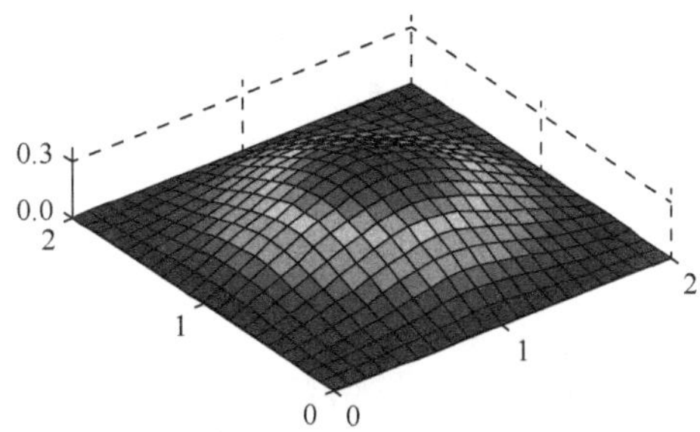

图 6-40　优化后曲面形状（一）

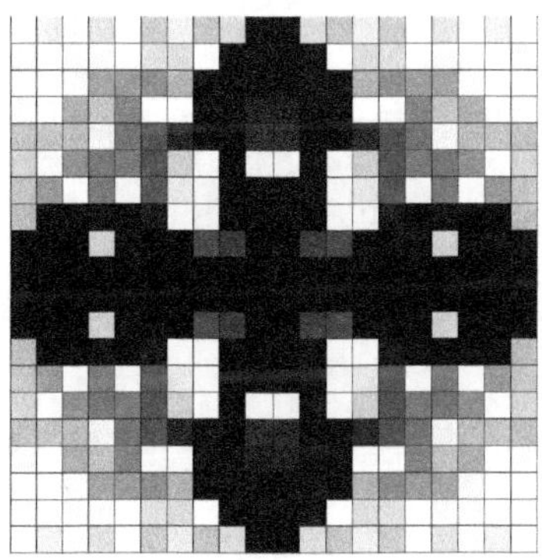

图 6-41　优化后曲面拓扑灰度（一）

4. 网格密度对联合优化结果影响

为比较网格划分数量对优化结果的影响，结构模型同图 6-39，网格划分如图 6-42 所示 30×30 的网格，取 1/4 结构单元的 SIMP 值作为拓扑优化变量，共有 15×15=225 个，其余条件同 6.4 节算例。DE 算法参数：种群数 NP=250，优化步 Iter=400，变量维度 D=107 个，缩放因子 F=0.55，交叉概率 CR=0.75，采用 DE/rand to best/1/bin 模式。

优化完成后，曲面形状如图 6-43 所示，最高点亦为 0.37m；曲面拓扑灰度如

图 6-44 所示，材料分布亦呈十字形。由于网格密度较大，本算例优化计算到 200 步时，虽然其与图 6-41 所示的拓扑构型已较为接近，但有局部散落颜色较深的单元，造成对拓扑构型的干扰，这是由于本算例划分的单元数较多，需要更多的优化计算次数。

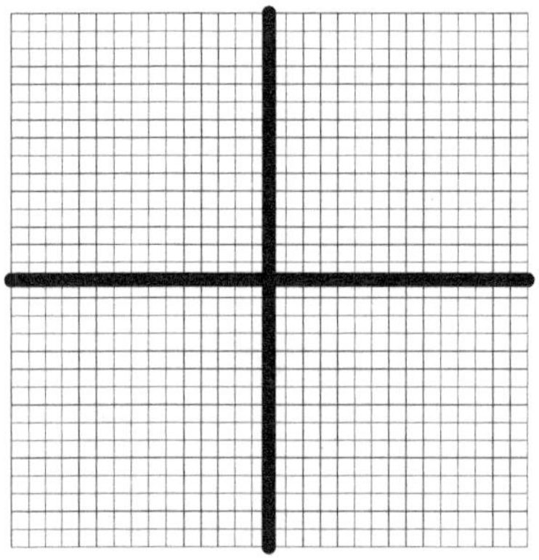

图 6-42　模型网格划分

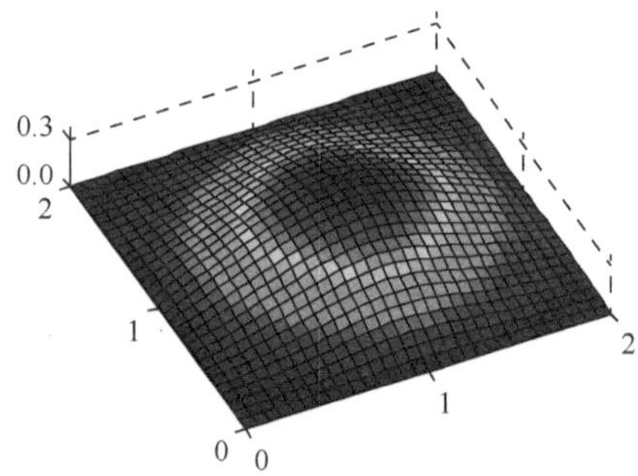

图 6-43　优化后曲面形状（二）

图 6-44　优化后曲面拓扑灰度（二）

6.7　小　　结

本章详细阐述了基于 NURBS 理论的自由曲面形态优化方法，以自由曲面结构的鲁棒性评价指标为目标，通过优化方法实现了自由曲面的鲁棒性设计，通过大量算例分析，得到如下结论。

（1）NURBS 的控制点和权因子为自由曲面的形态优化提供了参数化通道，借助 NURBS 理论，可快速、稳定地实现自由曲面重建，且曲面形态优美、流畅。DE 算法是一种高效的搜索式算法，能够求解不同类别的变量同时存在时的优化问题，在算法的变异、交叉、选择操作中，个体之间没有相互干扰，避免了两种变量的渗透、混合，实现了联合优化的思想。

（2）通过 6.4 节的 3 个算例表明，控制点适合对于自由曲面进行大幅度的调整，而权因子适合对曲面进行小幅修正。当权因子作为变量时，应严格控制其数值，因为权因子过大时，会造成曲面曲率过度变化，曲面局部形成“尖锥形”，影响曲面美观度。若以曲面的力学性能最优为目标，应将控制点和权因子同时作为优化变量，这扩大了曲面的搜索范围，故产生了形状差别较大的结构形式。

（3）实际工程应用中，在自由曲面形状已初步确定的前提下，6.5 节通过在原有自由曲面上附加小范围波动曲面的方式，实现对已有自由曲面的形态微调。算例表明，即使曲面修正幅度很小，结构的鲁棒性和刚度便可大幅提高，这对实际工程设计意义重大，能够在不影响曲面大体形态的条件下大幅提高曲面安全性能，获得良好的经济效益，为工程应用提供了依据。当然，这只是问题的一个方面，微小的形状变化，带来结构性能的显著提高，为达到这一目的，需要考虑结构的变形控制。

（4）在优化时划分的单元中，引入壳体厚度变量，并设置曲面体积上限，利用 DE 算法实现了自由曲面形状和厚度变量的联合优化，可得到最优的曲面形态与材料分布。根据材料厚度分布灰度图，材料分布较为集中的区域应予以加强。材料往往沿着结构的力学传递路径集中，形成一定的拓扑构型，这不仅对自由曲面的材料分布具有指导作用，而且对自由曲面网格结构的杆件布置具有借鉴意义。

（5）以均布荷载作用下的四点支撑自由曲面壳体为例说明，相对单独的形状、拓扑优化，联合优化更有效，能够实现数学最优解，获得力学性能的最大改进，规避了以往方法将二者分开考虑的劣势。对于上述对比实例，联合优化相对单独优化，曲面的形状和拓扑仅有小幅的改变，但当形状和拓扑耦合效应明显时，形状和拓扑单独优化的结果将有较大的差异，采用联合优化方法更有优势。

（6）自由曲面网格结构的形状和拓扑联合优化是一个具有前沿性、实用性的问题，但该方法尚不完善，相关的研究仍处于起步阶段，本章对该问题进行了有益的探索。由于鲁棒性评价指标的梯度较难计算，难以采用常规的数学规划法或准则法，故采用差分演化算法作为优化求解器。本章的算例展示了该算法具有强大的求解能力，能够实现最优结果的求解，且能够适应大规模变量求解问题。DE 算法实现中，由于变量之间不发生相互“耦合纠缠”，能够满足多类变量同时求解的需求，实现控制点和权因子联合优化，DE 算法的这一特性，是本章自由曲面形状和拓扑联合优化实现的基础。

第 7 章　弦支网格结构的鲁棒性优化及易损性

7.1　引　　言

现有的弦支体系，多采用上部规则的网格，依据经验布置下部的弦支体系。然而，对于曲面复杂的弦支网格结构，因其形式多样、传力复杂，往往难以通过直观判断得到合理的布索位置，因此需要一种适用于复杂曲面的弦支网格结构布索方法。

本章给出了弦支网格结构合理布索位置的计算方法。首先，对上部网格结构进行基于鲁棒性的结构连续体拓扑优化，获得鲁棒构型；其次，利用霍夫（Hough）变换对鲁棒构型进行检测，在布索数量确定后，提取决定布索曲线方向的参数；最后，对布索曲线上的全部节点进行试算，优化出布索曲线的端点，给出最终布索方案。将布索理论应用于弦支双曲球壳结构、弦支心形曲面网格结构中，并通过对弦支柱面网壳、弦支球面网壳进行布索设计，验证张弦梁、弦支穹顶结构的合理性。

对超越静荷载作用下弦支网格结构，进行静力易损性分析，同时考虑结构本身的随机性和荷载随机性，绘制静力易损性曲线，通过易损性曲线可以预测结构在不同幅值荷载条件下，发生轻微破坏、中等破坏、严重破坏和完全破坏的失效概率，为结构在超越荷载下灾害损失的预估提供了一定参考依据。考虑地震波的随机性，基于动力时程分析法，进行了地震易损性分析。

7.2　基于鲁棒性的结构连续体拓扑优化

连续体结构拓扑优化发展至今，涌现出众多的优化方法，其中较为成熟的包括均匀化法、渐进结构优化法、变密度法等。

均匀化法在设计域中引入了具有孔洞的微结构，并将微结构的几何尺寸作为拓扑优化变量，通过微结构尺寸的消长实现微结构的增删[180,181]。由于设计变量多、灵敏度计算复杂等问题，目前可求解的问题类型有限。

渐进结构拓扑优化法（ESO）通过逐步移除单元的方法改变结构的拓扑形式，其基本原理在于建立统一的标准，评价每个单元对结构整体的贡献度，并据此逐步删除低效率的单元，从而渐进演化出合适的拓扑构型[182]。

变密度法属于材料描述方法，人为地假设密度和材料弹性模量之间的非线性关系，将拓扑优化从刚度分布问题转化成材料最优分布问题求解[183,184]。其基本思想是对结构设计域进行有限元划分，引入一种假想的相对密度在[0,1]之间可变的材料，0 表示单元不存在，1 表示单元存在，优化时材料相对密度值在 0～1 的变动即代表了单元的增删。由于单元相对密度存在 0 与 1 之间的中间变量，需引入固体各向同性材料惩罚（SIMP）模型进行插值[185]，通过惩罚因子对中间密度值进行惩罚，使中间密度值向 0 和 1 两端聚集，这样连续变量的拓扑优化模型就能很好地逼近 0～1 离散变量的优化模型，此时中间密度单元对应一个很小的弹性模量，结构刚度矩阵的影响变得很小。

本节以结构的鲁棒性能为优化目标，将结构单元的相对密度作为变量，将 SIMP 变密度法作为连续体拓扑优化的手段，建立基于结构鲁棒性能优化的设计模型。

7.2.1　基于鲁棒性的连续体拓扑优化数学模型

首先，定义结构设计域 D，该设计域需依据建筑方案中给出的造型进行选择，并综合考虑结构的功能与使用要求；接着，根据工程实际的精度要求，对 D 的几何模型进行有限元划分；然后，使用 SIMP 模型实现刚度插值，将有限单元的弹性模量表示为单元相对密度的指数函数，构造出优化前的初始有限元模型。单个单元的弹性模量表达如下：

$$E_e(\rho_e)=(\rho_e)^p E_0 \tag{7.1}$$

式中：E_e 表示第 e 个单元的等效弹性模量；ρ_e 表示第 e 个单元的相对密度，$\rho_{\min}\leqslant\rho_e\leqslant 1$（$e=1,2,\cdots,N_{\mathrm{E}}$），$\rho_{\min}$ 为材料相对密度的下限，用以避免出现刚度矩阵奇异，N_{E} 为有限元模型总的单元数目；p 为惩罚因子，当 $p\geqslant 3$ 时恒满足哈希-施特里克曼（Hashin-Shtrikman）边界条件[186]；E_0 为工程材料固体部分的弹性模量。

考虑实际的荷载工况与约束条件，当采用结构的鲁棒性 I_{R1} 为优化目标时，设计域 D 内的拓扑优化问题转化为如下数学优化模型，优化目标是使结构能量鲁棒性评价指标 I_{R1} 最小。

$$\begin{cases} \min\limits_{\rho} & I_{\mathrm{R1}}(\boldsymbol{\rho}) \\ \text{s.t.} & \boldsymbol{K}(\boldsymbol{\rho})\boldsymbol{z} = \boldsymbol{u} \\ & I_{\mathrm{R2}} < \gamma_1 \\ & \sum\limits_{e=1}^{N_{\mathrm{E}}} \rho_e V_e \leqslant f_{\mathrm{r}} V_0 \\ & \rho_{\min} < \rho_e \leqslant 1 \end{cases} \tag{7.2}$$

式中：$\boldsymbol{\rho}$ 为设计变量，$\boldsymbol{\rho}=[\rho_1 \quad \cdots \quad \rho_e \quad \cdots \quad \rho_n]$，由结构全部单元的材料相对密度构成，约束条件包括结构的有限元方程、结构系统的 H_∞范数要求、结构材料总体积要求、单元密度限制；$\boldsymbol{K}$ 为结构的总刚度矩阵；$\boldsymbol{z}$ 为全部结点的位移向量；$\boldsymbol{u}$ 为外荷载输入向量；γ_1 为对结构鲁棒性的位移允许放大指标的上限值；V_e 为第 e 个单元的体积；V_0 为设计域总体积；f_{r} 为允许保留的材料体积比。

7.2.2 基于鲁棒性的结构连续体拓扑优化方法

面向工程结构的拓扑优化设计，尤其是设计域 D 包含复杂的曲面时，上述数学模型转化为带约束的多变量非线性规划问题，求解规模巨大。为寻求高效的优化过程，可以采用数学规划法、最优准则法及从仿生学发展起来的智能群优化算法等。

数学规划法通过设计空间和约束条件超曲面构成的可行域，寻求最小目标等位面上的可行点，如移动渐近线法、序列无约束极小化法等。数学规划法对复杂的优化问题具有良好的适应性，但为了收敛常要求目标函数显式表达、设计变量连续，同时存在变量梯度求解的需求，为大规模问题的求解带来诸多不便[187,188]。

最优准则法将经验与约束条件、目标函数相结合，构造特定的准则，依此进行变量更新，避免了直接优化目标函数[189]。最优准则法具有良好的计算效率，尤其在多变量少约束问题中优势明显，但其迭代公式的建立需要引入各种假定，并且在收敛性证明上缺乏理论基础[190]。

智能群优化算法包含多种模拟自然界的算法，如遗传算法、粒子群算法及大爆炸算法等。这类算法打破了过于依赖初始解、梯度求解复杂等困境，更容易获得全局最优解[191]。

综合以上多种算法的优劣特点，本节选取智能群优化算法中的大爆炸算法求解 7.2.1 节中的数学优化模型。

结构的连续体拓扑数学模型采用大爆炸算法进行迭代优化后，获得的初步结果为一组材料相对密度向量值 $\boldsymbol{\rho}_{\text{best}}$。为了实现从材料模型到工程结构的反演，选取删除阈值 ρ_0，当单元的材料密度等于或高于 ρ_0 时，则对应逻辑变量值为 1，保留此单元；低于 ρ_0 时，则对应逻辑变量值为 0，删除此单元，从而将连续的设计变量转换成离散状态，实现拓扑变量向结构的反演。

$$\Omega_e=\begin{cases}1 & \rho_{\text{best}}(e)\geqslant\rho_0\\ 0 & \rho_{\text{best}}(e)<\rho_0\end{cases} \tag{7.3}$$

式中：Ω_e 为单元 e 对应的逻辑变量；$\rho_{\text{best}}(e)$ 为通过连续体拓扑优化获得的 e 单元最优相对密度值（$e=1,2,\cdots,N_{\text{E}}$）。本章的删除阈值 ρ_0 取 0.47。

连续体结构通过数学模型从设计域到拓扑模型的转变过程如图 7-1 所示。

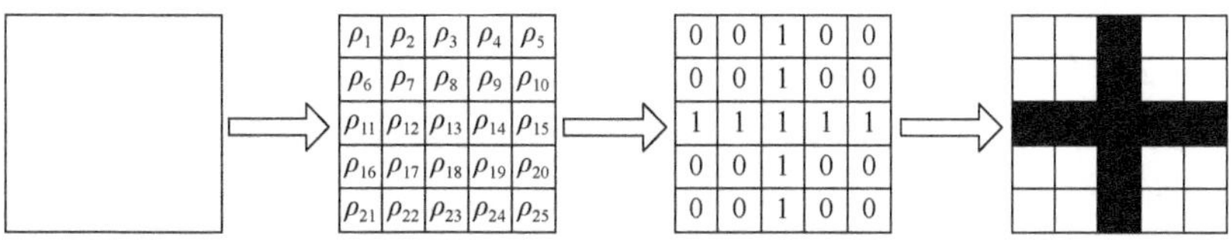

（a）结构的设计域　（b）SIMP材料模型　（c）逻辑模型　（d）拓扑模型/鲁棒构型

图 7-1 连续体结构从设计域到拓扑模型的转变过程

这里将通过拓扑优化得出的最优拓扑模型定义为“鲁棒构型”，用以强调该拓扑模型是鲁棒性最优的结构刚度分布形式。获得上述鲁棒构型，为进一步的构件设计提供了基础：依据 SIMP 模型中的等效弹性模量及单元的大小，设计结构的主要杆件尺寸，并参照拓扑模型布置结构的主要构件。同时，需要顾及结构的构造及其他性能要求，为了避免构件长细比超限，同时考虑实际使用限制条件，在结构的主要构件模型基础上补充必要的次要构件和构造构件，最终获得合理的结构模型。

7.2.3 鲁棒性及拓扑优化验证

为研究 7.2.2 节提出的结构鲁棒设计理论的合理性，本节以悬臂梁的平面应力模型为例，进行以鲁棒性为目标的连续体拓扑优化，寻求合适的平面结构鲁棒构型。

如图 7-2（a）所示的悬臂梁结构，长度 16m，高度 10m，厚度 0.01m，弹性模量 $E_0=2\times10^{11}$Pa，在悬臂端的中点处施加了向下的集中荷载 1kN。在用于拓扑优化的有限元模型中，悬臂梁的整个平面设计域 D 被离散为 640（32×20）个单元，如图 7-2（b）所示，这些单元的材料相对密度组成的向量即为优化变量 $\boldsymbol{\rho}$。

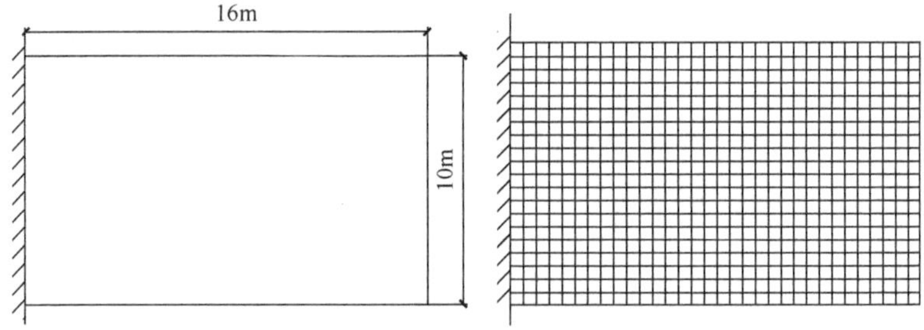

（a）悬臂梁结构　　（b）悬臂梁模型的设计域

图 7-2　悬臂梁模型

依据 7.2.1 节的数学模型，选取 SIMP 变密度法的惩罚因子 p=3，取 $\rho_{\min}$=0.1，给定材料体积比 f_r=0.4。采用能量鲁棒性评价指标 I_{R1} 作为优化目标，位移鲁棒性评价指标 I_{R2} 作为约束，选取大爆炸算法的种群数 S=500 个，迭代次数 t=100 次，并在每一步迭代中保留上一代的前 5%精英种群，对目标函数 I_{R1} 进行最小值优化，迭代曲线如图 7-3（a）所示。选取删除阈值 ρ_0 为 0.47，当单元的材料密度等于或高于 ρ_0 时，保留此单元；低于 ρ_0 时，则删除，实现拓扑变量向结构的反演，从而将连续的设计变量转换成离散状态，结果如图 7-3（b）所示。

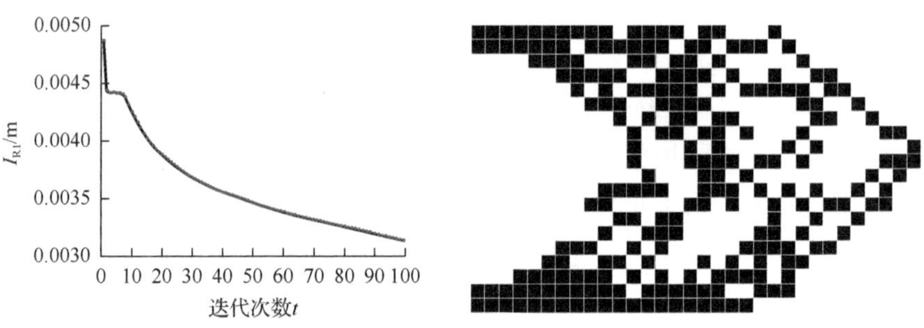

（a）平面应力模型的鲁棒性能迭代曲线　　（b）平面应力模型的鲁棒构型

图 7-3　悬臂梁的鲁棒设计

这里将基于鲁棒性的结构连续体拓扑优化的最优解定义为鲁棒构型。鲁棒构型给出了鲁棒性最优的结构材料分布形式，当材料不变时，仅与计算对象的曲面形状、支承形式及荷载分布有关。

悬臂梁平面应力模型的鲁棒构型如图 7-3（b）所示，约束端上下边界处材料分布密集，中间有明显的空洞，靠近悬臂端截面逐渐减小，材料分布也越来越稀疏，与已有文献采用体积比作为优化目标的结果相似。

平面应力模型的优化，验证了应用大爆炸算法的连续体拓扑优化进行鲁棒设计的可靠性。与此同时，将悬臂梁的鲁棒构型与前文中悬臂桁架的关键构件位置进行比较，可以发现材料与刚度密集分布的位置与关键构件、损伤敏感构件的位置较为契合。由此表明，鲁棒构型可以给出荷载传力路径、杆件布置的适宜方案。

7.3　基于 Hough 变换的布索理论

鲁棒构型给出了当前荷载作用下，结构的合理材料分布形式与最佳传力路径，可以为提取布索曲线的位置提供指导。基于鲁棒构型的布索思路可参考张弦梁与弦支网壳的工作原理[192,193]，下部支承索的存在，相当于相应位置上部结构的延伸与加强，通过对下部支承索施加预应力的方式，实现减小上部结构应力和变形的目的。对弦支网格结构来说，如果同样将结构视为一个被加强了的网格结构，那么，为了使布置的预应力索达到最佳效果，布索位置就需要设计在结构最需要加强的地方。上部网格结构的鲁棒构型给出的拓扑连接关系，很好地给出了整个结构在荷载传递中的传力路径和关键构件所在，因此也指出了预应力索的布置位置。

7.3.1　Hough 变换提取布索曲线方向

为了从结构的鲁棒构型图中提取出适合的布索位置，需要识别与检测其中高密度单元构成的曲线。Hough 变换是一种图像检测方法，1962 年由 Hough 提出[194]。其基本思想是：将图像空间的一点变换到参量空间中的一条曲线，具有同一参量特征的点变换后在参量空间中相交，通过判断交点处的累积程度进行特征曲线的检测。本书采用直线 Hough 变换对鲁棒构型进行检测，进而提取布索曲线方向。

在直角坐标系下，用方程表示一条直线：

$$y = kx + b \tag{7.4}$$

式中：k 为直线的斜率；b 为直线在 y 轴上的截距。改用参数表示则为

$$r = x\cos\theta + y\sin\theta \tag{7.5}$$

式中：r 为从原点到直线的垂直距离；θ 为垂线与 x 轴正向的夹角，且 $\theta \in [0,\pi)$。

将 x-y 平面称为图像平面，r-θ 平面称为参数平面。x-y 平面中的一条直线 L_0

可以通过从原点到这条直线的距离 r_0 及垂线与 x 轴的夹角 θ_0 定义。因此，在 x-y 平面上的任意一条直线 L_0，当变换到 r-θ 平面上时，就成为了对应的一个点（r_0，θ_0）；反之，x-y 平面上的一个点（x_0,y_0），则对应了 r-θ 空间中的一条正弦曲线。

如有一组点，均位于由参数 r_0 和 θ_0 决定的直线上，则每个点对应了 r-θ 空间中的一条正弦曲线，所有这些曲线必会交于点（r_0，θ_0）。据此，进行如下步骤的 Hough 变换。

（1）选取适合的 Δr 和 $\Delta\theta$ 值，将参数平面 r-θ 转化为离散的参数空间。由于参数方程的特点，$r\in[-R,R)$，R 为搜索半径，取决于模型的最大跨度；搜索角度 $\theta\in[0,180°)$。本书取 $\Delta r = R/6$，$\Delta\theta = 15°$，故参数平面转化为 12×12 的离散参数空间。

（2）建立对应于离散参数空间的累加器 $\boldsymbol{T}$，大小为 12×12，并将所有元素置 0。

（3）对鲁棒构型图进行检测，对于每一个相对密度 ρ_e 超过限值的单元 e，都需将单元中心点在 x-y 平面的位置坐标做 Hough 变换，这里取材料体积比限值 f_{r}。算出该点在 r-θ 平面上对应曲线的参数，当 $-R+i\Delta r\leqslant r_i<-R+(i+1)\Delta r$ 且 $j\Delta\theta\leqslant\theta_i\leqslant(j+1)\Delta\theta$ 时，在累加器的相应位置 $A(i,j)$加 1。

（4）累加器 $\boldsymbol{T}$ 的局部极大值，反映了鲁棒构型图上共线点的信息。根据局部极大值在累加器中的位置，可以求得共线点形成的直线参数(k_{i0},b_{i0})，其中(i_0 = 1,2,$\cdots$,m)，m 为提取直线的数量。

（5）受离散参数空间规模的影响，Hough 变换求得的直线精确度有限。本书依据已有的直线参数(k_{i0},b_{i0})，筛选直线附近 $\rho_e\geqslant f_{\mathrm{r}}$ 的单元的中心点，并通过最小二乘法重新拟合，最终求得较为精确的布索曲线方向参数(k_i,b_j)，据此参数可在结构平面图上给出布索曲线的位置与方向，其中(i=1,2,$\cdots$,m)。

7.3.2 布索曲线端点优化

在已有的布索曲线上，仍需进行预应力索的端点优化。求解步骤如下。

（1）结合结构实际的网格划分，根据已有的布索曲线方向(k_i,b_j)，识别位于布索曲线上的所有节点。这里近似认为当节点与布索曲线的垂直距离 Δd 满足 $\Delta d\leqslant d_0$ 时，即为在曲线上，d_0 为结构网格中一个格子的中心点与该格子所有端点距离的平均值。

（2）给定竖杆的位置，形成下部的索支撑体系。本书指定在单根布索曲线上 z 坐标最大的节点处，以及在距离索交叉点最近的节点处，布置竖杆。在端点优化过程中，竖压杆的位置与长度不变。

（3）选取布索曲线上不同节点作为端点，试算其布索方案，选取弦支网格结构的鲁棒性评价指标 I_{R1} 作为优化目标。选择 I_{R1} 最小的布索方案，即可知布索曲线的端点。至此，基于鲁棒性的弦支网格结构布索方案已经明确。

7.3.3　布索理论流程

综合本节前述内容，获得布索理论流程图如图 7-4 所示。首先需要求解上部网格结构的鲁棒构型；其次，以鲁棒构型为基础，采用 Hough 变换进行布索曲线方向的参数提取；最后，对布索曲线上的所有节点进行试算，给出最优的布索曲线端点，进而给出弦支网格结构的布索位置。

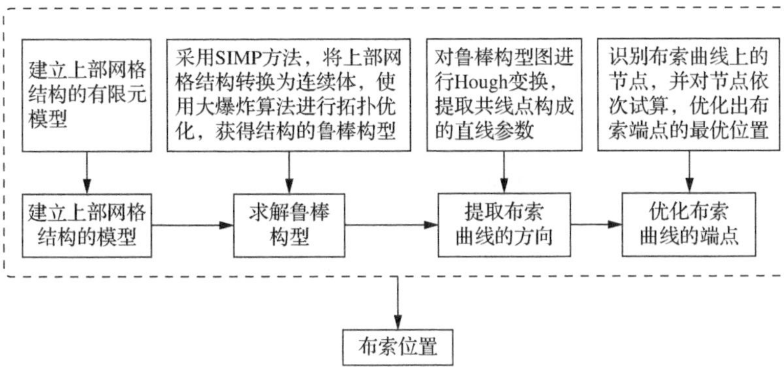

图 7-4　布索理论流程图

7.3.4　弦支心形曲面网格结构的布索位置研究

建立如图 7-5 所示的弦支心形曲面网格结构模型，结构沿对称轴方向跨度 70m，垂直于对称轴方向跨度 80m，等效为连续体的厚度 0.1m，六角点简支，最高点高度 4.61m，沿对称轴布置的索的竖压杆高 4.8m，其余竖压杆高 5.5m，横截面积均为 $1.47\times10^{-3}\text{m}^2$，预应力索横截面积 $7.27\times10^{-4}\text{m}^2$，材料的弹性模量 $E_0=2.06\times10^{11}\text{Pa}$。结构承受如图 7-5（b）所示的两点集中荷载作用，每一荷载大小 500kN，方向竖直向下。在 SIMP 模型中，将上部网壳的设计域离散为 200 个单元。考虑对称性后共有 100 个相互独立的单元，这些单元的材料相对密度向量 $\boldsymbol{\rho}$ 为优化变量，优化目标为能量鲁棒性评价指标 I_{R1}，f_r 取 0.6。布索数量 m 取 3 条，布索方案计算过程如图 7-6 所示。其中，在布索曲线端点计算时，结构采用了与 SIMP 模型中单元划分不同的网格，该网格较密，共 800 个单元，可以更细致地分析在索端位置不同的条件下，结构能量鲁棒性评价指标 I_{R1} 的变化情况。

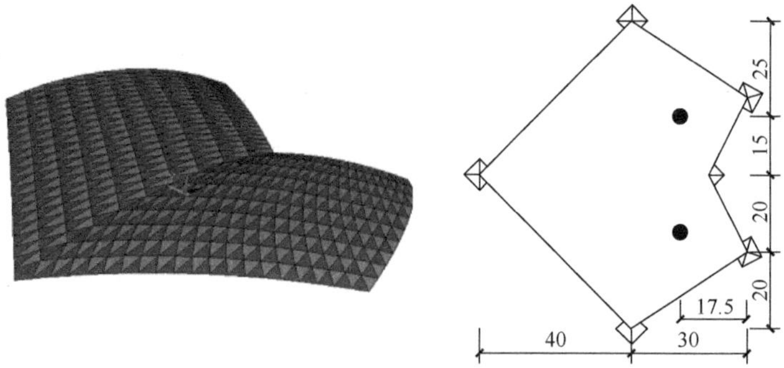

（a）上部心形曲面示意图　（b）两点荷载示意图（单位：m）

图 7-5　弦支心形曲面网格结构模型

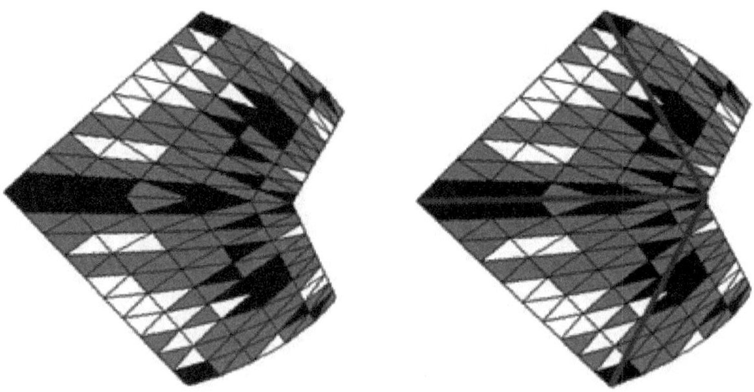

（a）鲁棒构型图　（b）Hough 变换提取的布索曲线方向

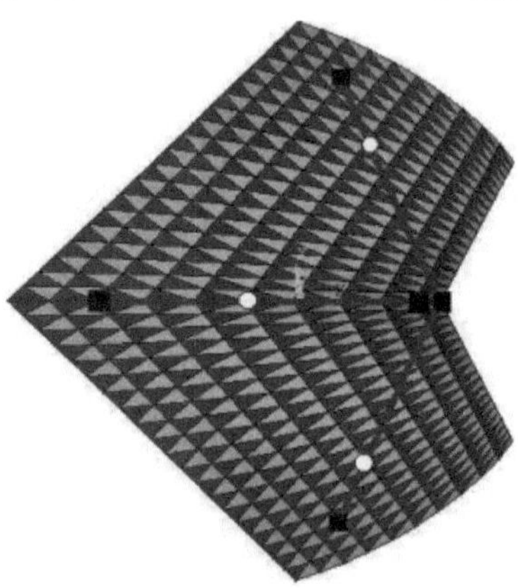

（c）布索曲线端点及竖压杆位置

图 7-6　心形曲面弦支网格结构的布索方案计算过程

为验证布索理论的合理性，与如图 7-7 所示的直观布索方案进行对比，竖压杆位置设在图中的圆点处，索端点在支座处。依据所提出的布索理论给出的布索方案如图 7-8（a）所示，可与直观的布索方案对比，如图 7-8（b）所示。

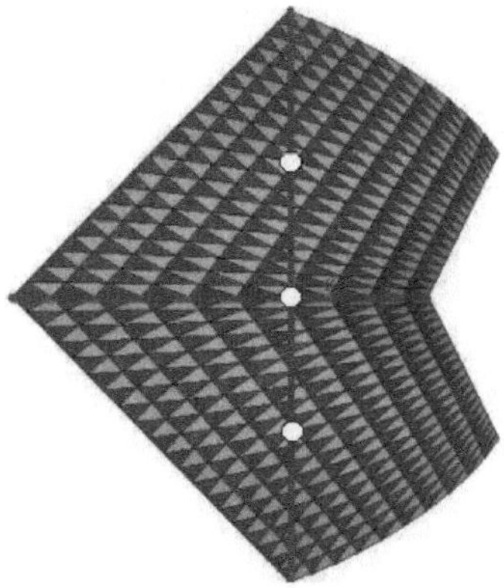

图 7-7　直观布索方案平面图

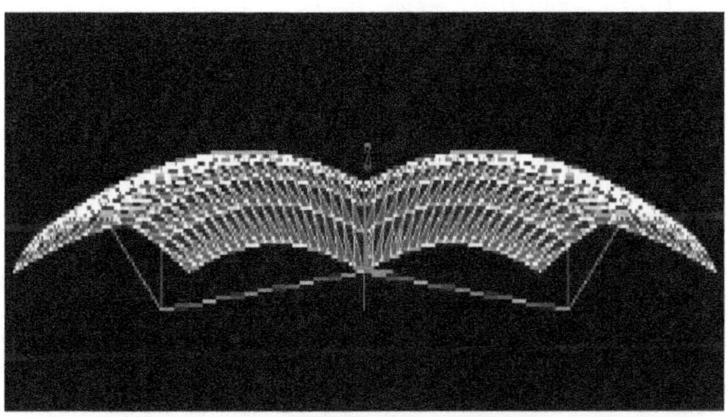

（a）布索理论给出的布索方案

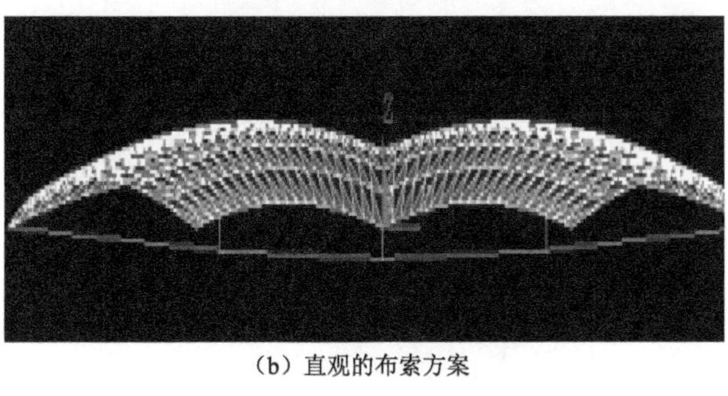

（b）直观的布索方案

图 7-8　弦支心形曲面网格结构的布索方案

对两种布索方案的索均施加 200kN 的初始预应力，将上部心形曲面划分为 800 个单元的 SIMP 模型，选取材料相对密度分布 ρ_i=0.6(i=1,2,⋯,800)。在除了布索方案其余参数完全相同的条件下，布索理论给出的优化布索方案与直观的布索方案对比，结构鲁棒性评价指标 I_{R1} 分别为 0.2430mm 和 0.3313mm，结构竖向最大位移 d_z 分别为 –0.0159m 和 –0.0189m，而没有布索仅有上部网壳时 I_{R1}=0.3347mm、$d_z=-0.0186\text{m}$，同时，3 种情况下结构的最大应力相近。由此可见，增加预应力索的布置可以提高结构力学性能，但是不恰当的布索方案，其并不能使弦支体系得到有效利用；采用布索理论后，得到了符合力学原理要求的布索位置，与直观的布索方案相比，该理论使弦支曲面网格结构在提高鲁棒性和减小位移两方面有了更显著的改善。

7.4 现有弦支结构的合理性验证

为验证现有弦支结构的合理性，选择常见的弦支柱面网壳和弦支球面网壳进行布索位置分析，研究不同工况下的鲁棒构型特点，探索合理布索位置与已有的张弦梁、弦支穹顶结构形式间的关系。

7.4.1 张弦梁的合理性验证——弦支柱面网壳的布索方案设计

1. 项目介绍

为了探索张弦梁结构布索方案的合理性，拟对弦支柱面网壳的上部壳体进行拓扑优化，进而采用布索理论进行对比分析。设有如图 7-9 所示的弦支柱面网壳的上部壳体，壳体的设计域尺寸 26m×12m，矢高 1.2m，厚度 0.2m，沿长边对边固定约束，材料的弹性模量 $E_0=2\times10^{11}$Pa。在用于拓扑优化的有限元模型中，设计域 D 被离散为 26×12 个单元。考虑到柱面网壳具有经过对称中心的水平线、竖直线共 2 条对称轴，因此共有 78 个相互独立的单元。不同单元的材料相对密度组成优化变量 $\boldsymbol{\rho}$。

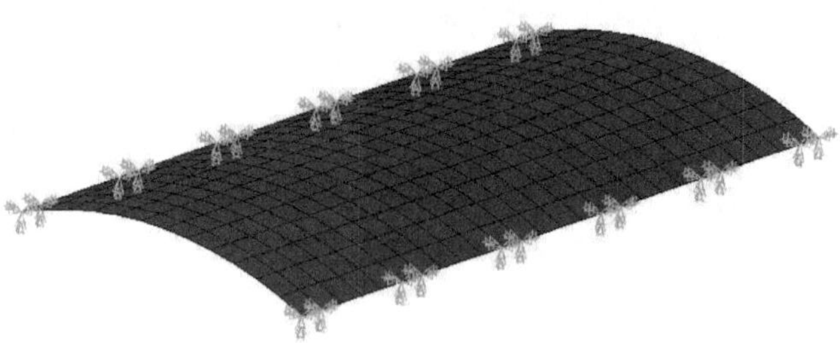

(a) 侧视图

图 7-9 弦支柱面网壳的上部壳体示意图

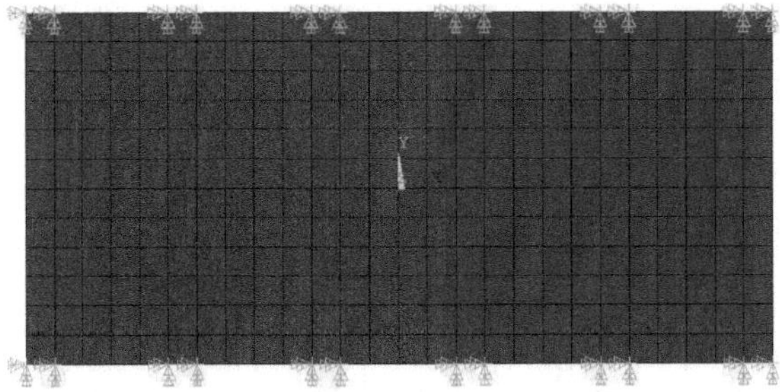

（b）平面图

图 7-9（续）

在连续体拓扑优化中，选取 SIMP 变密度法的惩罚因子 p=3，给定材料体积比限值 f_r=0.4，采用改进后的大爆炸算法，对鲁棒性评价指标 I_{R1} 进行最小值优化。为了使相对密度集中在 0 和 1 附近，以提高优化迭代效率，同时兼顾到该算例保留的 f_r 小于标准正态分布的期望值 0.5，而使用正态分布容易造成约束条件不满足，因此，初始种群的分布采用了符合 $\boldsymbol{\rho}_0 \sim$ Beta（0.14,0.35）的贝塔分布，初始种群 $\boldsymbol{\rho}_0$ 的概率密度函数曲线如图 7-10 所示。

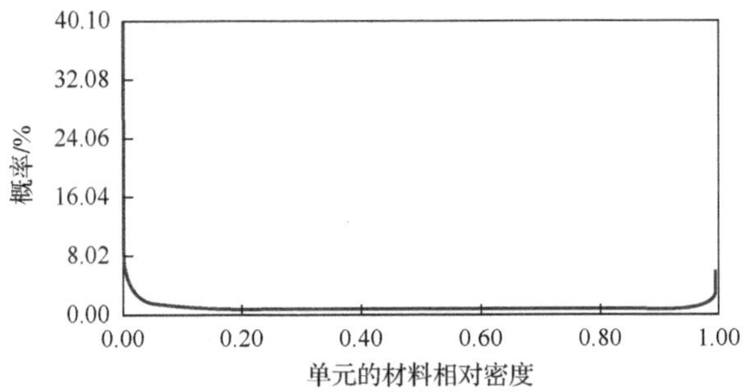

图 7-10　初始种群 $\boldsymbol{\rho}_0$ 的概率密度函数曲线

由于张弦梁上弦的主要杆件集中在支座的对边连线位置处，考虑施加到结构上的荷载最终会通过主要杆件传递到支座上，因此如图 7-11 所示线荷载为结构的主要荷载工况，依照 1kN/m^2 均布荷载换算求得总荷载大小为 312kN。

图 7-11　线荷载分布图

2. 不同荷载工况下的柱面网壳鲁棒构型分析

（1）通过对上部柱面网壳施加如图 7-11 所示的线荷载，采用初始种群 2000 个、第二阶段搜索种群 100 个、迭代次数 100 次的大爆炸算法进行结构鲁棒设计，得到如图 7-12 所示的鲁棒构型图，对应的能量鲁棒性评价指标 I_{R1} 为 0.0223mm。

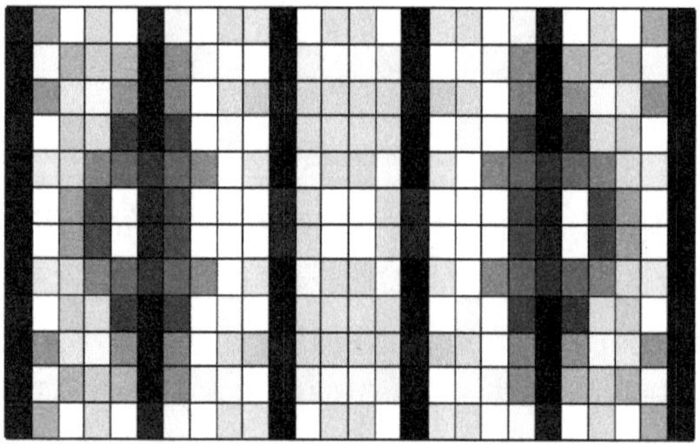

图 7-12　上部柱面网壳在线荷载下的鲁棒构型图

图 7-12 中显示，在图 7-11 所示的线荷载下，鲁棒构型图在支座处呈现出明显沿着结构短跨直线分布的形状，柱面网壳的传力路径与线荷载分布、对边支座连线一致；另外，柱面网壳跨中部分单元会刚度较大，通过降低跨中的变形可以提高结构的鲁棒性。

（2）对于实际工程，均布荷载是一种普遍的荷载工况，因此考虑对结构施加均布荷载，荷载大小 1kN/m^2，采用与（1）相同参数的大爆炸算法优化，通过鲁棒设计得到如图 7-13 所示鲁棒构型图，对应的能量鲁棒性评价指标 I_{R1} 为 0.0408mm。

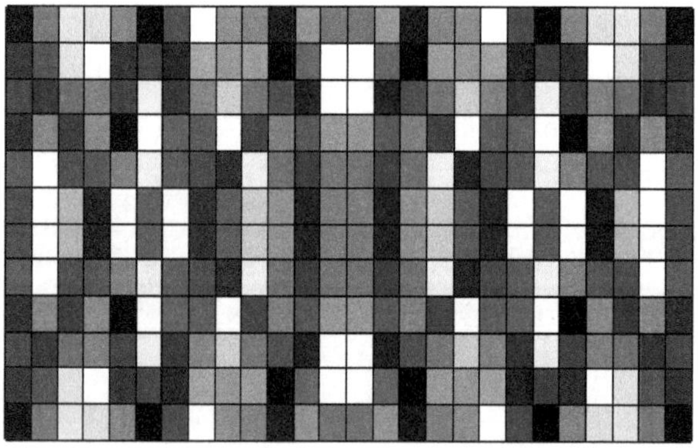

图 7-13　上部柱面网壳在均布荷载下的鲁棒构型图

图 7-13 中鲁棒构型图主要呈现交叉形状，柱面网壳的传力路径与对边相邻支座间的交叉连线一致，单元刚度分布较为分散。

（3）为考虑更加随机和复杂的荷载工况，通过加速度对柱面网壳施加重力荷载，荷载分布与结构当下的材料分布一致，总荷载值与均布荷载工况一致，初始种群分别采用 2000 个、10000 个，第二阶段搜索种群 100 个，迭代次数 100 次，通过变换大爆炸算法的计算参数，得到如图 7-14 所示的鲁棒构型图，对应的能量鲁棒性评价指标 I_{R1} 分别为 0.0363mm 和 0.0378mm。

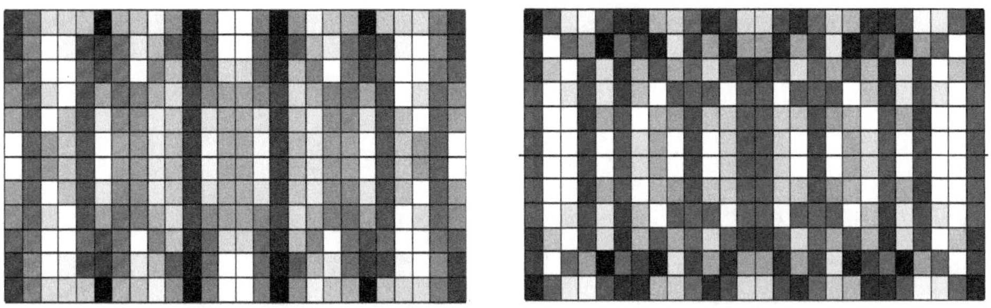

（a）初始种群 2000 个　　（b）初始种群 10000 个

图 7-14　上部柱面网壳在重力荷载下的鲁棒构型图

图 7-14 中给出的两种鲁棒构型图具有一定的规律性，但又不完全相同，原因在于重力荷载是依据单元的材料密度通过加速度施加，故在优化过程中结构的刚度分布和所受的荷载均不停变化，对优化过程的初始状态及迭代过程较为敏感。其中从图 7-14（a）中可以看出在自重荷载下，柱面网壳的鲁棒构型呈现出沿着短跨直线分布的形状，且位置主要出现在支座处。图 7-14（b）中除了在支座位置有沿着短跨的传力路径，还出现了与对边相邻支座间交叉相连的鲁棒构型。

综合上述 3 种荷载工况的鲁棒构型可得知，结构的主要荷载传递路线均沿着结构短跨，且起始点均在支座处，或与对边支座直接相连，或与对边相邻支座交叉相连，且在总荷载大小相同的情况下，如图 7-12 所示线荷载作用下的鲁棒构型对应的结构鲁棒性最好。

3. 张弦梁结构体系的合理性验证

依据本章的布索理论，考虑到实际工程中的张弦梁的主要荷载形式为图 7-11 所示的线荷载，在通过布索方式对柱面网壳进行加强时，需要以图 7-12 中的鲁棒构型为参考，借助 Hough 变换和端点优化完成布索方案设计。结果表明，最恰当的布索方案为将拉索布置在与对边支座直接相连的路径上，端点在支座处，如图 7-15 所示。

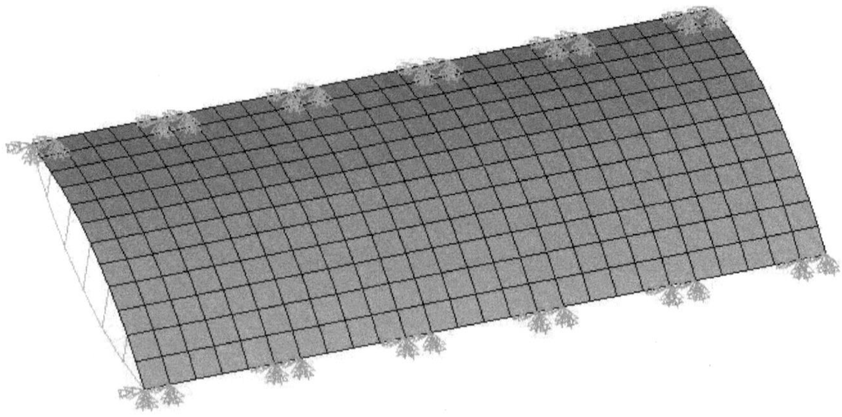

图 7-15　适用于张弦梁的布索方案

图 7-15 所示布索方案，是一种在实际工程中使用最多的张弦梁形式，如呼和浩特东站台雨棚的张弦梁结构[195]，具有良好的鲁棒性。

在其他荷载工况下，结构的鲁棒构型中可能会出现交叉的传力路径，据此设计的布索方案，支承索会产生交叉，此时合理的布索方案即为具有交叉索的张弦梁结构。杭州市萧山供电局电力调度大楼钢雨棚设计方案即为这种特殊形式的张弦体系，设计方案如图 7-16 所示。

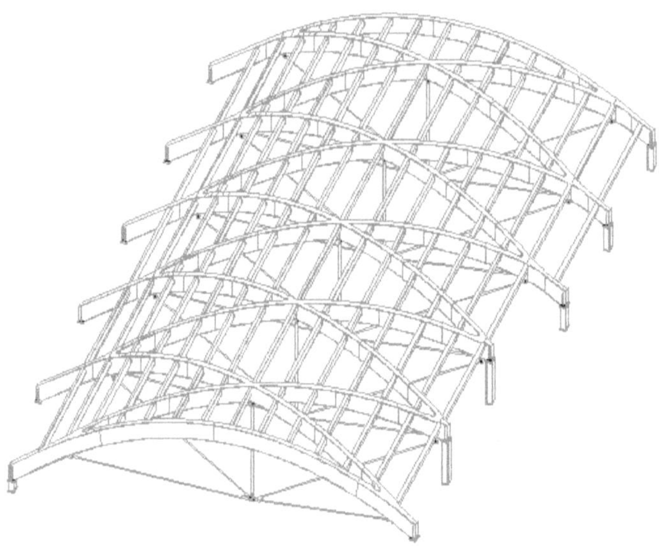

（a）3D 视图

图 7-16　杭州市萧山供电局电力调度大楼钢雨棚设计方案

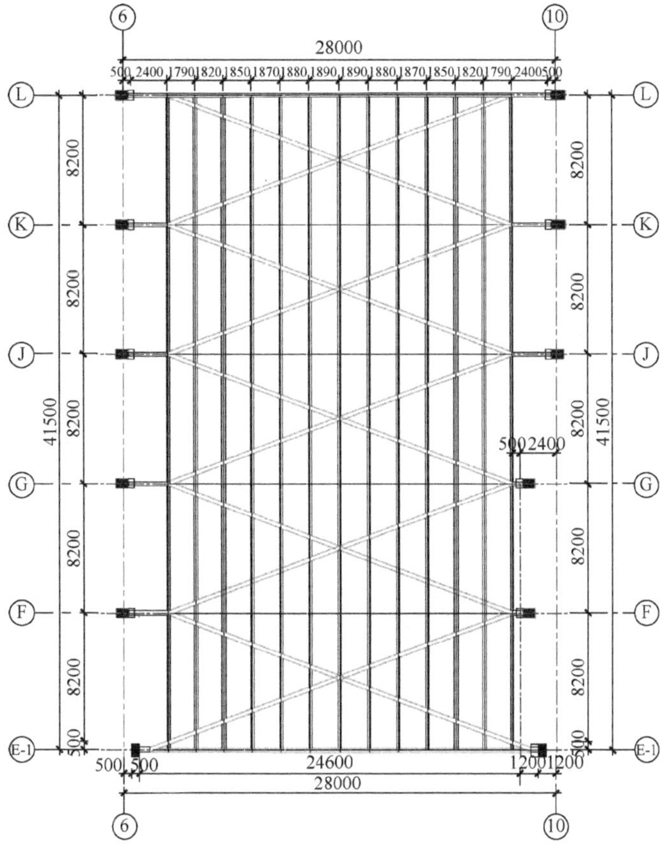

（b）平面布置图

图 7-16（续）

7.4.2　弦支穹顶的合理性验证——弦支球面网壳的布索方案设计

1. 计算模型介绍

为了探索弦支穹顶结构布索方案的合理性，拟对球面网壳进行拓扑优化，进而采用布索理论进行对比分析。设有如图 7-17 所示的弦支球面网壳的上部壳体，壳体的设计域直径 60m，矢跨比 1/8，厚度 0.4m，沿周边的 12 个节点固定约束，材料的弹性模量 E_0=2×10^{11}Pa。在用于拓扑优化的有限元模型中，设计域 D 被离散为 6×30 个单元，考虑到结构和支座的中心对称，球面网壳被分为 6 块对称区域，因此共有 30 个相互独立的单元。这些单元的材料相对密度共同组成优化变量 $\boldsymbol{\rho}$。

对球面网壳进行连续体拓扑优化分析，选取 SIMP 变密度法的惩罚因子 p=3，给定材料体积比限值 f_{r}=0.4，采用改进后的大爆炸算法，对鲁棒性评价指标 I_{R1} 进行最小值优化，同样，初始种群分布采用 $\boldsymbol{\rho}_0$ ~ Beta（0.14,0.35）的贝塔分布。大爆炸算法的初始种群为 5000 个，第二阶段搜索种群为 150 个，迭代次数为 100 次。

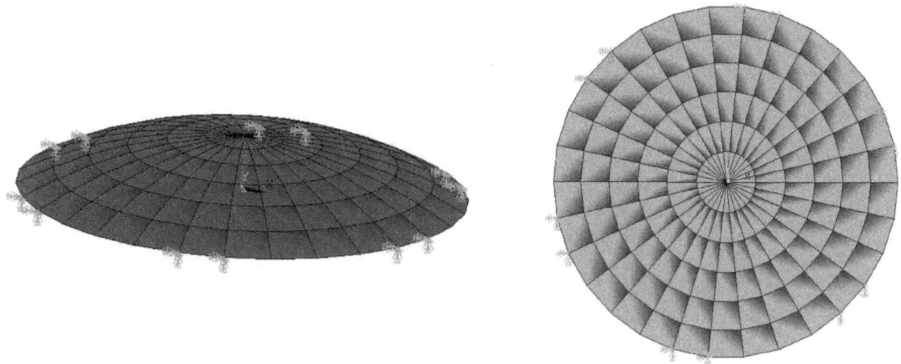

(a) 侧视图　　(b) 平面图

图 7-17　弦支球面网壳的上部壳体示意图

2. 不同荷载工况下的球面网壳鲁棒构型分析

仿照 7.4.1 节中柱面网壳拓扑优化时采用 3 种荷载工况对实际荷载进行合理简化的思路，分别对球面网壳施加径向线荷载、环向线荷载、径向与环向的组合荷载，荷载依照 $1kN/m^2$ 的均布荷载换算求得，即总荷载大小为 2526kN。

（1）当施加在球面网壳上的荷载为图 7-18 中的径向线荷载时，得到如图 7-19 所示的鲁棒构型图，对应的能量鲁棒性评价指标 I_{R1} 为 0.041mm。

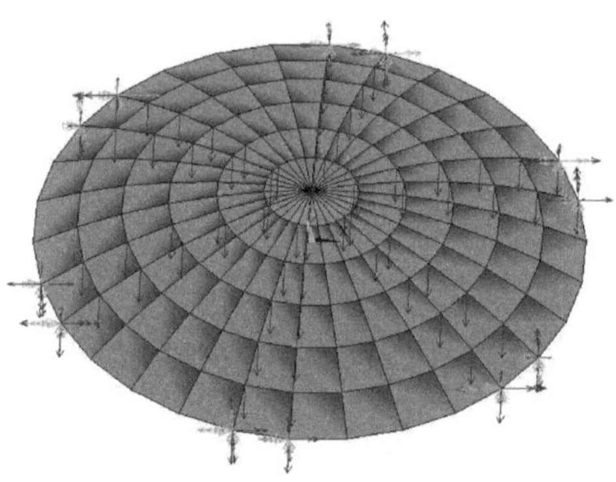

图 7-18　径向线荷载分布图

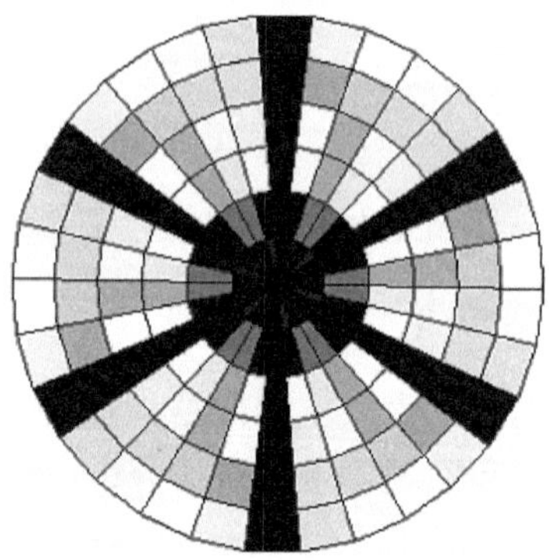

图 7-19　上部球面网壳在径向线荷载作用下的鲁棒构型图

图 7-19 中的拓扑连接关系十分清晰，球面网壳的对称中心处由于结构响应较大出现了高刚度的单元，同时荷载从对称中心沿着径向直接传递到支座处，分布在其他单元的材料忽略不计。

（2）当考虑不同的环向线荷载工况时，将荷载分别施加在结构第 3 圈、第 4

圈、第 5 圈的环向单元上，如图 7-20 所示。进行拓扑优化得到各自的鲁棒构型，如图 7-21 所示。

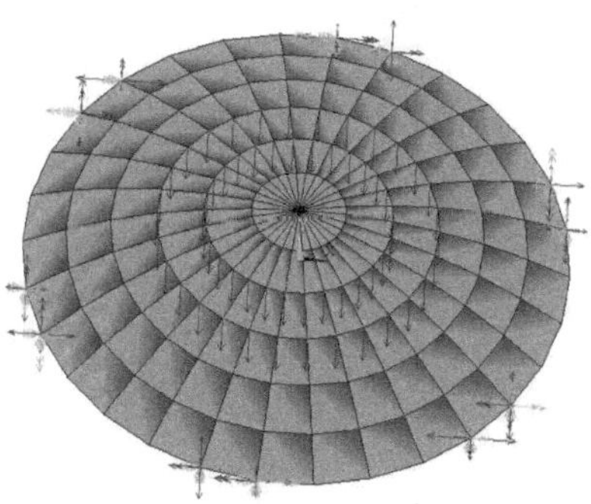

（a）第 3 圈环向荷载

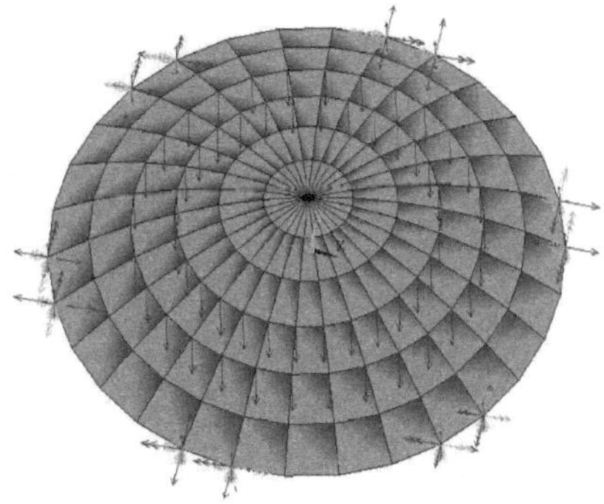

（b）第 4 圈环向荷载

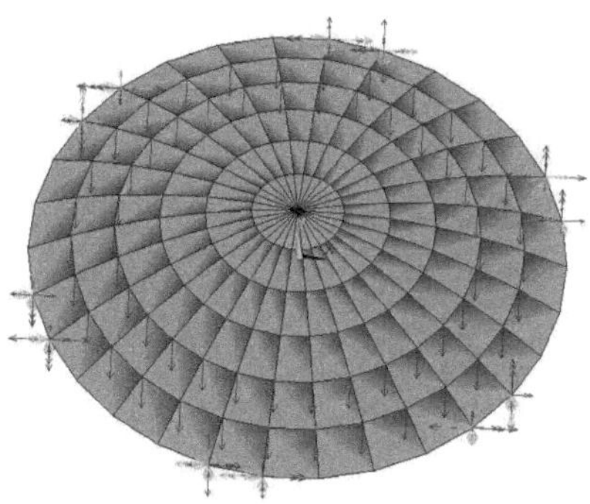

（c）第 5 圈环向荷载

图 7-20　环形荷载分布图

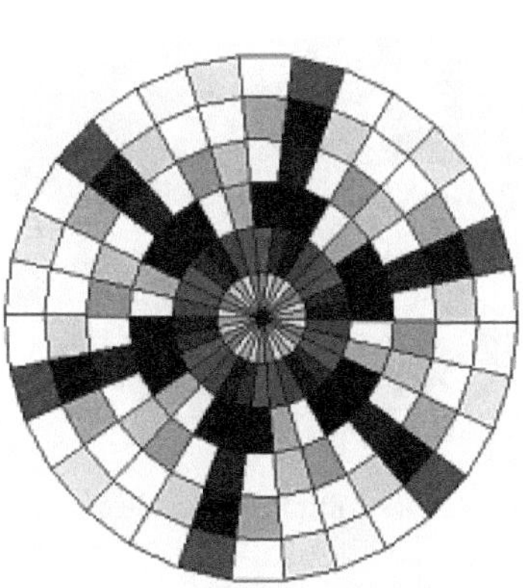

（a）第 3 圈环向荷载作用下

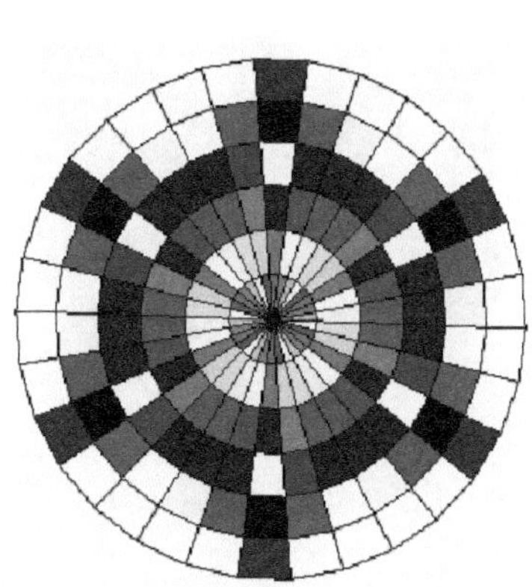

（b）第 4 圈环向荷载作用下

图 7-21　上部球面网壳在环向荷载作用下的鲁棒构型图

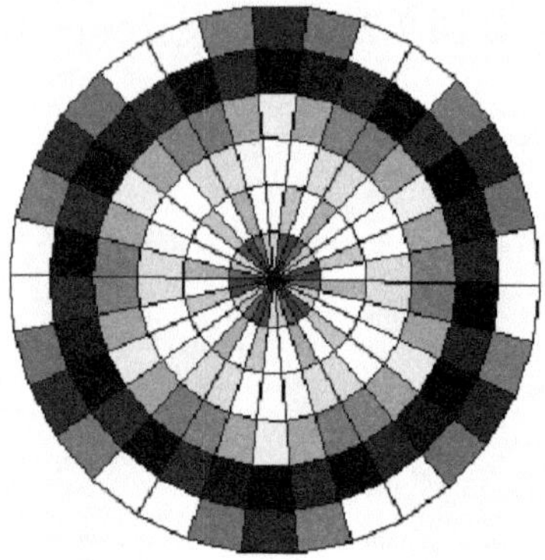

（c）第 5 圈环向荷载作用下

图 7-21（续）

如图 7-21 所示的鲁棒构型图中，球面网壳的材料分布主要沿着环向荷载所在的位置及支座所在的径向荷载传递路径上。环向荷载作用位置越靠近支座，则径向的传递路线在网壳的内圈越不明显。

（3）考虑到直接对不同荷载工况下的鲁棒构型图进行叠加筛选，可能与多种荷载同时作用时获得的鲁棒构型图不相同，对球面网壳同时施加径向荷载与第 5 圈的环向荷载，材料体积比的约束条件限制了结构的总刚度，对连续体拓扑优化的结果产生影响。图 7-22 为上部球面网壳在径向与环向荷载共同作用下的鲁棒构型图。

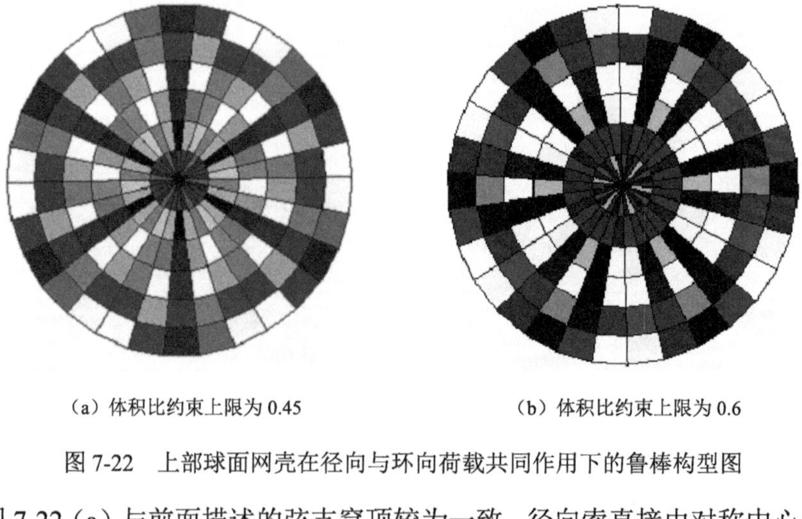

（a）体积比约束上限为 0.45　　（b）体积比约束上限为 0.6

图 7-22　上部球面网壳在径向与环向荷载共同作用下的鲁棒构型图

图 7-22（a）与前面描述的弦支穹顶较为一致，径向索直接由对称中心传递到支座处。图 7-22（b）中当可以分配的材料刚度增加后，径向索的数量增加了一倍，

布置的位置转变为从对称中心沿着两条路径分别传递至支座两边侧，再统一汇集至支座处。

综合上述 3 种荷载工况下的鲁棒构型图，结构的主要传递路线集中在支座或附近的径向路线、荷载较大的环向位置及结构对称中心。

3. 弦支穹顶结构体系的合理性验证

依据布索理论，考虑到实际工程中弦支穹顶的主要荷载工况为径向荷载与环向荷载共同作用，当通过布索方式对球面网壳进行加强时，需要以图 7-22 中的鲁棒构型为参考，借助 Hough 变换和端点优化完成布索方案设计。恰当的布索方案包括在支座处或者支座附近布置多道径向索，在结构中心和外圈分别布置多道环向索，径向索的最优端点在结构边缘，如图 7-23 所示。该布索方案符合弦支穹顶结构的布索规律，其成功应用于济南奥林匹克体育中心主体育馆布索方案中，如图 7-24 所示[196]。

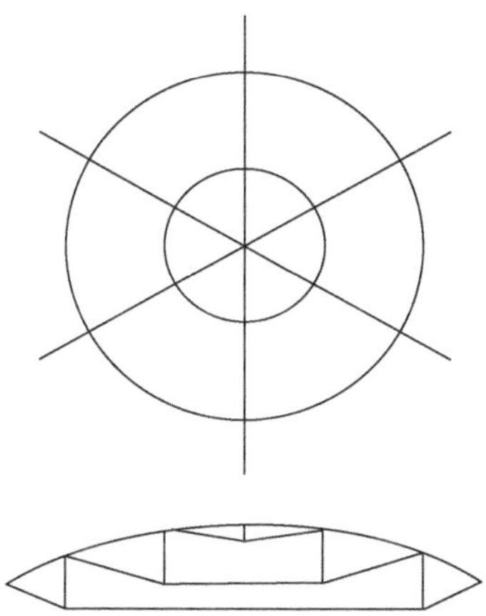

图 7-23　基于鲁棒构型的弦支穹顶布索方案

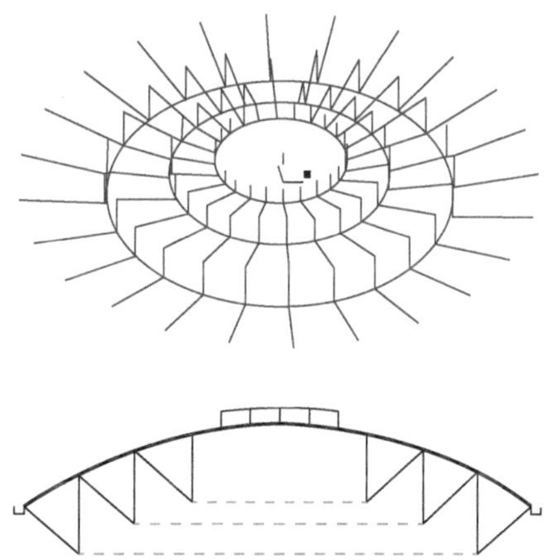

图 7-24　济南奥体中心主体育馆布索方案

7.5　基于概率的弦支网格结构易损性评估及分析

7.5.1　引言

本节从结构易损性的角度，对结构在超越荷载下的性能指标进行分析。

结构地震易损性表示在给定烈度的地震作用下结构发生倒塌失效的概率[197]。近年来，由于暴雪、暴风雨等极端天气频繁出现，使结构实际所承受的荷载有可能超过其对应的设计值，导致结构发生整体或连续倒塌[198]，因此，在超越荷载作用下结构的易损性必须引起重视。Hwang 等[199]对地震作用下钢筋混凝土桥梁和钢-混凝土组合结构易损性进行了研究，并绘制了易损性曲线；吕大刚等[200]采用可靠度的方法对钢框架进行了地震易损性的分析；Park 等[201]采用简化模型对低层的无筋砌体结构进行了地震易损性分析；Ji 等[202]基于推覆分析（push-over）方法对一座 54 层的钢筋混凝土框架核心筒结构进行了地震易损性分析。但是，上述文献对结构破坏状态的定义均采用单一指标来表达，无法适用于其他结构。因此，合理的破坏状态评价指标的确定还需要商榷。

本节以弦支网格结构为研究对象，考虑结构和荷载的随机性，以变形和应力双控准则定义结构的破坏状态，并对破坏状态进行等级划分。首先，基于蒙特卡罗法和拉丁超立方抽样法，研究活荷载的超越幅度与结构失效概率之间的关系，绘制其静力易损性曲线；其次，基于增量动力时程分析方法，研究不同频率和幅值地震作用与结构失效概率之间的关系，绘制地震倒塌易损性曲线。

7.5.2　结构计算模型

本节结构计算模型研究对象为某工业厂房的张弦梁结构屋盖。计算模型如图 7-25 所示，拉索编号为 LS1～LS5。跨度 L=50.0m，矢高 1.5m，索的垂度 3.5m，设置 9 道竖向撑杆，两榀张弦梁结构的间距 8.0m。上弦梁采用 H 型钢，截面尺寸为 H700mm×250mm×20mm×36mm，撑杆采用圆钢管ϕ159mm×8mm，材质 Q345B；下弦拉索采用 2 根ϕ7mm×55mm 预应力钢丝索。

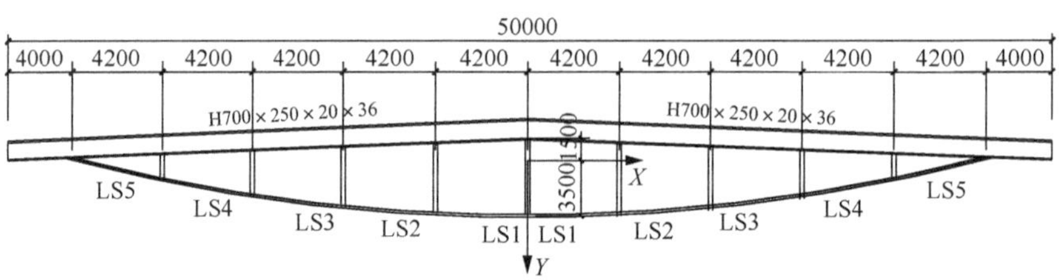

图 7-25　计算模型

随机参数选取。结构的不确定性既与其建筑材料的不确定性有关，也与其构件的加工和安装精度有关。为了保证设计具有一定的可靠度，设计中所用的荷载、材料强度、构件尺寸等参数都满足一定的保证率。模型所用的材料属性和截面尺寸等随机变量的统计参数[203]如表 7-1 所示。其中 f_{yb} 为梁和撑杆的屈服强度，f_{ys} 为拉索的屈服强度，B、H、T_f、和 T_w 分别为梁的宽度、高度、腹板厚度和翼缘厚度，A_s、A_g 分别为拉索和撑杆的横截面面积，β 为拉索 LS1 的预应力水平。结构按照恒荷载 0.45kN/m^2 和活荷载 0.50kN/m^2 进行设计。

表 7-1　随机变量的统计参数

变量	分布类型	均值	变异系数
f_{yb}	对数正态分布	370MPa	0.07
f_{ys}	对数正态分布	1700MPa	0.08
B	正态分布	0.250m	0.02
H	正态分布	0.700m	0.02
T_f	正态分布	0.0196m	0.034
T_w	正态分布	0.0353m	0.034
A_s	对数正态分布	0.0042m^2	0.05
A_g	对数正态分布	0.003792m^2	0.05
β	正态分布	217.27MPa	0.288

7.5.3　静力易损性分析

分析结构的易损性，需要定量的指标来评价结构在超越荷载或地震作用下的破坏状态。利用该指标可对结构的不同破坏状态进行等级划分，而结构破坏状态的定义对最终易损性曲线的形成起着决定性作用。在破坏状态衡量指标方面，不少学者做过相关研究，提出了位移延性比[199]、最大层间转角[200-202]、顶点最大位移和塑性累积耗能[142]等指标，分别适用于不同的结构形式。参考文献[142]、[200]，针对大跨弦支结构，结构在地震作用下的承载力和耗能能力可以通过结构的最大应力和最大位移来反映[204-206]。因此，本节采用结构变形的最大位移和结构中塑性杆件占比的双控准则，定义结构的破坏状态并将地震对结构的破坏状态进行分级。

将超越荷载和地震作用下大跨弦支结构的破坏状态分为 4 个等级：①轻微破坏：结构发生小变形，杆件开始出现超过设计的位移限值，出现塑性杆件，需要进行轻微修复才可使用；②中等破坏：结构发生较大变形，部分杆件超过设计规定的位移限值，进入塑性，已影响正常使用，需要经过较大修复后才可使用；③严重破坏：结构发生严重变形，有明显破坏现象，超过半数杆件进入塑性，修复难度较大；④完全破坏：结构变形过大，大部分杆件进入塑性，即将发生整体倒塌，基本无法修复。由此而定义的结构破坏状态等级如表 7-2 所示，其中 L 表示结构的跨度。

表 7-2　结构破坏状态等级

等级	状态描述	应力和位移双控准则	
		最大位移（D_{max}）	塑性杆件占比（P）
Ⅰ	轻微破坏	$L/400$	0%
Ⅱ	中等破坏	$L/350$	13%
Ⅲ	严重破坏	$L/250$	45%
Ⅳ	完全破坏	$L/100$	100%

设计时考虑恒荷载标准值、活荷载标准值，变异系数均为 0.05。基于蒙特卡罗法和拉丁超立方抽样法，将活荷载的标准值分别调整为 $0.5L,1.0L,1.5L,\cdots,15.0L$ 共 32 组，然后针对每组活荷载分别进行 3000 次抽样模拟计算，这样就形成了 96000 个计算样本。

图 7-26（a）～（c）分别为 50%、100%、150%预应力水平下的该弦支网格结构的静力易损性曲线，从图中可看出，当活荷载较小时，微小的荷载扰动变化就会引起结构失效概率的较大变化。

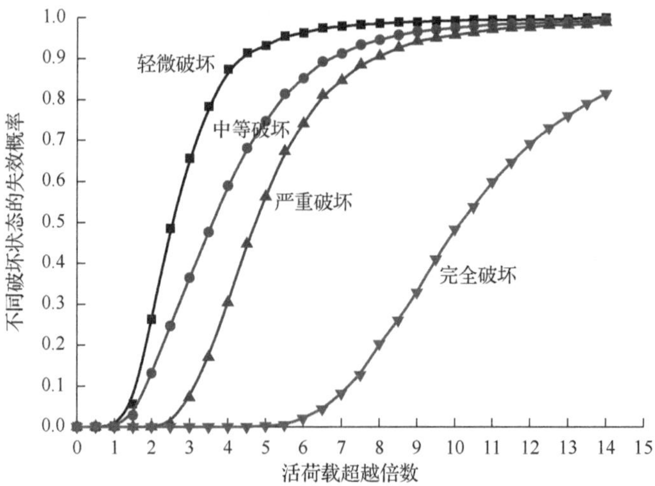

（a）50%预应力水平

图 7-26　不同预应力水平下静力易损性曲线

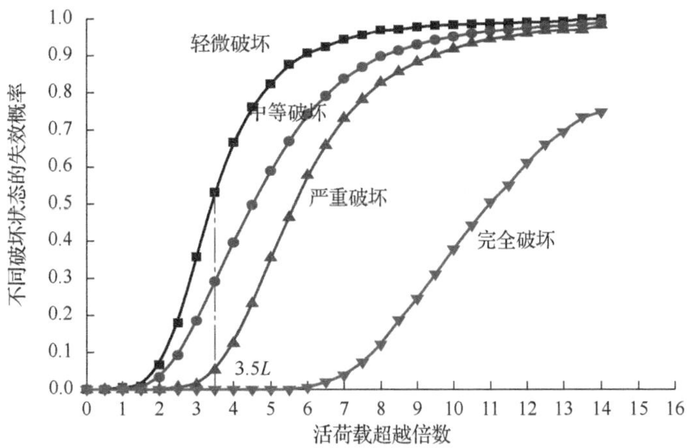

（b）100%预应力水平

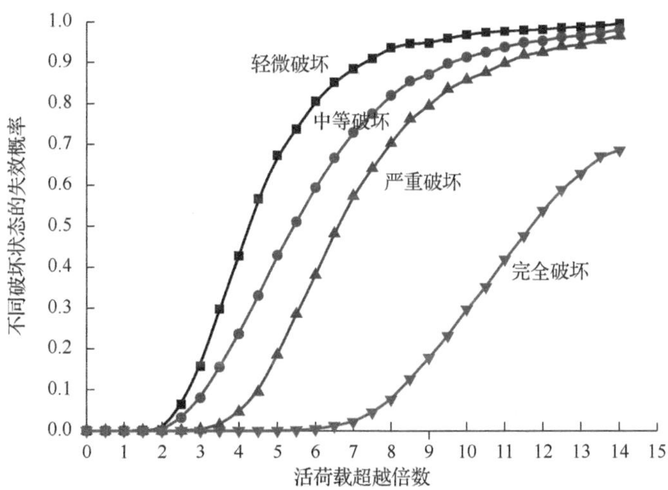

（c）150%预应力水平

图 7-26（续）

图 7-27 为不同预应力水平下 4 种破坏等级的静力易损性曲线，从图中可以看出，随着预应力水平的提高，结构的失效概率有所下降，结构的易损性有所改善。

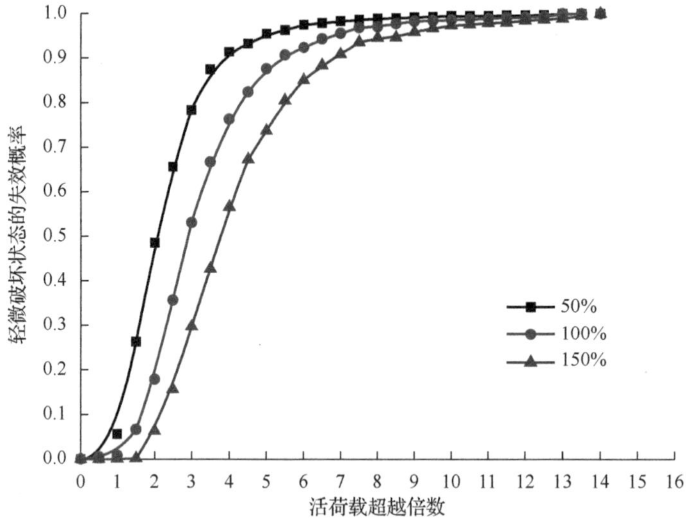

（a）不同预应力水平下轻微破坏易损性曲线

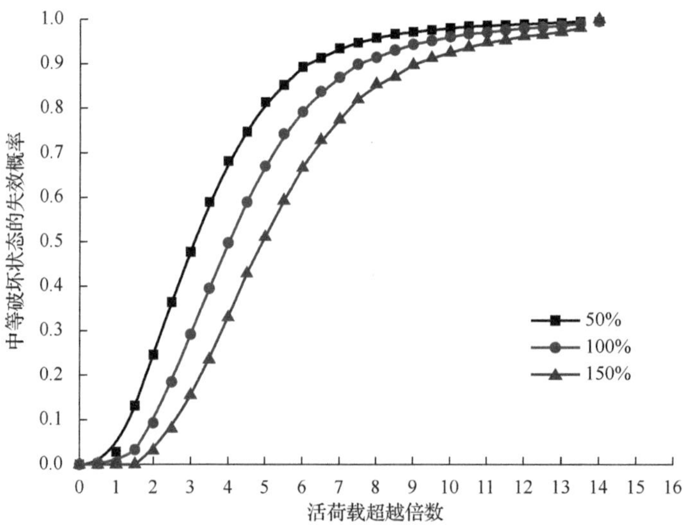

（b）不同预应力水平下中等破坏易损性曲线

图 7-27　不同预应力水平下 4 种破坏等级的静力易损性曲线

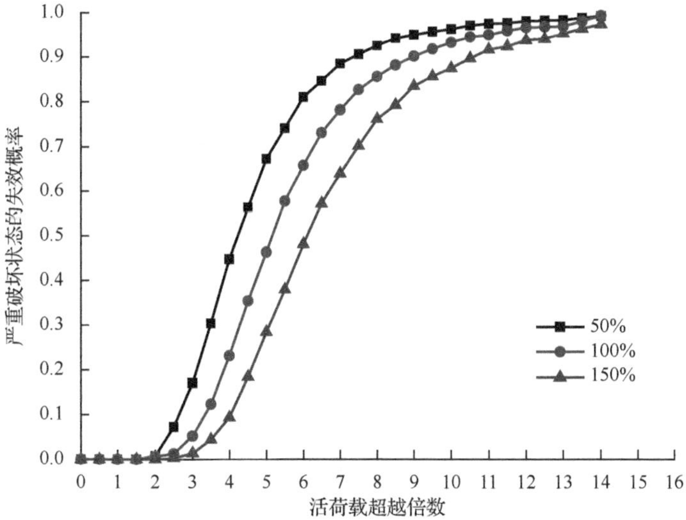

（c）不同预应力水平下严重破坏易损性曲线

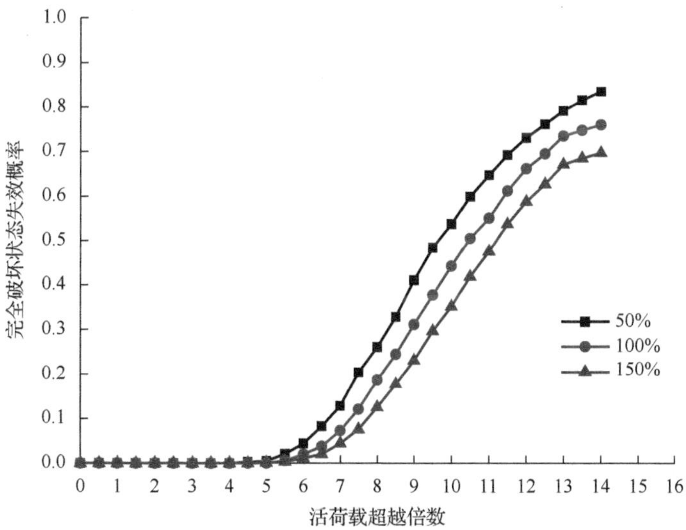

（d）不同预应力水平下完全破坏易损性曲线

图 7-27（续）

基于结构静力易损性曲线，就可以给出该结构在给定荷载幅值下的失效概率（表 7-3），从而为暴雪、暴雨等自然灾害的损失评估和风险预测提供一定的参考依据。

表 7-3　给定荷载幅值下的失效概率

预应力水平	150%				100%				50%			
荷载幅值/（kN/m^2）	轻微	中等	严重	完全	轻微	中等	严重	完全	轻微	中等	严重	完全
0.0	0.000	0.000	0.000	0.000	0.000	0.000	0.000	0.000	0.000	0.000	0.000	0.000
0.5	0.001	0.001	0.000	0.000	0.005	0.003	0.000	0.000	0.000	0.000	0.000	0.000
1.0	0.056	0.028	0.000	0.000	0.009	0.004	0.000	0.000	0.000	0.000	0.000	0.000
1.5	0.263	0.132	0.000	0.000	0.067	0.033	0.000	0.000	0.001	0.001	0.000	0.000
2.0	0.485	0.246	0.008	0.000	0.179	0.093	0.007	0.000	0.064	0.032	0.000	0.000
2.5	0.656	0.364	0.073	0.000	0.357	0.185	0.013	0.000	0.157	0.080	0.003	0.000
3.0	0.783	0.477	0.171	0.000	0.531	0.292	0.052	0.000	0.297	0.155	0.014	0.000
3.5	0.874	0.589	0.304	0.000	0.667	0.396	0.124	0.000	0.427	0.236	0.045	0.000
4.0	0.914	0.681	0.448	0.000	0.763	0.498	0.232	0.000	0.566	0.330	0.094	0.000
4.5	0.932	0.748	0.563	0.002	0.824	0.590	0.355	0.000	0.673	0.429	0.185	0.000
5.0	0.955	0.814	0.673	0.005	0.876	0.670	0.464	0.000	0.737	0.511	0.285	0.001
5.5	0.963	0.853	0.742	0.020	0.907	0.743	0.578	0.006	0.805	0.593	0.381	0.004
6.0	0.975	0.893	0.811	0.044	0.924	0.792	0.659	0.020	0.851	0.667	0.482	0.011
6.5	0.979	0.913	0.847	0.082	0.944	0.838	0.732	0.038	0.884	0.729	0.573	0.021
7.0	0.983	0.935	0.886	0.128	0.956	0.870	0.783	0.073	0.909	0.775	0.641	0.045
7.5	0.986	0.947	0.907	0.204	0.969	0.899	0.828	0.121	0.936	0.820	0.703	0.076
8.0	0.989	0.958	0.927	0.261	0.971	0.914	0.857	0.187	0.946	0.855	0.763	0.126
8.5	0.990	0.967	0.943	0.329	0.978	0.931	0.883	0.245	0.947	0.871	0.794	0.178
9.0	0.992	0.972	0.951	0.411	0.983	0.943	0.903	0.312	0.959	0.898	0.836	0.231
9.5	0.993	0.976	0.958	0.484	0.984	0.952	0.919	0.378	0.968	0.913	0.858	0.297
10.0	0.995	0.980	0.964	0.538	0.986	0.960	0.934	0.443	0.974	0.925	0.876	0.352
10.5	0.995	0.984	0.972	0.599	0.988	0.967	0.946	0.505	0.976	0.937	0.898	0.419
11.0	0.995	0.986	0.976	0.647	0.989	0.970	0.951	0.551	0.979	0.949	0.918	0.476
11.5	0.996	0.987	0.977	0.692	0.991	0.976	0.960	0.612	0.980	0.953	0.925	0.538
12.0	0.996	0.989	0.982	0.731	0.992	0.980	0.967	0.662	0.985	0.962	0.939	0.588
12.5	0.997	0.990	0.983	0.761	0.993	0.981	0.969	0.695	0.987	0.965	0.942	0.627
13.0	1.000	0.992	0.984	0.791	1.000	0.985	0.970	0.735	0.989	0.972	0.954	0.671
13.5	1.000	0.995	0.989	0.815	1.000	0.990	0.982	0.748	0.995	0.980	0.965	0.685
14.0	1.000	0.995	0.993	0.835	1.000	0.995	0.994	0.760	1.000	1.000	0.975	0.697

7.5.4　地震易损性分析

自唐山地震后，建筑抗震设计就提出“小震不坏，中震可修，大震不倒”的“三水准”抗震设防目标，并采用两阶段设计方法，这一理念体现在《建筑抗震设计规范（2016 年版）》（GB 50011—2010）中[107]。2008 年汶川地震和 2011 年日本地震，震中区烈度高达 10～11 度，而实际建筑的设防烈度可能只有 6～9 度，因此建筑结构不仅要满足设防烈度下的抗震要求，还需对其在高烈度下的破坏进行评估和分析。结构在给定烈度的地震作用下发生倒塌的失效概率为

$$P_i = P[D \geqslant d_{si} | S_E] \tag{7.6}$$

式中：P_i 表示结构的失效概率；D 表示结构破坏状态的定量标准；d_{si} 表示衡量某一破坏状态的界限值；S_E 表示某一地震的烈度。选择一组地震动记录，通过概率统计的方法，计算结构在地震动强度连续变化下对应的失效概率，即地震易损性曲线。

地震易损性分析主要步骤如下。

（1）建立能够真实模拟结构地震响应特点的数值模型，确定模型所采用的各项参数。

（2）参考现有的资料或历史记录，选择一组地震动记录，总数为 N，这些记录能较好地反映结构所在场地的地震动特性，且地震记录数量足够多，以反映地震动随机性，并选择合适的地震动强度指标——峰值（地动）加速度（peak ground acceleration，PGA）等来对该组地震动记录进行归一化处理。

（3）在某一地震动强度下，对结构输入上述地震动记录进行弹塑性动力时程分析，得到该地震动强度下发生倒塌的地震动数为 M，由此得到该地震动强度下结构的失效概率为 $P_f=M/N$。

（4）单调增加地震动强度，计算结构在每一地震动强度下对应的失效概率。

（5）以地震强度为随机变量，按照一定的概率模型（正态分布等）进行参数估计，获得在地震动强度连续变化下的失效概率曲线，即结构易损性曲线。

地震易损性分析中的几个重要环节如下。

1. 地震动的选择

对结构进行地震易损性分析，需要采用大量的地震动输入进行动力时程分析。地震波的选择与实际结构所处的场地位置相关，最理想的方法是选择本地区内历史上已有的地震波记录，但是很多地区近几百年都没有发生过地震，因此有完整实际地震波记录的地区非常稀少。针对缺少地震波记录的地区，进行地震易损性

分析，可以采用人工生成地震波或者采用世界其他地区完整的地震波记录。为了选取较完整的地震波记录，参考国外标准，采用美国应用技术委员会（Applied Technology Council，ATC）研究报告 ATC-63 推荐的地震记录数据库，包括远场 22 条地面运动记录和近场 27 条地面运动记录[207]。为研究大跨弦支网格结构在远场强震作用下的易损性，分析采用 ATC-63 报告建议的 22 条远场地震波，另加上目前地震分析常用的 El-Centro 地震动，一共 23 条，列入表 7-4 中。

表 7-4　地震动输入

编号	震级	发生地点	台站名称	方位
1	6.7	美国北岭	Beverly Hills-Mulhol	NORTHR/MUL279
2	6.7	美国北岭	Canyon Country-WLC	NORTHR/LOS270
3	7.1	土耳其杜兹	Bolu	DUZCE/BOL090
4	7.1	美国赫克托矿	Hector	HECTOR/HEC090
5	6.5	美国帝王谷	Delta	IMPVALL/H-DLT352
6	6.5	美国帝王谷	EI Centro Array #11	IMPVALL/H-E11230
7	6.9	日本神户	Nishi-Akashi	KOBE/NIS090
8	6.9	日本神户	Shin-Osaka	KOBE/SHI090
9	7.5	土耳其科贾埃利	Duzce	KOCAELI/DZC270
10	7.5	土耳其科贾埃利	Arcelik	KOCAELI/ARC090
11	7.3	美国兰德斯	Yermo Fire Station	LANDERS/YER360
12	7.3	美国兰德斯	Coolwater	LANDERS/CLW-TR
13	6.9	美国洛马普里塔	Capitola	LOMAP/CAP090
14	6.9	美国洛马普里塔	Gilroy Array #3	LOMAP/GO30090
15	7.4	伊朗曼吉尔	Abbar	MANJIL/ABBAR-T
16	6.5	美国迷信山	EI Centro Imp. Co.	SUPERST/B-ICC090
17	6.5	美国迷信山	Poe Road (temp)	SUPERST/B-POE360
18	7.0	美国门多西诺角	Rio Dell Overpass	CAPEMEND/RIO360
19	7.6	中国集集	CHY101	CHICHI/CHY101-N
20	7.6	中国集集	TCU045	CHICHI/TCU045-N
21	6.6	美国圣费尔南多	LA-Hollywood Stor	SRERNPEL180
22	6.5	意大利弗留利	Tolmezzo	FRIULI/A-TMZ270
23	7.0	美国帝王谷	EI Centro Array #9	IMPVALL/I-ELC180

2. 地震动-结构样本的形成

在选定地震动输入后，还需要对地震动的强度进行量化，因此选择合适的地震动强度指标对结构地震易损性分析至关重要。文献[208]的相关研究表明，以 PGA 为代表的指标对短周期结构的相关程度较高，对中长周期结构的相关程度却较低。大跨弦支网格结构，一般周期较短，因此选择 PGA 作为地震动的强度量化指标。

结构在地震作用下的反应不仅与结构自身的随机性相关，还与地震动的随机性相关。与地震动的随机性相比，结构自身的随机性相对较小，即结构的地震易损性主要取决于地震动的随机性[209]。如果引入结构的自身随机性，会使计算量大大增加，问题变得复杂化。本章在分析地震易损性时暂不考虑结构自身的随机性，主要考虑地震波的形式和峰值。

结构的材料和几何尺寸的分布状况如表 7-1 所示，地震动输入样本如表 7-4 所示，对所选择的 23 条地震波的峰值加速度按照比例调整为 0.2g、0.4g、…、5.8g、6.0g 逐级递增，这样就形成了 460 个地震动-结构计算样本。

3. 结构动力时程分析和倒塌判断准则

由于结构的整体倒塌是一个复杂的非线性动力问题，因此对结构倒塌判断准则的选取是相当困难而且具有很大争议的问题，不同的结构形式往往采用不同的判断准则。例如，结构的层间位移角超过 1/50，最大位移超过最大高度的 1/100 等，作为结构的倒塌判断准则。随着计算机技术的发展，目前已经能较好地模拟结构的动力时程分析的全过程，其中包括材料和几何非线性等。参考杜文风等[142]、范峰等[70]的研究成果，针对弦支网格结构，采用双控准则来判断结构的倒塌，即将结构中全部构件进入塑性或者结构的最大位移超过其跨度的 1/100 作为结构倒塌的判断依据。

对上述 460 个地震动-结构计算样本进行非线性动力时程分析，得到弦支网格结构在不同的峰值加速度（PGA）下对应的结构最大位移值，以 PGA 为横坐标，以全部构件进入塑性或者最大位移 $D_{\max}$ 超过其倒塌限值的失效概率（P_{f}）为纵坐标，列于图 7-28 中，其中每个数据点代表一个地震动-结构样本在某一峰值加速度下对应的结构发生倒塌破坏的失效概率。图 7-28 中的曲线是根据计算数据点进行曲线拟合得到的，为结构的易损性曲线。

图 7-28（a）～（c）分别为 50%、100%、150%预应力水平下的弦支网格结

构倒塌破坏地震易损性曲线。由图可知，随着地震波幅值的逐渐增大，发生倒塌的失效概率也逐渐增大。图 7-28 中通过拟合得到的易损性曲线随着荷载幅值的变大，曲线由陡峭逐渐变得平坦。根据结构的地震易损性曲线，可以给出该结构在给定地震作用下的失效概率，从而为地震灾害的损失评估和风险预测提供一定的参考依据。

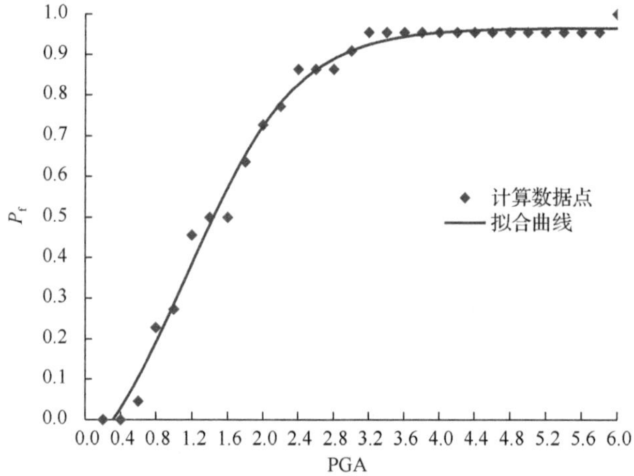

（a）50%预应力水平

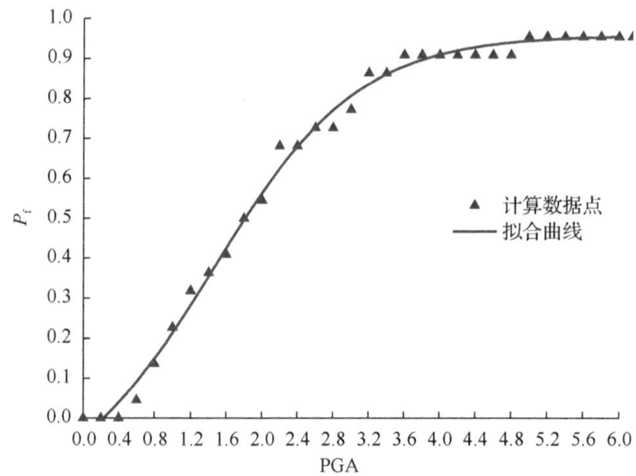

（b）100%预应力水平

图 7-28　不同预应力水平下弦支网格结构倒塌破坏地震易损性曲线

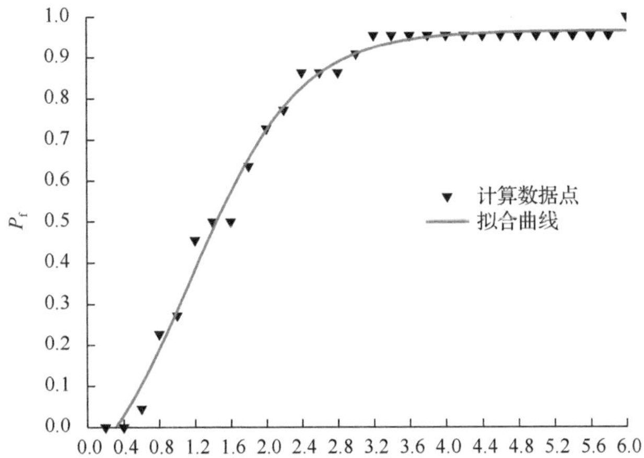

（c）150%预应力水平

图 7-28（续）

7.5.5　不同预应力水平对地震易损性的影响

研究不同预应力水平对其地震易损性的影响，分别建立 3 个模型进行对比研究，其预应力水平分别为 50%、100%、150%。通过计算不同地震波下结构对应的最大位移，计算结构的失效概率再进行曲线拟合，分别画出不同预应力水平下的地震易损性曲线，如图 7-29 所示。

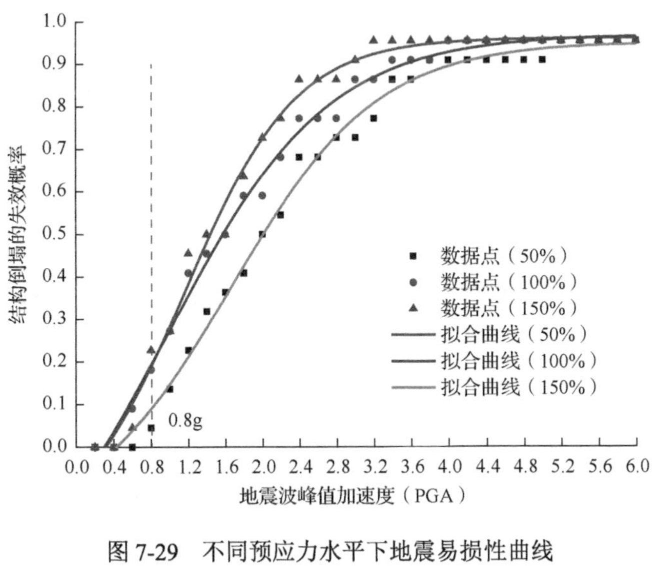

图 7-29　不同预应力水平下地震易损性曲线

从图 7-29 中可以看出，随着地震波峰值加速度逐渐增大，结构的易损性曲线会逐渐变得平坦，且预应力水平对结构地震易损性具有很大的影响。随着预应力的提高，结构的易损性会有所降低。从曲线上可知，当 PGA 为 0.8g、预应力水平为 50%时，结构倒塌的失效概率大约为 22.5%；预应力水平为 100%时，结构倒塌的失效概率大约为 18.5%；预应力水平为 150%时，结构倒塌的失效概率大约为 8.0%。可见，随着预应力水平提高，结构发生倒塌的失效概率会有所降低，结构的抗震性能变好。

7.6　小　结

对弦支网格结构，本章基于鲁棒构型和 Hough 变换的布索理论，提出合理的布索方案。通过对弦支双曲球壳、弦支心形网壳的布索，以及与直观布索方案的对比，证明了本书介绍的布索方案具有更好的力学性能，可为实际工程应用提供参考。同时，将该方法应用到弦支柱面网壳和弦支球面网壳的布索中，获得多工况荷载下的鲁棒构型，依此进行布索，通过该结果解释张弦梁与弦支穹顶布索方案的合理性。分析弦支结构的静力易损性和动力易损性，具体可得如下结论。

（1）布索理论思路。基于鲁棒设计得出结构上部网壳的鲁棒性构型，通过 Hough 变换进行布索曲线提取，运用改进后的大爆炸算法优化端点位置，最终为弦支网格结构优化出合理的布索方案。该方法适用性强，可以为不能直观判断传力路径的双曲球壳提供布索方案，预应力索条数与端点范围均可人为限定。

（2）通过弦支双曲球壳、弦支心形网壳布索设计的数据对比，说明通过 Hough 变换求得的布索方案，与直观的布索方案相比，具有更好的力学性能，可有效降低结构的鲁棒性评价指标和最大竖向位移；算例也进一步验证，将预应力索作为上部网格结构传力路径处的加强构件，是布索理论的核心思想，也是使下部弦支体系得到最有效应用的途径。

（3）通过对弦支柱面网壳和弦支球面网壳的布索，得出了与张弦梁与弦支穹顶相吻合的布索方案，验证了该布索方案的合理性。

（4）对超越静荷载下弦支网格结构的静力易损性进行分析，同时考虑结构本身的随机性和荷载随机性，进行静力易损性分析，绘制静力易损性曲线，通过易损性曲线可以预测结构在不同幅值荷载条件下，发生轻微破坏、中等破坏、严重破坏和完全破坏的失效概率，为结构在超越荷载下灾害损失的预估提供了一定参考依据。

（5）针对弦支网格结构，本章考虑地震波的随机性，基于动力时程分析法，进行地震易损性分析，绘制了地震易损性曲线。基于该类结构的地震易损性曲线，给出该类结构在给定地震作用下结构的失效概率，从而为地震灾害的损失评估和风险预测提供一定的参考依据。根据一个地区某类结构的地震易损性曲线，可以形成该区域系统的地震易损性矩阵，从而应用于该地区的防灾减灾规划。

（6）考虑不同的预应力水平对弦支网格结构地震易损性的影响。研究表明，不同预应力水平对弦支网格结构的地震易损性有较大影响，随着预应力的提高，该类结构的地震易损性会有所改善。

第 8 章 基于鲁棒性的网格结构全寿命周期造价分析

8.1 引 言

结构设计不仅需要考虑结构的安全性，同时还必须兼顾结构的经济性。优秀的结构设计往往都能做到安全性与经济性的恰当平衡。一个好的设计思想，在注重结构的安全性、保证人员安全的同时，还必须将结构因失效引起的损失降至最低。结构在正常使用过程中，自然灾害不可避免，由此所造成的破坏也不容忽视。虽然在结构的整个寿命周期中，严重的自然灾害仅仅是偶然荷载，有时甚至可能不会发生，但是一旦发生，其造成的损失往往相当巨大，因此这部分风险损失也必须考虑在内。但是如果仅仅关注意外状况下的荷载而过高地提高结构设计标准，则必然导致结构建造费用的提升，这也是一种浪费行为。合理的设计不仅需要考虑结构的初始投资，还必须兼顾结构的运维费用及未来风险损失，这就是结构在整个寿命周期的总费用，即全寿命周期造价[210]。

本章基于结构 H_∞鲁棒性理论，引入独立分布中心极限定理及结构全寿命周期概念，给出基于结构非线性鲁棒性的全寿命周期造价算法，进而以全寿命周期造价为评价标准，分析结构全寿命周期造价的变化特性。通过对多个网壳结构的实例计算，得到不同结构的合理造价组成及网壳结构形式。

8.2 基于输入干扰正态分布的非线性结构系统鲁棒性

对于输入干扰 $w(t)$，它是由大量的相互独立的随机因素所形成的综合作用，而每一独立因素在总的作用中所占的份额都是微小的，这种随机变量往往近似地服从正态分布。引入概率学中的中心极限定理[211]，即设随机变量 $x_1, x_2, \cdots, x_n$ 相互独立，服从同一分布，其数学期望 $E(x_k)$ 和方差 $D(x_k)$ 分别为

$$E(x_k)=\mu,\quad D(x_k)=\sigma^2>0\quad (k=1,2,\cdots) \tag{8.1}$$

式中：μ 为均值；σ 为标准差。

随机变量之和 $\sum_{k=1}^{n} x_k$ 的标准化变量为

$$Y_n = \frac{\sum_{k=1}^{n} x_k - E\left(\sum_{k=1}^{n} x_k\right)}{\sqrt{D\left(\sum_{k=1}^{n} x_k\right)}} = \frac{\sum_{k=1}^{n} x_k - n\mu}{\sqrt{n}\sigma} \tag{8.2}$$

分布函数 $F_n(x)$ 对于任意 x，满足

$$\lim_{n\to\infty} F_n(x) = \lim_{n\to\infty} P\left\{\frac{\sum_{k=1}^{n} x_k - n\mu}{\sqrt{n}\sigma} \leqslant x\right\} = \int_{-\infty}^{x} \frac{1}{\sqrt{2\pi}} \mathrm{e}^{-t^2/2} \mathrm{d}t = \varPhi(x) \tag{8.3}$$

式中：Y_n 为标准化变量；n 为随机变量数；P 为外力；$\varPhi(x)$ 为正态分布函数。

输入干扰 $w(t)$可视为一正态分布函数，而对于正态分布函数有“3σ”法则：在区间（$\mu-3\sigma,\mu+3\sigma$）内，干扰发生概率达 99.74%。

因此，尽管正态变量的取值范围是（$-\infty,+\infty$），但考虑在（$\mu-3\sigma,\mu+3\sigma$）区间内的干扰荷载即可满足工程要求。

基于上述理论，非线性结构系统的鲁棒性计算可分为以下步骤。

（1）结构在一定外力 P 作用下，输入干扰 $w(t)$为一均值，即 $\mu=0$，标准差 σ 为正态分布函数，这里 σ 取 0.005。

（2）计算结构 $w(t)=0$ 时，在外力 P 下的各节点位移输出向量 $y(t)$。

（3）把区间（$-3\sigma,+3\sigma$）分成 n 段，则在第 k 个区间$\left(-3\sigma+\frac{6\sigma(k-1)}{n},\ -3\sigma+\frac{6\sigma k}{n}\right)$内，外力和干扰的合力为 $P-3\sigma+\frac{3\sigma(2k-1)}{n}$，计算该区间的分布函数 $F(x)=P\left(-3\sigma+\frac{6\sigma(k-1)}{n}<x<-3\sigma+\frac{6\sigma k}{n}\right)$，将 $F(x)$ 作为该第 k 区间的权重系数 W_k，其中 k=1,2,$\cdots$,n，这里 n 取 100。

（4）计算结构在合力 $P-3\sigma+\frac{3\sigma(2k-1)}{n}$ 作用下各节点位移输出向量 $y_k(t)$，则在第 k 个区间内，因干扰 $w(t)$引起的位移输出向量 $\Delta y_k(t)=y_k(t)-y(t)$。

（5）根据式（3.6）计算第 k 区间内的鲁棒性评价指标 I_{R}^k，则该外力 P 作用下结构的鲁棒性评价指标 $I_{\mathrm{R2}}=\sum_{k=0}^{n} W_k I_{\mathrm{R}}^k$。

（6）取不同的外荷载 P，可分别得出对应的结构鲁棒性评价指标 I_{R2}，从而可获得结构的 I_{R2}-P 曲线。

8.3 基于鲁棒性的全寿命周期造价计算

本节基于文献[160]计算方式加以改善，提出基于鲁棒性的全寿命周期造价计算理论，以此研究结构全寿命周期与鲁棒性之间的变化规律。

8.3.1 全寿命周期造价基础理论

按照投资-效益准则进行空间网壳结构的优化设计，全寿命周期造价主要包括结构的初始造价、维护费用及失效损失三部分，即有

$$C_{tot} = C_b + C_m + C_f \tag{8.4}$$

式中：C_{tot} 为结构全寿命周期总费用；C_b 为结构的初始造价；C_m 为结构的维护费用；C_f 为结构失效损失，一般可分为直接失效损失 C_d 和间接失效损失 C_i。

结构初始造价 C_b 主要包含建筑材料、施工、设备、装修等费用。如果结构的设计方案已经确定，则其初始造价即可根据已知设计方案进行计算：

$$C_b = \gamma\left[k_1\sum_{i=1}^{m}Q_i + k_2\sum_{j=1}^{n}Q_j\right] + C_3 \tag{8.5}$$

式中：Q_i 为第 i 根杆件的用钢量；Q_j 为第 j 个节点的用钢量；k_1 为钢材的单位造价；k_2 为节点的单位造价；C_3 为水电暖通、装饰装修等附属费用，这里暂不予考虑此部分费用，C_3 取值为 0；γ 为网壳结构其他费用的修正系数，其取值范围可为 2～2.5，这里 γ 取 2.2。

结构维护费用 C_m 是由于结构在其全寿命周期内，受到各种荷载的综合作用，其自身难免出现损伤，且随着损伤的逐渐累积，结构的强度和刚度均会相应减弱，因此须定期对结构进行检查，并针对结构现状采取合理措施进行修缮和维护，由此产生费用。

结构维护费用 C_m 按下式计算：

$$C_m = \frac{C_{mn}}{2T_0}\left(T - T_1\right) + C_k T \tag{8.6}$$

式中：T 为结构的寿命周期；T_0 为结构维修间隔年限；T_1 为结构初始无须进行大型维护的年限；C_k 为平均每年检查费用；C_{mn} 为结构大修的费用。取结构设计寿命周期为 50a，即 $T = 50$；结构前 15a 无须进行大型维护，即 $T_1 = 15$；而后结构每

隔 15a 进行一次大型维护，即 $T_0=15$；结构的平均年检查费用与大修费用及结构初始造价相关，有 $C_k=0.0005C_b$， $C_{mn}=0.2C_b$。

失效损失费用 C_f 的计算则较为复杂，它所涉及的不仅仅是工程领域，还有由此引发的社会、经济、政治等多方面的影响。因此，结构的失效损失一般分为直接失效损失 C_d 和间接失效损失 C_i。直接失效损失对应结构失效直接造成的维修费用；间接失效损失则包括人员伤亡损失及因结构失效而造成的社会、经济、政治等方面的损失。

将结构破坏等级划分为基本完好、轻微破坏、中等破坏、严重破坏和完全破坏 5 个等级，如表 8-1 所示[49]。

表 8-1　结构的破坏等级划分

破坏等级	最大位移跨度比 U_{max}/L	直接失效损失基准值 C_d/C_b	间接失效损失基准值 C_i/C_b
基本完好	0～1/1500	0.02	0
轻微破坏	1/1500～1/400	0.10	1
中等破坏	1/400～1/100	0.30	4
严重破坏	1/100～1/50	0.70	20
完全破坏	>1/50	1.00	50

8.3.2　基于鲁棒性的全寿命周期造价计算

根据 8.2 节获得的结构鲁棒性荷载 I_R-P 曲线及结构位移–荷载（U-P）曲线，可以得到对应的结构鲁棒性评价指标–位移 I_R-U 曲线，利用表 8-1 即可得到各结构破坏等级对应的鲁棒性评价指标 I_R。

在此引入基于模糊理论的隶属度函数，其表征各个破坏等级之间的过渡。针对不同的结构特点，可以选取不同的隶属度函数，一般可选幂函数、三角函数、指数函数等，本书基于文献[55]选用指数为 1.0 的幂函数。

幂函数表达式如下：

$$\begin{cases}\mu_i(x)=\begin{cases}1-\left(\dfrac{x-a_i}{a_{i+1}-a_i}\right)^{\alpha} & a_i<x\leqslant a_{i+1}\\ 0 & x>a_{i+1}\end{cases}\\ \mu_{i+1}(x)=\begin{cases}\left(\dfrac{x-a_i}{a_{i+1}-a_i}\right)^{\alpha} & a_i<x\leqslant a_{i+1}\\ 0 & x<a_i\end{cases}\end{cases}\tag{8.7}$$

当$\alpha=1$时，此时为线性隶属度函数。根据表 8-1 确定结构的破坏等级，并以各结构破坏等级对应的鲁棒性评价指标为基础，根据结构当前鲁棒性评价指标进行隶属度计算，确定结构的直接失效损失基准值C_d/C_b及间接失效损失基准值C_i/C_b，而后进一步得出结构的直接失效损失C_d和间接失效损失C_i。

根据最大位移跨度比U_{max}/L判定，当结构为轻微破坏时，由结构当前鲁棒性评价指标I_{R2}，并结合已获得的结构轻微破坏及中等破坏时对应的鲁棒性评价指标$I_{R①}$、$I_{R②}$，对应的直接失效损失基准值$\frac{C_{d1}}{C_b}$、$\frac{C_{d2}}{C_b}$，鲁棒性评价指标的隶属度A为

$$A=\frac{I_{R2}-I_{R①}}{I_{R②}-I_{R①}} \tag{8.8}$$

$$\frac{C_d}{C_b}=A\frac{C_{d1}}{C_b}+(1-A)\frac{C_{d2}}{C_b} \tag{8.9}$$

以此可计算结构直接失效损失C_d，同理可计算其间接失效损失C_i。

总结上述过程，基于鲁棒性的全寿命周期造价计算流程如图 8-1 所示。

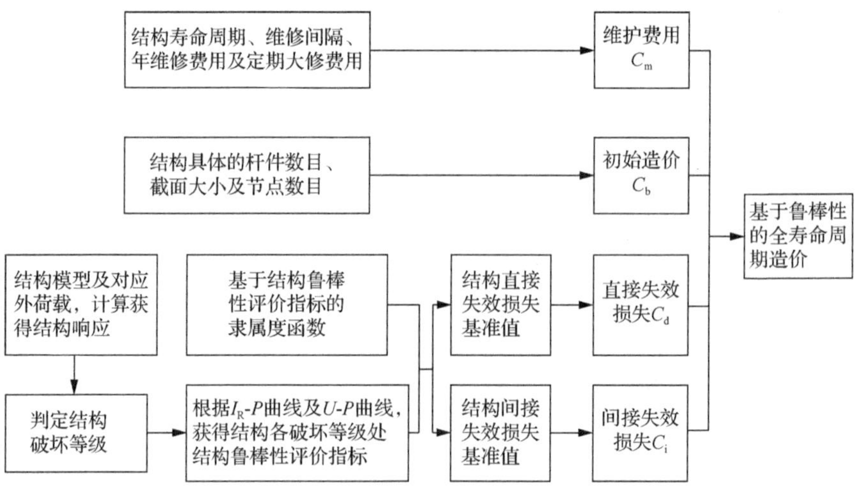

图 8-1　基于鲁棒性的全寿命周期造价计算流程

8.4　结构鲁棒性与全寿命周期造价实例分析

本节以上述结构非线性鲁棒性计算及基于鲁棒性的结构全寿命周期造价为理论基础，对网壳结构进行实例分析。

8.4.1　结构鲁棒性与全寿命周期造价

以凯威特型单层球面网壳为例，设结构跨度 30m，矢高 6.8m，周边固支，材料为 Q235B 钢材，弹性模量 $E = 206\text{kN/mm}^2$，泊松比 0.3，采用双线性等向强化理想弹塑性材料，设计值 215MPa，屈服段弹性模量 2.884kN/mm^2，分别选用 $\phi 114\text{mm} \times 4\text{mm}$、$\phi 140\text{mm} \times 4\text{mm}$、$\phi 159\text{mm} \times 6\text{mm}$ 等 3 种钢管截面，形成 3 个对应的结构。

取干扰荷载标准差 $\sigma = 0.005$ 的正态分布，基于 8.3 节非线性结构系统鲁棒性的全寿命周期造价计算步骤，可得 3 种截面杆件下结构的鲁棒性评价指标与荷载关系曲线，如图 8-2 所示。

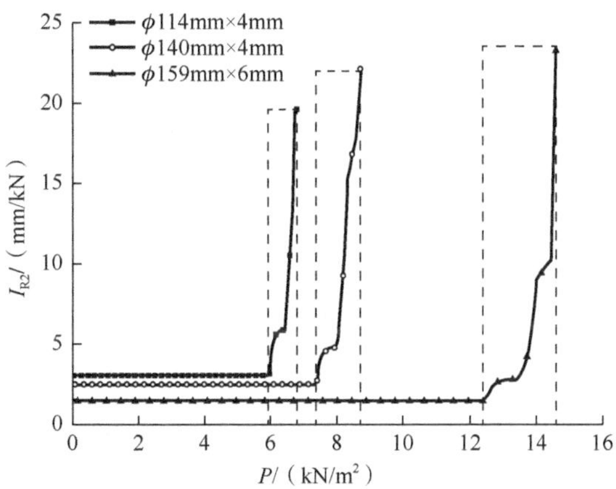

图 8-2　不同截面杆件下结构鲁棒性评价指标与荷载关系

由图 8-2 的 I_{R2}-P 曲线得知，可将结构鲁棒性变化分为 3 个阶段，即线性阶段、平稳上升阶段及突变阶段。其中，线性阶段的鲁棒性评价指标为常数，该结论与文献[108]中结构线性阶段鲁棒性评价指标为定值的结论相一致，且杆件截面越大，其线性阶段鲁棒性评价指标越小。当结构进入非线性阶段时，各结构鲁棒性将进入较短的上升阶段，然后发生较大突变。从非线性到结构倒塌过程，结构配置的杆件截面越大，这一过程的跨度也越大。

以 $K_{8,6}$、$K_{6,6}$、$K_{4,6}$ 三种凯威特型单层球面网壳为例，几何参数同上一算例，选用相同杆件截面 $\phi 140\text{mm} \times 4\text{mm}$，可计算结构在各自外荷载下的全寿命周期曲线。结构鲁棒性评价指标与总造价之间的关系如图 8-3 所示。

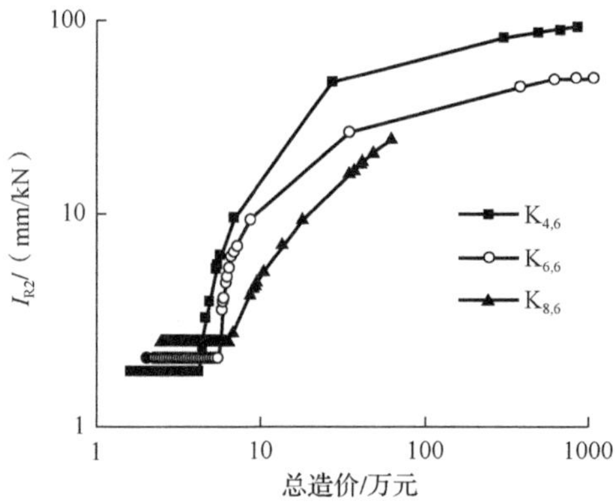

图 8-3　随荷载增大的结构鲁棒性与全寿命周期造价关系

由图 8-3 可知，在初始阶段，随着外荷载的增加，结构变形增大，可能产生失效损失 C_f。在这一阶段是否产生失效损失，取决于结构的本身及结构破坏等级划分。当结构处于线性阶段时，如结构变形造成直接失效损失，鲁棒性评价指标与总造价关系曲线为水平线；如结构变形未造成直接失效损失，此时，鲁棒性评价指标与总造价关系曲线上表现为一点，其值为定值。

随着荷载的增大，结构进入非线性阶段，鲁棒性评价指标逐步增大，结构失效损失也所有增加，但结构整体变形及失效程度变化不大，对应图 8-3 中水平线后的急剧上升段；而随着荷载进一步增大，结构进入非线性突变阶段，鲁棒性评价指标迅速增大，整体变形及失效程度趋于严重，此时，结构失效损失引起的总造价增加远超过对应的鲁棒性评价指标增加速度，对应图 8-3 中曲线平缓阶段。

8.4.2　全寿命周期造价的合理构成

本节选取凯威特型单层网壳、施威德勒型单层网壳及联方型单层网壳进行研究，计算在不同荷载、不同矢跨比时，结构全寿命周期造价的构成状况，并对其进行综合比较。

全寿命周期造价 C_{tot} 由初始造价 C_b、维护费用 C_m 及失效损失 C_f 三部分组成。对于全寿命周期造价的合理构成，以初始造价占比 C_b/C_{tot} 对造价构成进行描述。按前述假定，则维护费用 C_m 与初始造价 C_b 存在比例关系，即 C_m=0.258C_b，那么 C_b/C_{tot} 可以间接反映出全寿命周期造价 C_{tot} 的构成状况。对于以下分析，当结构全寿命周期造价 C_{tot} 取值最小时，此时的初始造价占比 C_b/C_{tot} 即为网壳结构造价的最合理构成。

1. 不同荷载下的网壳结构全寿命周期造价的合理构成

1）凯威特型单层网壳

以凯威特型单层球面网壳 $K_{8,6}$ 为例，选取结构跨度 30m，矢跨比 1/5，分别在 $1kN/m^2$、$3kN/m^2$ 及 $5kN/m^2$ 的均布荷载 P 作用下，配置 $500mm^2$、$1000mm^2$、$1250mm^2$、$1370mm^2$、$1500mm^2$、$1630mm^2$、$1750mm^2$、$2000mm^2$、$2500mm^2$ 及 $3000mm^2$ 等 10 种杆件截面积，分析结构总造价合理构成。

基于表 8-2 数据，以初始造价 C_b 与全寿命周期造价 C_{tot} 之比 C_b/C_{tot} 为横坐标，以 C_{tot} 为纵坐标，得到不同外荷载下网壳初始造价占比与全寿命周期总造价关系，如图 8-4 所示。

表 8-2　凯威特型单层网壳在不同荷载下的初始造价及全寿命周期造价表

截面积/mm^2	P=1kN/m²			P=3kN/m²			P=5kN/m²		
	C_b/万元	C_{tot}/万元	C_b/C_{tot}	C_b/万元	C_{tot}/万元	C_b/C_{tot}	C_b/万元	C_{tot}/万元	C_b/C_{tot}
500	8.86	16.71	0.530	8.86	82.82	0.107	8.86	162.82	0.054
1000	13.02	19.23	0.677	13.02	33.00	0.395	13.02	132.82	0.098
1250	15.10	21.46	0.704	15.10	31.92	0.473	15.10	107.63	0.140
1370	16.10	22.59	0.712	16.10	32.02	0.503	16.10	51.13	0.315
1500	17.18	23.85	0.720	17.18	32.39	0.530	17.18	48.30	0.356
1630	18.26	25.14	0.726	18.26	32.96	0.554	18.26	47.25	0.386
1750	19.26	26.34	0.731	19.26	33.61	0.573	19.26	46.70	0.412
2000	21.34	28.87	0.739	21.34	35.27	0.605	21.34	46.46	0.459
2500	25.49	34.03	0.749	25.49	39.28	0.649	25.49	48.06	0.530
3000	29.65	39.25	0.756	29.65	43.78	0.677	29.65	51.12	0.580

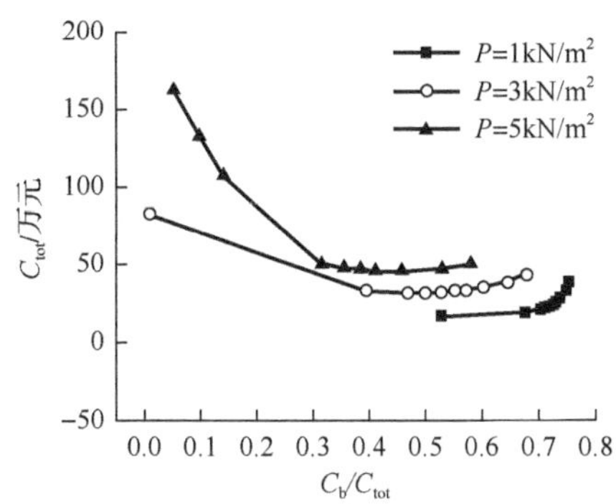

图 8-4　不同外荷载下同一凯威特型单层网壳初始造价占比与全寿命周期总造价关系

由表 8-2 可知，在同一矢跨比、不同外荷载作用下，相同杆件截面的凯威特单层网壳结构，虽然其初始造价 C_b 相同，但其全寿命周期造价 C_{tot} 是不相同的。这是由于初始造价只与网壳的初始构型相关，对于同一构型的网壳，其值必然是相同的，而全寿命周期造价还与结构的失效损失相关。由于同一网壳构型在不同外荷载作用下破坏程度不尽相同，其对应的失效损失也不同，因此，其全寿命周期造价也不同。

由图 8-4 可知，当结构初始造价 C_b 足够大时，在相应的外荷载作用下结构未产生破坏，则没有相应的失效损失产生，此时结构的全寿命周期造价由初始造价 C_b 和维护费用 C_m 组成，根据 8.3.2 节所述，可计算得到 C_b/C_{tot} 值最大为 79.5%。但是，在 C_b/C_{tot} 达到最大值时，其全寿命周期造价 C_{tot} 并非最小，因此过于保守地追求安全性的结构设计，其经济性能从全寿命周期角度考虑并非最优，而是存在浪费。当初始造价 C_b 太小时，C_b/C_{tot} 值也非常小甚至小于 10%，此时全寿命周期造价 C_{tot} 并非最小，这是由于失效损失占据了全寿命周期造价的大部分比重，此设计既不安全也不经济。

在图 8-4 中，同一荷载及矢跨比下，随着网壳结构的截面增大，其全寿命周期造价 C_{tot} 先逐步减小再逐步增加，在结构非线性阶段，其全寿命周期造价 C_{tot} 存在极小值。当外荷载 P=1kN/m^2 时，对截面积为 250mm^2 的模型进行补充计算，其初始造价 C_b 为 6.78 万元，全寿命周期造价为 22.74 万元，初始造价 C_b 与全寿命周期造价 C_{tot} 之比 C_b/C_{tot} 为 0.298，也与上述规律相符。

当鲁棒性指标处于非线性平稳上升阶段，存在一定的 C_b/C_{tot} 值，使全寿命周期造价 C_{tot} 取极小值。在均布外荷载 1kN/m^2、3kN/m^2 及 5kN/m^2 作用下，矢跨比为 1/5 的凯威特型结构当 C_b/C_{tot} 分别为 53.0%、47.3%及 45.9%时单层网壳全寿命周期造价取极小值。此时，基于曲线拟合可获得 3 种矢跨比对应的杆件截面积分别为 685mm^2、1280mm^2 及 1962mm^2。

由上述分析可知，在外荷载越大时，矢跨比为 1/5 的凯威特型单层网壳结构，其全寿命周期造价 C_{tot} 在同等截面积下也越大。这是由于对相同网壳结构而言，其初始造价 C_b 是相同的，外荷载作用越大时，其结构将产生越大的破坏，相对应的结构失效损失也会越大，因此，其全寿命周期造价 C_{tot} 越大。

2）施威德勒型单层网壳

下面以施威德勒型单层网壳为例，网壳结构布置为径向 6 圈，对称布置 32 面，结构跨度 30m，矢跨比 1/5，分别在 1kN/m^2、3kN/m^2 及 5kN/m^2 均布荷载 P 作用下，配置 500mm^2、1000mm^2、1500mm^2、2000mm^2、2500mm^2、3000mm^2、3500mm^2、4000mm^2、4500mm^2 及 5000mm^2 等 10 种杆件截面积，分析结构总造价合理构成。

基于表 8-3 中所得数据，以初始造价 C_b 与全寿命周期造价 C_{tot} 之比 C_b/C_{tot} 为横坐标，以 C_{tot} 为纵坐标，得到不同外荷载下的网壳初始造价占比与全寿命周期总造价关系，如图 8-5 所示。

表 8-3　施威德勒型单层网壳在不同荷载下的初始造价及全寿命周期造价表

截面积/mm^2	P=1kN/m^2			P=3kN/m^2			P=5kN/m^2		
	C_b/万元	C_{tot}/万元	C_b/C_{tot}	C_b/万元	C_{tot}/万元	C_b/C_{tot}	C_b/万元	C_{tot}/万元	C_b/C_{tot}
500	10.23	43.07	0.238	10.23	127.47	0.080	10.23	226.64	0.045
1000	15.09	31.70	0.476	15.09	107.59	0.140	15.09	206.02	0.073
1500	19.94	33.83	0.590	19.94	83.99	0.237	19.94	184.86	0.108
2000	24.80	38.31	0.647	24.80	73.86	0.336	24.80	162.52	0.153
2500	29.66	43.59	0.680	29.66	71.53	0.415	29.66	142.80	0.208
3000	34.51	49.22	0.701	34.51	72.52	0.476	34.51	129.69	0.266
3500	39.37	55.05	0.715	39.37	75.22	0.523	39.37	123.30	0.319
4000	44.23	60.99	0.725	44.23	78.92	0.560	44.23	120.63	0.367
4500	49.08	67.00	0.733	49.08	83.25	0.590	49.08	120.25	0.408
5000	53.94	73.06	0.738	53.94	88.01	0.613	53.94	121.38	0.444

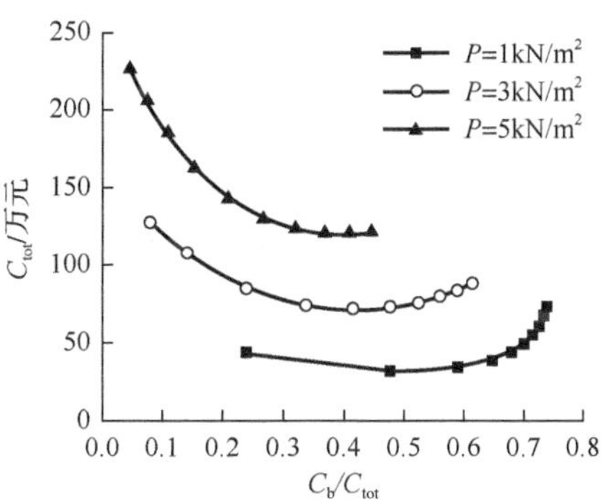

图 8-5　不同外荷载下同一施威德勒型单层网壳初始造价占比与全寿命周期总造价关系

同一荷载及矢跨比下，随着网壳结构的截面增大，施威德勒型网壳在结构非线性阶段，其全寿命周期造价同样存在极小值。在图 8-5 中，矢跨比为 1/5 的施威德勒型单层网壳结构在均布外荷载 1kN/m^2、3kN/m^2 及 5kN/m^2 作用下，当 C_b/C_{tot} 分别为 47.6%、41.5%及 40.8%时产生全寿命周期造价的极小值。而且，在鲁棒性评价指标处于非线性平稳上升阶段，当全寿命周期造价 C_{tot} 取极小值时，基于曲线拟合可获得 3 种矢跨比对应的杆件截面积分别为 1171mm^2、2601mm^2 及 4376mm^2。

与凯威特型单层球面网壳相同，同一施威德勒型单层网壳结构在不同外荷载作用下，虽然其初始造价 C_b 相同，但其全寿命周期造价 C_{tot} 是不同的。在外荷载越大时，矢跨比为 1/5 的施威德勒型单层网壳结构，全寿命周期造价在同等截面积下也越大。

3）联方型单层网壳

对联方型单层网壳进行分析，其基本参数同施威德勒型单层网壳，分析结构总造价合理构成。

基于表 8-4 中所得数据，以初始造价 C_b 与全寿命周期造价 C_{tot} 之比 C_b/C_{tot} 为横坐标，以 C_{tot} 为纵坐标，得到不同外荷载下的网壳初始造价占比与全寿命周期总造价关系，如图 8-6 所示。

表 8-4　联方型单层网壳在不同荷载下的初始造价及全寿命周期造价表

截面积 /mm^2	P=1kN/m^2			P=3kN/m^2			P=5kN/m^2		
	C_b/万元	C_{tot}/万元	C_b/C_{tot}	C_b/万元	C_{tot}/万元	C_b/C_{tot}	C_b/万元	C_{tot}/万元	C_b/C_{tot}
500	11.70	42.18	0.277	11.70	145.78	0.080	11.70	986.74	0.012
1000	18.02	34.95	0.516	18.02	128.49	0.140	18.02	884.90	0.020
1500	24.35	39.35	0.619	24.35	87.81	0.277	24.35	306.31	0.079
2000	30.67	45.85	0.669	30.67	80.94	0.380	30.67	249.56	0.123
2500	37.00	53.07	0.697	37.00	80.88	0.457	37.00	151.00	0.245
3000	43.32	60.61	0.715	43.32	84.01	0.516	43.32	140.79	0.308
3500	49.65	68.34	0.727	49.65	88.74	0.559	49.65	136.83	0.363
4000	55.97	76.16	0.735	55.97	94.42	0.593	55.97	136.36	0.410
4500	62.30	84.06	0.741	62.30	100.69	0.619	62.30	138.07	0.451
5000	68.62	92.00	0.746	68.62	107.37	0.639	68.62	141.21	0.486

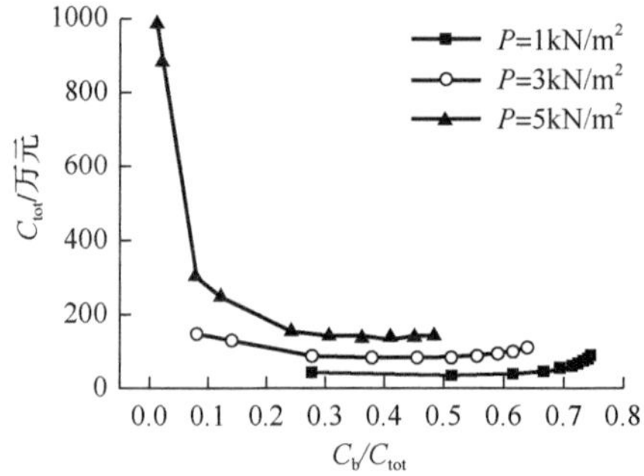

图 8-6　不同外荷载下同一联方型单层网壳初始造价占比与全寿命周期总造价关系

同一荷载及矢跨比下，随着网壳结构的截面增大，联方型单层网壳在结构非线性阶段，其全寿命周期造价同样存在极小值。在图 8-6 中，矢跨比为 1/5 的联方型单层网壳结构在均布外荷载 $1kN/m^2$、$3kN/m^2$ 及 $5kN/m^2$ 作用下，当 C_b/C_{tot} 分别为 51.6%、45.7%及 41.0%时产生全寿命周期造价的极小值。而且，在鲁棒性评价指标处于非线性平稳上升阶段，当全寿命周期造价 C_{tot} 取得极小值时，基于曲线拟合可获得 3 种矢跨比对应的杆件截面积分别为 $1061mm^2$、$2259mm^2$ 及 $2858mm^2$。

与凯威特型单层网壳及施威德勒型单层网壳相同，同一联方型单层网壳结构在不同外荷载作用下，其初始造价 C_b 相同，全寿命周期造价 C_{tot} 不同。矢跨比为 1/5 的施威德勒型单层网壳结构在外荷载越大时，其全寿命周期造价在同等截面积下也越大。

2. 不同矢跨比下的网壳全寿命周期造价合理构成

下面对结构跨度均为 30m 的 $K_{8,6}$ 凯威特型单层球面网壳，网壳结构布置为径向 6 圈、对称布置 32 面的施威德勒型单层网壳，联方型单层网壳的全寿命周期造价合理构成进行分析。3 种网壳布置均布荷载 $5kN/m^2$，每一网壳的杆件截面相同。

1）凯威特型单层网壳

由表 8-5 可知，以初始造价 C_b 与全寿命周期造价 C_{tot} 之比 C_b/C_{tot} 为横坐标，以 C_{tot} 为纵坐标，得到不同矢跨比下的网壳初始造价占比与全寿命周期总造价关系，如图 8-7 所示。

表 8-5　凯威特型单层网壳在不同矢跨比下的初始造价及全寿命周期造价表

截面积/mm^2	f/L=1/3			f/L=1/4			f/L=1/5		
	C_b/万元	C_{tot}/万元	C_b/C_{tot}	C_b/万元	C_{tot}/万元	C_b/C_{tot}	C_b/万元	C_{tot}/万元	C_b/C_{tot}
1000	14.03	176.44	0.079	13.35	161.54	0.083	13.02	132.82	0.098
1250	16.36	156.58	0.104	15.51	148.27	0.105	15.10	107.63	0.140
1370	17.47	145.13	0.120	16.55	118.06	0.140	16.10	51.13	0.315
1500	18.69	126.13	0.148	17.67	58.10	0.304	17.18	48.30	0.356
1630	19.90	104.32	0.191	18.79	48.95	0.384	18.26	47.25	0.386
1750	21.02	86.44	0.243	19.83	48.14	0.412	19.26	46.70	0.412
2000	23.35	61.31	0.381	21.99	47.99	0.458	21.34	46.46	0.459
2500	28.01	58.04	0.482	26.31	49.74	0.529	25.49	48.06	0.530
3000	32.67	60.69	0.538	30.64	52.93	0.579	29.65	51.12	0.580
4000	41.99	68.73	0.611	39.28	61.27	0.641	37.97	59.15	0.642

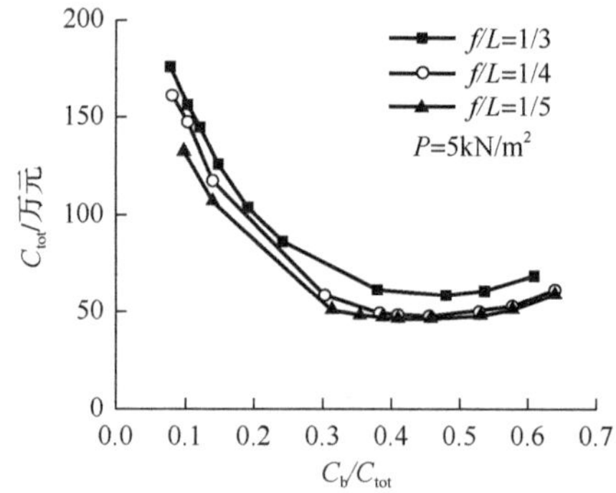

图 8-7　不同矢跨比下凯威特型单层网壳初始造价占比与全寿命周期总造价关系

由表 8-5 可知，同一外荷载下，相同截面的各矢跨比凯威特型单层网壳的初始造价 C_b 不同，其全寿命周期造价 C_{tot} 也不相同。这是由于在不同矢跨比下其网壳结构的构型发生了改变，其所用杆件数量及节点数目不尽相同，其初始造价 C_b 也必然不同。由表 8-5 可知，矢跨比越大，其初始造价 C_b 也越大。此外，同一外荷载下，矢跨比不同的凯威特型单层网壳产生的破坏程度不同，对应所产生的失效损失 C_f 也不同，所得的全寿命周期造价 C_{tot} 也必将不同。

由图 8-7 可见，同一荷载下，不同矢跨比的网壳结构随着截面增大，其全寿命周期造价 C_{tot} 值均先逐步减小再逐步增加，可见各矢跨比的凯威特型网壳在结构非线性阶段，其全寿命周期造价都存在极小值。在 5kN/m^2 的均布荷载作用下，矢跨比为 1/3、1/4、1/5 的凯威特型单层网壳结构的全寿命周期造价极小值，在初始造价占比 C_b/C_{tot} 分别为 48.2%、45.8%及 45.9%左右产生。而且，在鲁棒性评价指标处于非线性平稳上升阶段，当全寿命周期造价 C_{tot} 取极小值时，基于曲线拟合可获得 3 种矢跨比对应的杆件截面积分别为 2526mm^2、1930mm^2 及 1962mm^2。

由表 8-5 及图 8-7 可见，在相同均布荷载下，3 种矢跨比的凯威特型单层网壳，最小全寿命周期造价出现在矢跨比为 1/5 处。但是基于上述分析可知，在各自矢跨比下，不同凯威特型网壳的全寿命周期造价取最小值时，最小初始造价出现在网壳矢跨比为 1/4 处，截面积为 1930mm^2，然而此时其全寿命周期造价并非 3 种矢跨比下最小。在此 3 种矢跨比下，其全寿命周期造价最小值出现在矢跨比为 1/5 时，杆件截面为 1962mm^2。虽然矢跨比为 1/5 相对于矢跨比为 1/4 的网壳初始造价较大，但是其对应的失效损失较小，因此其全寿命周期造价最低。

2）施威德勒型单层网壳

基于表 8-6 中所得数据，以初始造价 C_b 与全寿命周期造价 C_{tot} 之比 C_b/C_{tot} 为横坐标，以 C_{tot} 为纵坐标，得到不同矢跨比下的网壳初始造价占比与全寿命周期总造价关系，如图 8-8 所示。

表 8-6　施威德勒型单层网壳在不同矢跨比下的初始造价及全寿命周期造价表

截面积/mm²	f/L=1/3			f/L=1/4			f/L=1/5		
	C_b/万元	C_{tot}/万元	C_b/C_{tot}	C_b/万元	C_{tot}/万元	C_b/C_{tot}	C_b/万元	C_{tot}/万元	C_b/C_{tot}
1000	16.27	1160.04	0.014	15.48	697.81	0.022	15.09	575.53	0.026
1500	21.72	948.51	0.023	20.53	423.30	0.048	21.72	348.62	0.062
2000	27.17	570.24	0.048	25.58	159.03	0.161	24.80	211.70	0.117
2500	32.62	167.97	0.194	30.63	137.27	0.223	29.66	142.80	0.208
3000	38.07	153.39	0.248	35.68	126.65	0.282	34.51	129.69	0.266
3500	43.52	145.76	0.299	40.73	121.68	0.335	39.37	123.30	0.319
4000	48.97	142.20	0.344	45.78	119.97	0.382	44.23	120.63	0.367
4500	54.42	141.22	0.385	50.83	120.30	0.422	49.08	120.25	0.408
5000	59.87	141.99	0.422	55.88	122.01	0.458	53.94	121.38	0.444
6000	70.77	146.87	0.482	65.98	128.02	0.515	63.65	126.48	0.503

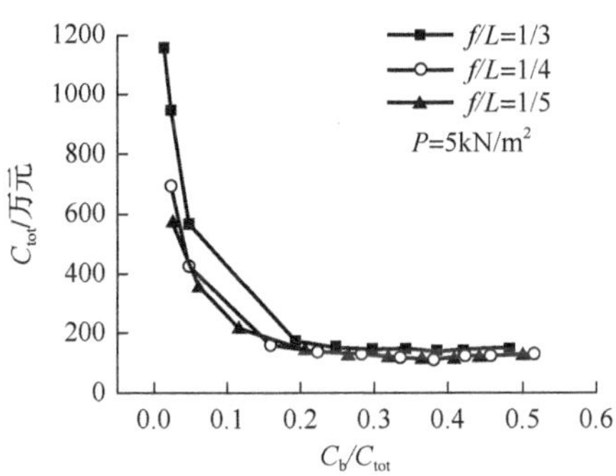

图 8-8　不同矢跨比下施威德勒型单层网壳初始造价占比与全寿命周期总造价关系

由表 8-6 及图 8-8 可知，在不同矢跨比下，相同外荷载作用，施威德勒型单层网壳之间初始造价 C_b 不同，全寿命周期造价 C_{tot} 也不相同，这与凯威特型单层网壳类似。同一外荷载下，不同矢跨比的施威德勒型网壳在结构非线性阶段，其全寿命周期造价都存在极小值。在 5kN/m^2 的均布荷载作用下，矢跨比为 1/3、1/4、1/5 的施威德勒型单层网壳结构的全寿命周期造价极小值，在初始造价占比 C_b/C_{tot} 分别为 38.5%、38.2%及 40.8%时产生。而且，在鲁棒性评价指标处于非线性平稳上升阶段，当全寿命周期造价 C_{tot} 取得极小值时，基于曲线拟合可获得 3 种矢跨比对应的杆件截面积分别为 4530mm^2、4169mm^2 及 4376mm^2。

同时，在相同均布荷载下，3 种矢跨比的施威德勒型网壳的最小全寿命周期造价出现在矢跨比为 1/4 处。基于上述分析可知，在各自矢跨比下，施威德勒型网壳的全寿命周期造价取得最小值时，最小杆件截面也出现在网壳矢跨比为 1/4 处，杆件截面积为 4169mm^2。

3）联方型单层网壳

基于表 8-7 中所得数据，以初始造价 C_b 与全寿命周期造价 C_{tot} 之比 C_b/C_{tot} 为横坐标，以 C_{tot} 为纵坐标，得到不同矢跨比下的网壳初始造价占比与全寿命周期总造价关系，如图 8-9 所示。

表 8-7　联方型单层网壳在不同矢跨比下的初始造价及全寿命周期造价表

截面积/mm^2	f/L=1/3			f/L=1/4			f/L=1/5		
	C_b/万元	C_{tot}/万元	C_b/C_{tot}	C_b/万元	C_{tot}/万元	C_b/C_{tot}	C_b/万元	C_{tot}/万元	C_b/C_{tot}
1000	19.67	1011.72	0.019	18.56	993.25	0.019	18.02	884.90	0.020
1500	26.82	611.72	0.044	25.16	593.25	0.042	24.35	506.34	0.048
2000	33.97	200.74	0.169	31.75	194.17	0.164	30.67	162.21	0.189
2500	41.12	177.26	0.232	38.34	146.16	0.262	37.00	151.00	0.245
3000	48.27	166.02	0.291	44.94	138.40	0.325	43.32	140.79	0.308
3500	55.41	161.24	0.344	51.53	135.91	0.379	49.65	136.83	0.363
4000	62.56	160.28	0.390	58.12	136.49	0.426	55.97	136.36	0.410
4500	69.71	161.75	0.431	64.72	139.00	0.466	62.30	138.07	0.451
5000	76.86	164.89	0.466	71.31	142.81	0.499	68.62	141.21	0.486
6000	91.16	174.35	0.523	84.50	152.93	0.553	81.27	150.21	0.541

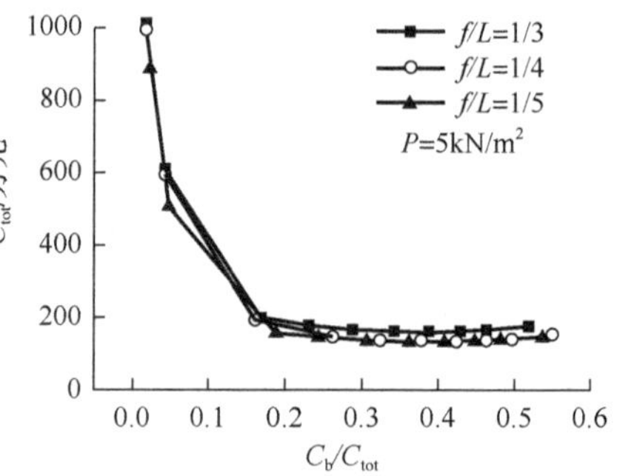

图 8-9　不同矢跨比下联方型单层网壳初始造价占比与全寿命周期总造价关系

由表 8-7 及图 8-9 可知，不同矢跨比下，相同截面的联方型单层网壳在同一外荷载下的初始造价 C_b 不同，其全寿命周期造价 C_{tot} 也不相同。同一外荷载下，不同矢跨比的联方型单层网壳在结构非线性阶段，其全寿命周期造价都存在极小值。在 $5kN/m^2$ 的均布荷载作用下，矢跨比为 1/3、1/4、1/5 的联方型单层网壳的全寿命周期造价极小值，在初始造价占比 C_b/C_{tot} 分别为 39.0%、37.9%及 41.0%时产生。而且，在鲁棒性指标处于非线性平稳上升阶段，当全寿命周期造价 C_{tot} 取得极小值时，3 种矢跨比对应的杆件截面积分别为 $3948mm^2$、$3656mm^2$ 及 $3858mm^2$。

同时，在相同均布荷载下，3 种矢跨比的联方型单层网壳，最小全寿命周期造价出现在矢跨比为 1/4 处。基于上述分析可知，在各自矢跨比下，不同联方型单层网壳的全寿命周期造价取得最小值时，最小杆件截面也出现在网壳矢跨比为 1/4 处，杆件截面积为 $3656mm^2$。可见对于联方型单层网壳，各矢跨比下的最小全寿命周期造价与最小初始造价，均出现在矢跨比为 1/4 处。

3. 不同网壳结构综合对比分析

对矢跨比为 1/5 的凯威特型单层网壳，在 $1kN/m^2$、$3kN/m^2$ 及 $5kN/m^2$ 均布荷载作用下，当初始造价与全寿命周期造价之比 C_b/C_{tot} 分别为 53.0%、47.3%及 45.9%左右时，全寿命周期造价 C_{tot} 取得最小值；而对应的施威德勒型单层网壳，初始造价与全寿命周期造价之比 C_b/C_{tot} 分别为 47.6%、41.5%及 40.8%左右时，全寿命周期造价 C_{tot} 取得最小值；同样，联方型单层网壳，全寿命周期造价 C_{tot} 最小值所对应的 C_b/C_{tot} 分别为 51.6%、45.7%及 41.0%左右。

由上述分析可知，对于同一构型的网壳结构在不同外荷载作用下，其全寿命周期造价的合理构成相差较大。随着外荷载的增大，其初始造价与全寿命周期造价之比 C_b/C_{tot} 逐渐下降，其值大致为 35%～50%。

对于凯威特型单层网壳而言，在 $5kN/m^2$ 的均布荷载作用下，取得全寿命周期造价 C_{tot} 最小值，矢跨比分别为 1/3、1/4 及 1/5 时，初始造价与全寿命周期造价之比 C_b/C_{tot} 分别为 48.2%、45.8%及 45.9%左右。对应的施威德勒型单层网壳，在初始造价与全寿命周期造价之比 C_b/C_{tot} 分别为 38.5%、38.2%及 40.8%左右时，取得全寿命周期造价 C_{tot} 最小值；对于联方型单层网壳，在全寿命周期造价 C_{tot} 最小值时，其初始造价与全寿命周期造价之比 C_b/C_{tot} 分别为 39.0%、37.9%及 41.0%左右。

由上述分析可知，在相同外荷载作用下，不同矢跨比的网壳结构，全寿命周期造价合理构成相差不大。在 $5kN/m^2$ 的均布荷载作用下，对于凯威特型单层网壳，全寿命周期造价中，初始造价约占总造价的 45%，而施威德勒型单层网壳及联方型单层网壳均约为 40%。可见，不同网壳拓扑形式对其各自全寿命周期造价的合理构成有一定影响。

不同拓扑形式的网壳结构，全寿命周期造价取得最小值时，对应的矢跨比并不相同。计算 3 种矢跨比 1/3、1/4 及 1/5，当作用 $5kN/m^2$ 均布荷载时，矢跨比为

1/5 的凯威特型单层网壳，与 1/3 及 1/4 矢跨相比，其全寿命周期造价更低。对于施威德勒型单层网壳及联方型单层网壳，则在矢跨比为 1/4 时取得全寿命周期最小值。对三者的全寿命周期造价最小值进行比较，矢跨比为 1/5 的凯威特型单层网壳所对应的全寿命周期最小，且与矢跨比为 1/4 的施威德勒型单层网壳及联方型单层网壳相比，其所对应的全寿命周期造价最小值仍相差数倍。因此，凯威特型单层网壳经济性能最为优异。

8.4.3 网壳结构的经济性对比

本节选取凯威特型单层网壳（K）、施威德勒型单层网壳（S）及联方型单层网壳（L），研究不同荷载及不同矢跨比的经济性。对于结构经济性比较，根据鲁棒性计算理论，在结构非线性阶段，取同一结构鲁棒性评价指标，对这 3 种网壳结构的初始造价 C_b、直接失效损失 C_d 及全寿命周期造价 C_{tot} 进行分析，计算结果如表 8-8 所示。

表 8-8　同一非线性鲁棒性下 3 种网壳的造价与结构鲁棒性评价指标

结构类型	f/L	P/（kN/m^2）	造价				I_{R2}/（mm/kN）
			C_b/万元	C_d/万元	C_{tot}/万元	C_d/C_b	
K	1/3	1	23.56	1.03	32.13	0.044	2.6672
		3	23.85	2.15	42.56	0.090	2.6672
		5	25.93	3.20	57.43	0.123	2.6672
	1/4	1	17.89	0.94	26.17	0.053	2.6672
		3	18.14	1.73	38.31	0.095	2.6672
		5	19.20	2.69	48.39	0.140	2.6672
	1/5	1	15.56	0.86	24.92	0.055	2.6672
		3	16.01	1.65	35.25	0.103	2.6672
		5	17.18	2.65	48.30	0.154	2.6672
L	1/3	1	49.03	2.67	139.23	0.054	2.6672
		3	51.32	5.42	153.88	0.106	2.6672
		5	53.63	8.77	162.00	0.164	2.6672
	1/4	1	37.12	2.25	118.54	0.061	2.6672
		3	39.86	4.57	132.89	0.115	2.6672
		5	41.44	7.46	143.64	0.180	2.6672
	1/5	1	31.97	3.11	128.73	0.097	2.6672
		3	34.76	5.08	140.86	0.146	2.6672
		5	36.62	7.57	152.01	0.207	2.6672

续表

结构类型	f/L	P/（kN/m^2）	造价				I_{R2}/（mm/kN）
			C_b/万元	C_d/万元	C_{tot}/万元	C_d/C_b	
S	1/3	1	44.74	2.68	121.53	0.060	2.6672
		3	46.94	5.42	130.45	0.115	2.6672
		5	49.69	7.77	141.94	0.156	2.6672
	1/4	1	31.91	2.25	98.49	0.071	2.6672
		3	35.78	4.38	112.04	0.122	2.6672
		5	38.9	6.60	123.01	0.170	2.6672
	1/5	1	27.55	2.42	105.27	0.088	2.6672
		3	31.47	4.32	118.78	0.137	2.6672
		5	34.52	6.65	129.67	0.193	2.6672

不同荷载下的网壳结构经济性对比。由表 8-8 可见，在取同一非线性鲁棒性评价指标时，3 种网壳结构在不同外荷载下的初始造价 C_b 相差不大，对外荷载的变化不敏感，而直接失效损失 C_d 与全寿命周期造价 C_{tot} 存在一定的差异，外荷载越大时，结构的直接失效损失 C_d 与全寿命周期造价 C_{tot} 越大。

由 8.4.1 节分析可知，结构鲁棒性评价指标变化可分为 3 个阶段，即线性阶段、平稳上升阶段及突变阶段。本节所选取的非线性鲁棒性评价指标位于其平稳上升阶段，此阶段结构鲁棒性从线性阶段时的定值逐渐增大，同时又与线性鲁棒性评价指标相差不大。因此，同一拓扑类型结构在不同外荷载下，选取同一平稳上升阶段鲁棒性评价指标时，其杆件截面配置也相差不大。由此得到，在不同外荷载作用下，其初始造价也相差不大。若选取的鲁棒性评价指标对某一拓扑类型位于结构鲁棒性突变阶段，此时其鲁棒性评价指标与线性阶段相差很大，初始造价也会存在较大差异。

由于结构初始造价相近，在不同荷载下达到相同鲁棒性时，结构的杆件截面相差不大。因此，在越大的外荷载作用下，结构发生的破坏程度越大，导致其产生的直接失效损失越大，结构相应的间接失效损失必然也越大，进而得到的结构全寿命周期造价越大。

由上述分析可得，在同等非线性鲁棒性评价指标和相同矢跨比下，不同的外荷载作用对结构的初始造价影响不大，但对直接失效损失存在影响。在相同非线性鲁棒性评价指标下，外荷载越小，结构经济性能表现越优异。因此，较大外荷载作用下的结构可适当降低结构鲁棒性评价指标，以达到较好的经济性能。

不同矢跨比下的网壳结构经济性对比。由表 8-8 可见，取同一非线性鲁棒性评价指标，3 种网壳结构其初始造价 C_b、直接失效损失 C_d 及全寿命周期造价 C_{tot} 均存在较大差异。

3 种网壳的初始造价均随着矢跨比的减小而减小，但是其直接失效损失则有所不同。对于凯威特型单层网壳，矢跨比为 1/5 的网壳直接失效损失最小，此时结构对应的间接失效损失也最小。因此，由于结构的初始造价与失效损失同时达到最小，网壳的全寿命周期也为最小。但对于施威德勒型单层网壳与联方型单层网壳，其直接失效损失最小值出现于网壳结构矢跨比为 1/4 时。虽然此时结构的初始造价并非最小，但相比而言，此时失效损失起主导作用，因此这两种网壳结构在此矢跨比下的全寿命周期造价最小。

由上述分析可知，在同一非线性鲁棒性评价指标及相同外荷载作用下，不同拓扑网壳结构达到经济最优时，其矢跨比不同。其中，凯威特型单层网壳在矢跨比为 1/5 时最优，而施威德勒型单层网壳与联方型单层网壳均在矢跨比为 1/4 时最优。

不同拓扑网壳结构的经济性对比。由表 8-8 可见，在取同一非线性鲁棒性评价指标时，3 种网壳结构在同等外荷载作用及相同矢跨比下，其初始造价 C_b、直接失效损失 C_d 及全寿命周期造价 C_{tot} 均存在较大差异。在此，本节以相对直接失效损失 C_d/C_b 对结构失效损失程度进行阐述。

对于凯威特型单层网壳而言，在同等非线性鲁棒性评价指标、同一荷载及相同矢跨比下，其初始造价、直接失效损失、全寿命周期造价及相对直接失效损失均为最低。联方型单层网壳四者的值均为最高。可见，无论是结构的初始投资，还是未来期望损失，凯威特型单层网壳均为最优。

综上，不同拓扑网壳结构的经济性能存在一定差距。相对而言，凯威特型单层网壳的经济性最优，施威德勒型单层网壳次之，而联方型单层网壳经济性表现最差。

8.5 小　结

本章基于鲁棒性的结构全寿命周期造价计算理论，分别从结构鲁棒性、全寿命周期造价与结构鲁棒性关系、全寿命周期造价合理构成及网壳结构的经济性 4 个方面，对网壳结构进行实例分析。本章主要结论如下。

（1）对球面网壳格结构，鲁棒性变化可分为 3 个阶段，即线性阶段、平稳上升阶段及突变阶段。其中，线性阶段的鲁棒性评价指标为常数，且杆件截面越大，线性阶段鲁棒性评价指标越小。

（2）受失效损失影响，结构全寿命周期造价在结构鲁棒性线性阶段及非线性阶段各不相同。鲁棒性处于线性阶段时，根据有无失效损失产生，其表现为相同鲁棒性下全寿命周期造价是否增加；在非线性阶段时，根据产生的失效损失大小，表现为全寿命周期造价随结构鲁棒性而变化。

（3）对于一定外荷载及矢跨比下，在球面网壳结构非线性阶段，存在全寿命周期造价合理构成，全寿命周期造价存在极小值，并可获得相对应的最优杆件截面配置。该合理构成与外荷载存在较大相关性，与结构矢跨比则相关性较小。

（4）随着外荷载的增大，同一矢跨比的球面网壳结构，全寿命周期造价合理构成随之变化，C_b/C_{tot} 为 35%～50%。

（5）球面网壳拓扑形式对结构全寿命周期造价的合理构成有一定影响。在 $5kN/m^2$ 的均布荷载作用下，凯威特型单层网壳的 C_b/C_{tot} 约为 45%，而施威德勒型单层网壳及联方型单层网壳均约为 40%。

（6）同一非线性鲁棒性评价指标下，外荷载作用越小，结构经济性能越优异。因此，较大外荷载作用下的结构可适当降低结构鲁棒性评价指标，以达到较好的经济性能。

（7）同一非线性鲁棒性评价指标及相同外荷载作用下，不同拓扑网壳结构最优矢跨比不同。其中，凯威特型单层网壳在矢跨比为 1/5 时最优，而施威德勒型单层网壳与联方型单层网壳均在矢跨比为 1/4 时最优。

（8）不同拓扑网壳结构的经济性能存在一定差距。相对而言，凯威特型单层网壳的经济性最优，施威德勒型单层网壳次之，而联方型单层网壳经济性最差。

第9章 试验研究

9.1 引　　言

结构试验是研究建筑结构的实际工作性能、检验结构设计计算理论的重要手段。针对空间网格结构，Ye 等[212]通过振动台试验，验证了 K6 型单层球面网壳结构的构形性和失效场景；王多智等[213]通过冲击试验，确定了 K6 型扇形三向网格单层球面网壳结构的典型失效模式；Mostafavian 等[214]、Wu 等[215]则分别研究了空间网格结构球节点和圆柱节点的性能。

本章将分别采用鲁棒设计和常规设计方案，设计并制作两个球面网壳结构和两个弦支网壳模型。设置静力超载和动力冲击两种干扰场景，通过构件应变、节点位移、振幅、结构失效面积等结构响应，比较两种设计方案的鲁棒性，以验证本书提出的结构鲁棒性评价指标和基于拓扑优化的结构鲁棒性设计方法。由于在静力超载试验中结构部分构件会达到塑性，因此实际试验时首先进行动力冲击试验，然后再进行静力超载试验。

9.2 网壳模型设计

以球面网壳模型为例，通过连续体拓扑优化的方法，可分别得到在均布荷载和集中荷载作用下结构的鲁棒构型。试验模型构件布置及节点坐标如图 9-1 所示。以 5.4 节的优化结果为基础，为了避免构件长细比过大，并考虑到实际使用的要求，补充必要的构件（如图 9-1 中构件⑮、⑳、㉑、㉖），可以得到经过鲁棒设计的构件布置方案，模型如图 9-1（a）所示。

作为对比，以相同的曲面形状，按照常规的构件布置方式，设计如图 9-1（b）所示的常规模型。两个结构模型的平面尺寸均为 3m×3m，矢跨比 1/5，四点角支承，节点坐标列于图 9-1 中每个节点右侧，自上而下分别为 x、y、z 坐标，单位 mm；杆件编号亦注于图 9-1 中。

作为设计荷载，在结构中部即图 9-1 中每个实心圆点处各加 F_0=1kN、沿 $-z$ 方向的集中荷载。杆件之间连接及杆件与支座连接均为焊接。构件采用 Q235 钢材，圆管截面，弹性模量由实测得到。对常规设计模型，通过满应力优化设计得到截面配置；对鲁棒设计模型，按 5.4 节的拓扑优化结果，其中保留的部分采用了截面较大的构件，同时满足应力的约束，得到截面分组如表 9-1 所示。

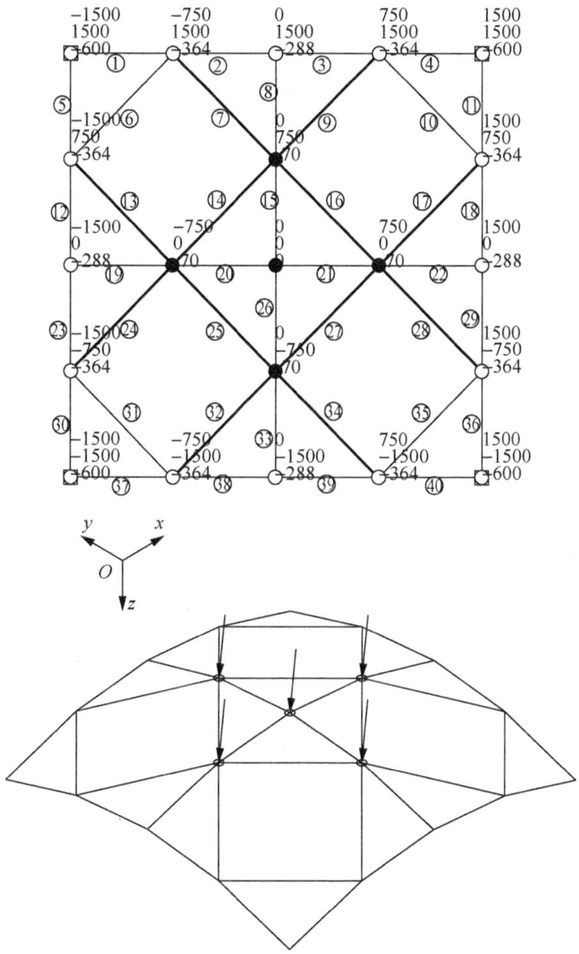

（a）鲁棒设计模型

图 9-1 试验模型构件布置及节点坐标

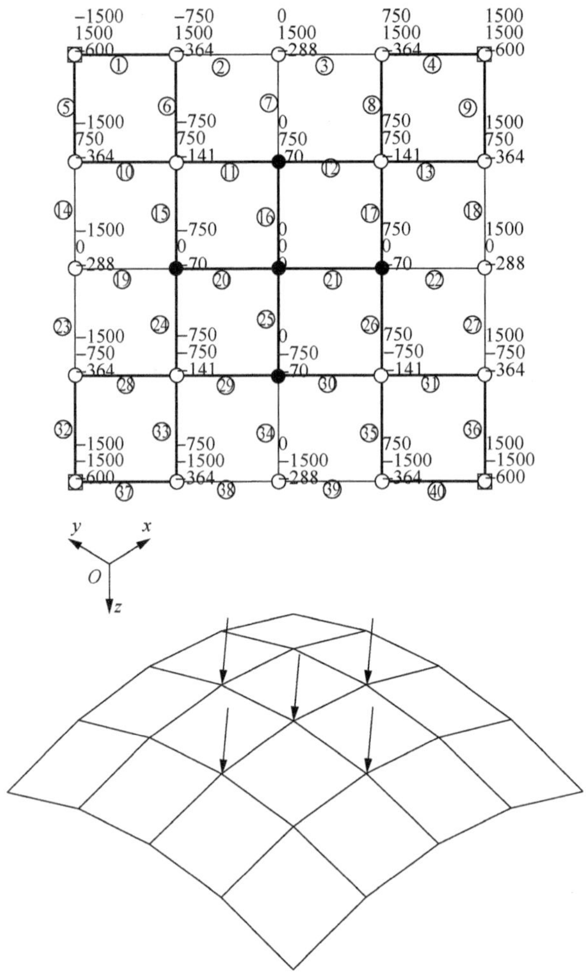

（b）常规设计模型

图 9-1（续）

表 9-1　网壳试验模型截面分组

模型	构件编号	构件截面	结构杆件质量/kg
鲁棒设计模型	①～⑥,⑧,⑩～⑫,⑮,⑱～㉓,㉖,㉙～㉛,㉝,㉟～㊵	ϕ21.5mm×2.5mm	55
	⑦,⑨,⑬,⑭,⑯,⑰,㉔,㉕,㉗,㉘,㉜,㉞	ϕ25mm×2.5mm	
常规设计模型	②,③,⑦,⑭,⑱,⑲,㉒,㉓,㉗,㉞,㊳,㊴	ϕ21.5mm×2.5mm	74
	①,④～⑥,⑧～⑬,⑮～⑰,⑳,㉑,㉔～㉖,㉘～㉝,㉟～㊲,㊵	ϕ32mm×3.5mm	

利用 ANSYS 软件中的 BEAM188 梁单元模拟杆件，假定节点均为刚接，按照式(2.29)计算得到鲁棒设计和常规设计模型的鲁棒性评价指标分别为2.56mm/kN和 27.4mm/kN；当荷载按照图 9-1 分布时，两个模型的弹塑性极限承载力分别为6.8kN 和 2.3kN。

9.3　网壳静力超载试验

结构在实际使用时可能会承受超过设计值的荷载作用，鲁棒的结构应具备抵抗静力超载的能力。本节将通过静力超载试验，对比鲁棒设计模型和常规设计模型，验证本书提出的鲁棒性设计方法。

为了模拟静力超越荷载的干扰场景，试验中施加 2 倍于设计值的荷载，即每个节点最终总荷载为 2kN。通过在节点下挂砝码盘和砝码块施加节点荷载，砝码块每块 20kg。采用力控制分级加载，前两级每次加 0.4kN，之后每级 0.2kN。

9.3.1　试验测量系统

本试验需要测量构件的应变和节点位移。采用电阻应变计测量构件应变，与温度补偿片接成 1/4 电桥后进行测试。采用江苏东华测试技术股份有限公司的 60 通道 DH3816N 静态应变测试系统，通过计算机自动采集数据，如图 9-2 所示。

图 9-2　DH3816N 静态应变测试系统

使用百分表测量节点位移，并在每个箱型底座处沿 x、y 方向布置 2 个千分表测量支座位移，如图 9-3 所示。

（a）节点位移的测量　　（b）支座位移的测量

图 9-3　结构位移的测量

9.3.2　试验测点选择与布置

由于试验模型采用圆柱形节点，与假定刚接会有一定误差，为了分析节点刚度对试验结果的影响，本节分别利用 ANSYS 软件中的梁单元 BEAM188（假定节点为刚接）和壳单元 SHELL181（假定为弹性节点，用壳单元来模拟）建立结构模型，其中采用壳单元的试验结构有限元模型如图 9-4 所示。

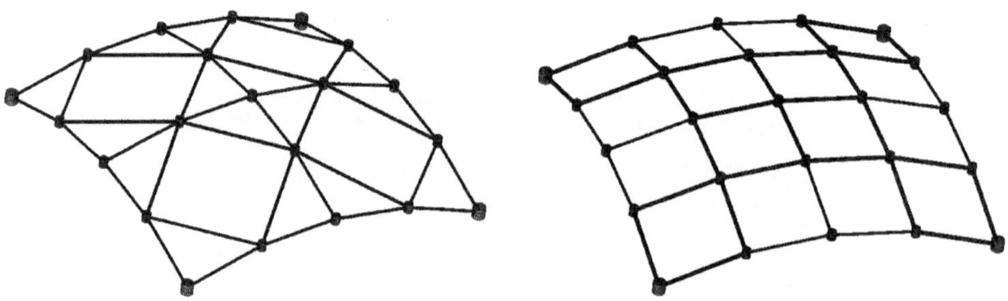

（a）鲁棒设计模型　　（b）常规设计模型

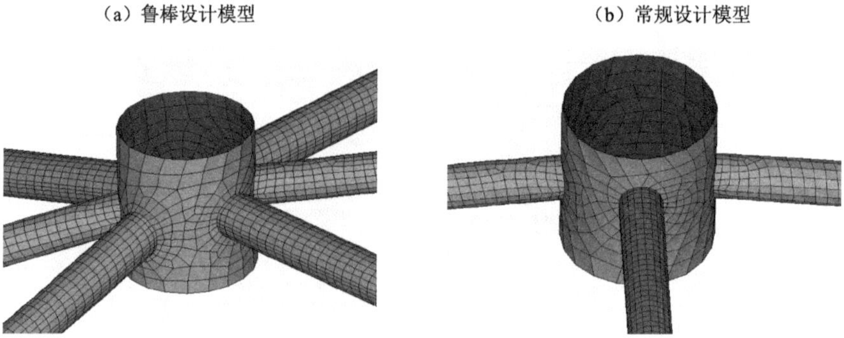

（c）有限元网格划分

图 9-4　采用壳单元的试验结构有限元模型

应变测点的选择与布置。按照试验模型实际数据，考虑材料和几何非线性，利用 ANSYS 计算在 2kN 的节点荷载下结构构件的应力，结果如图 9-5 所示。

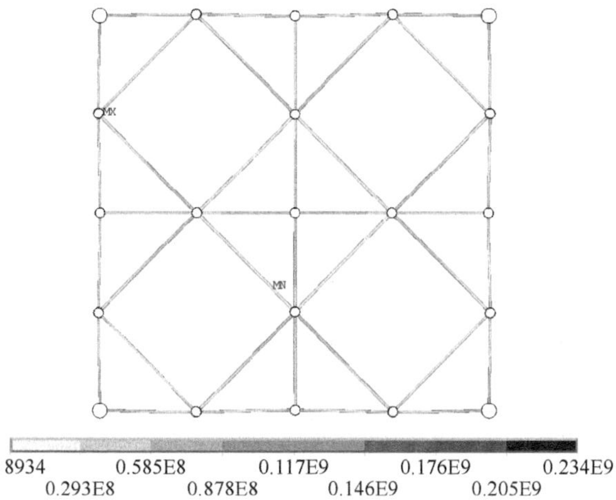

（a）鲁棒设计模型

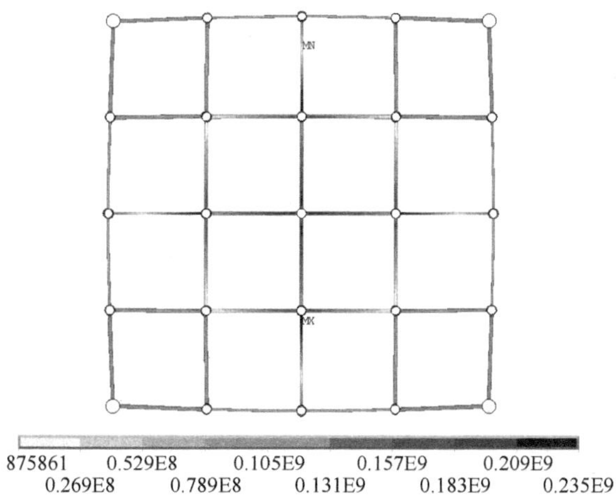

（b）常规设计模型

图 9-5　ANSYS 计算在 2kN 的节点荷载下结构构件的应力（单位：Pa）

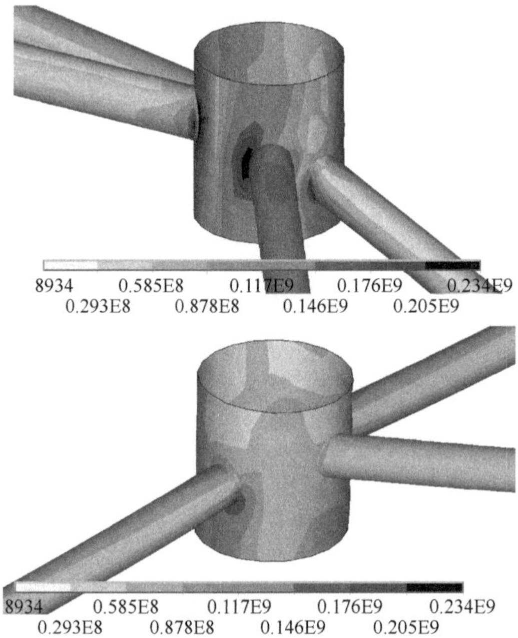

（c）节点处应力分布

图 9-5（续）

可见对鲁棒设计模型和常规设计模型，均为杆端处应力最大；由于构件不是轴心受力构件，而为压弯或拉弯构件，每个杆端处存在两个应力较大的区域。综合考虑理论计算结果、对称性及测试仪器数量等因素，分别在常规设计模型和鲁棒设计模型上布置 12 个和 10 个应变测点，编号分别为 S1～S12 和 S13～S22，位移测点与应变片位置如图 9-6 所示。

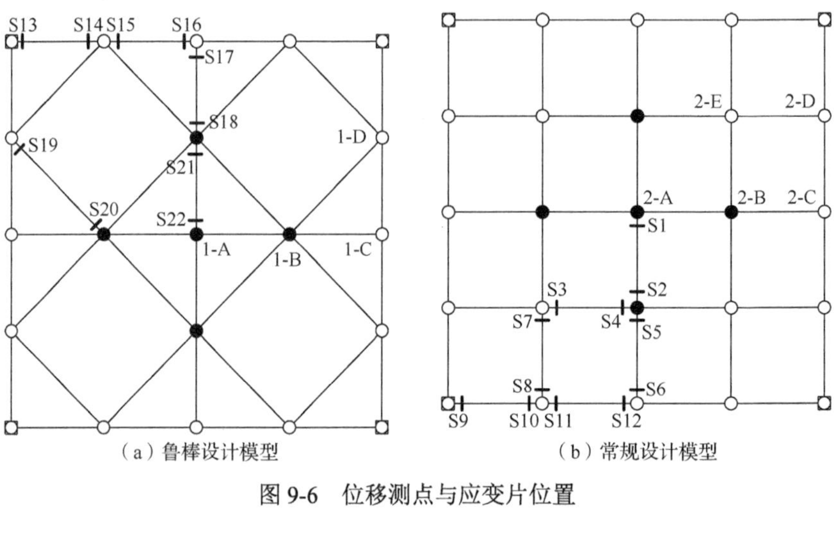

（a）鲁棒设计模型　　（b）常规设计模型

图 9-6　位移测点与应变片位置

在每个测点应力最大的位置相对布置 2 片应变片，编号分别为 S*i*-1 和 S*i*-2(*i*=1～22)。为避免焊接残余应力的影响，应变片布置在距杆端 30mm 处，如图 9-7 所示。

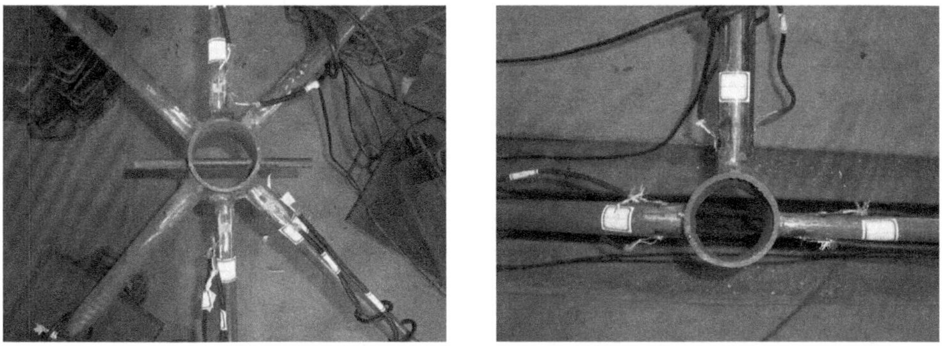

（a）上下布置　　（b）左右布置

图 9-7　应变片在杆端布置

位移测点的选择。按照试验模型实际数据，考虑材料和几何非线性，利用 ANSYS 计算在节点荷载为 2kN 时两个结构模型的位移，结果如图 9-8 所示。可见对鲁棒设计模型和常规设计模型，位移最大处均在结构中间的节点，鲁棒设计模型边缘中间节点位移也较大，考虑到数据读取方便等因素，位移测点布置如图 9-6 所示，分别为 1-A～1-D 和 2-A～2-E。

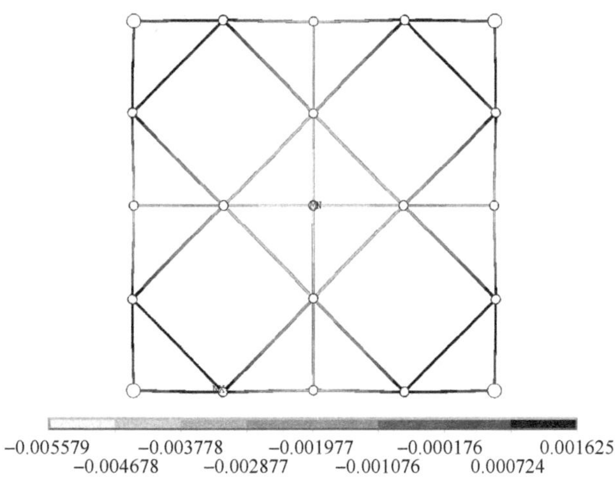

（a）鲁棒设计结构

图 9-8　ANSYS 计算在节点荷载为 2kN 时结构模型的位移（单位：m）

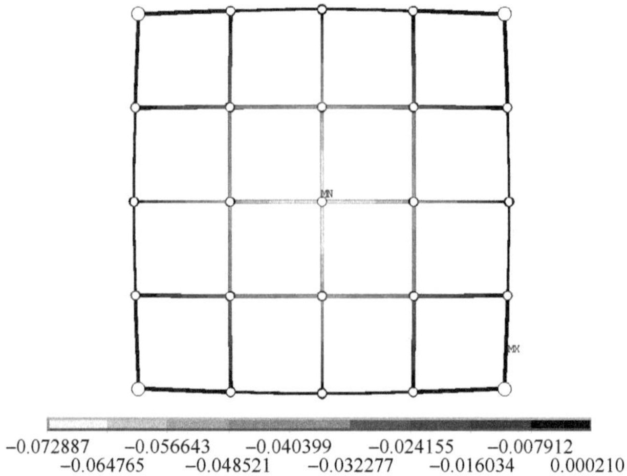

（b）常规设计结构

图 9-8（续）

9.3.3　应变结果比较

加载至 2kN 时，常规设计和鲁棒设计的结构均在原有位置上发生变形，但仍保持近似球面的形状，而没有发生倒塌。试验模型构件的荷载-应变关系曲线，如图 9-9 所示。可见对于常规设计结构，当荷载小于 1.2kN（即 $1.2F_0$）时，各杆件保持弹性；之后随着荷载的增大，测点 1、5、8 处杆件逐渐进入塑性。经过鲁棒设计的结构，其荷载-应变曲线一直保持线性。

提取最终荷载为 2kN 时试验模型各测点应变，结果如图 9-10 所示。可见常规设计结构的应变普遍较大，说明经过鲁棒设计的结构，其构件布置更有利于荷载的传导，在静力超载的干扰下有更大的安全度储备；而常规设计结构则表现出抵抗不确定性干扰的能力较弱。

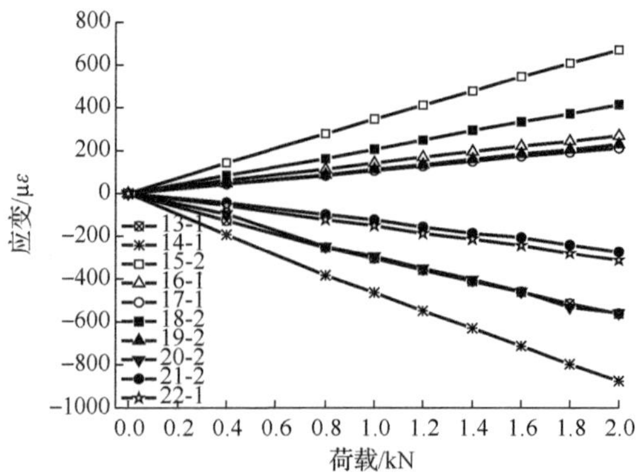

（a）鲁棒设计结构

图 9-9　试验模型构件的荷载-应变关系曲线

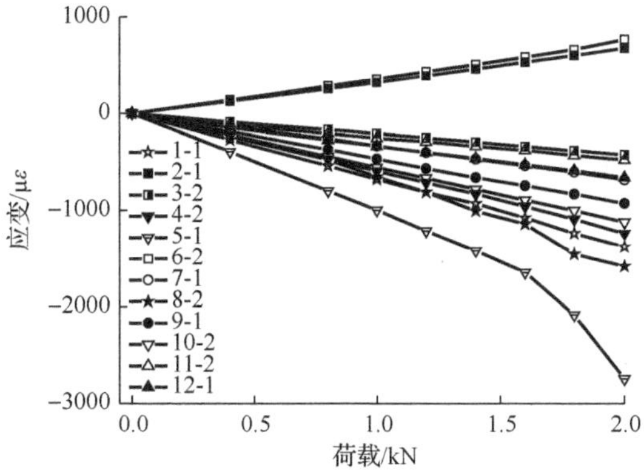

（b）常规设计结构

图9-9（续）

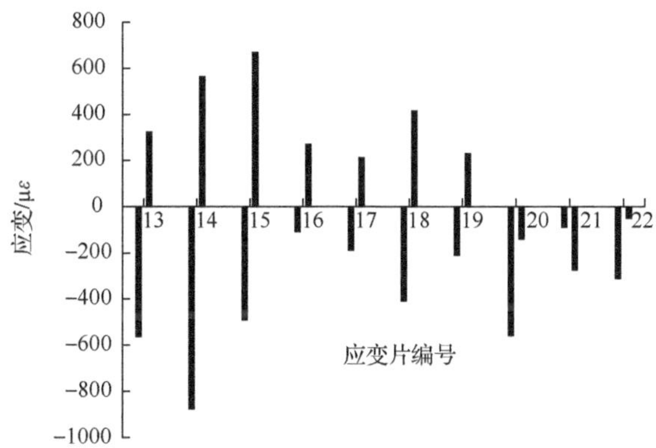

（a）鲁棒设计结构

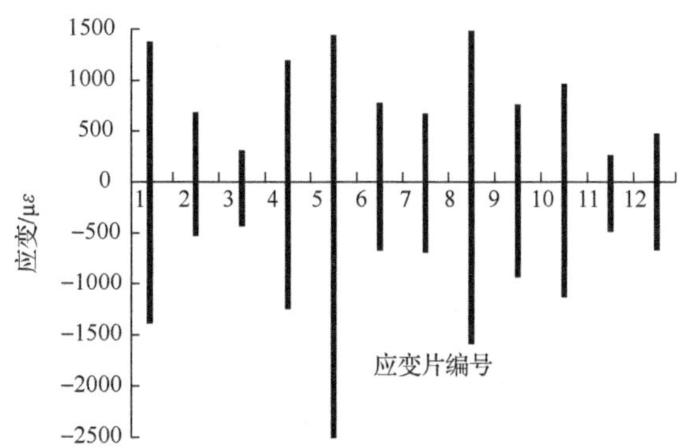

（b）常规设计结构

图9-10 荷载为2kN时试验模型各测点的应变

9.3.4　位移结果比较

测量结构的支座和节点位移，以图 9-1 中坐标轴正方向为正，试验结果分别如图 9-11 和图 9-12 所示。可见对常规设计模型和鲁棒设计模型，其支座位移均随着荷载增大而增大，但幅值较小，符合假设条件。

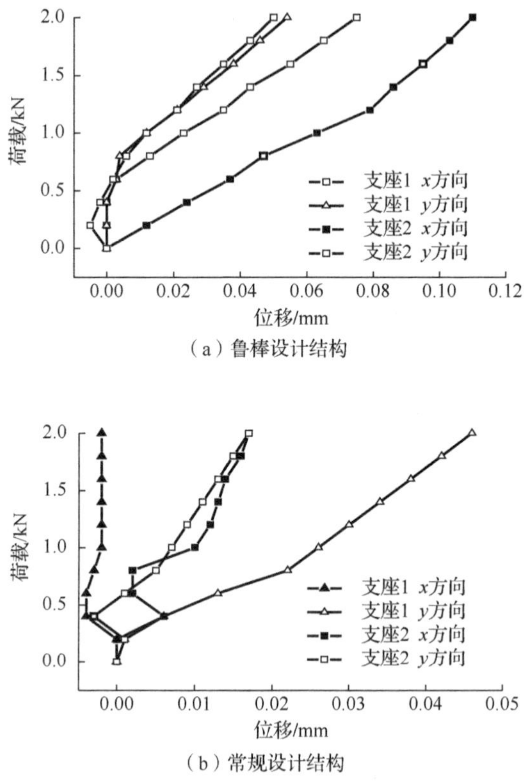

图 9-11　试验模型的支座位移

由图 9-12 可见，对于常规设计结构，当荷载小于 1.2kN 时，其位移响应基本呈线性；之后随着荷载的增大，荷载-位移曲线斜率逐渐减小，呈现出非线性，结构的刚度减小。经过鲁棒设计的结构，其荷载-位移曲线一直保持线性，最终最大位移 6.85mm，远小于常规设计结构的 74.11mm。

比较图 9-12 中试验值和计算值可见，模型节点位移的试验值曲线与计算值曲线的趋势相同。在荷载较大时，常规设计模型表现出较为明显的非线性。分别提取荷载为 2kN 时梁单元和壳单元模型的节点位移，如表 9-2 所示。

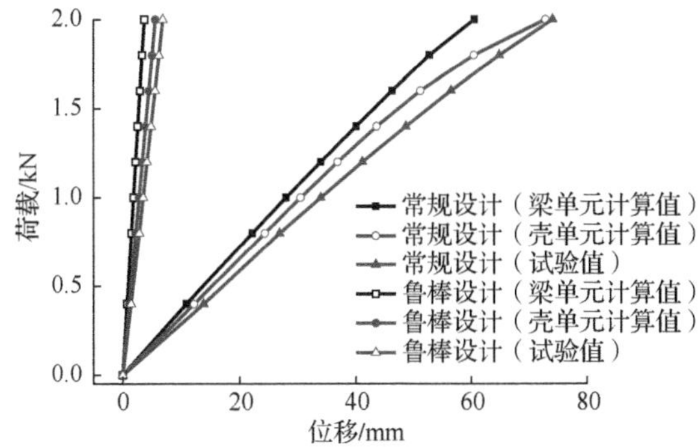

（a）A点位移

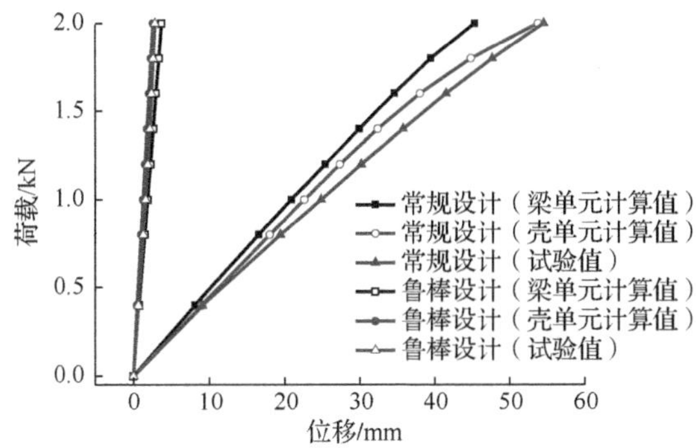

（b）B点位移

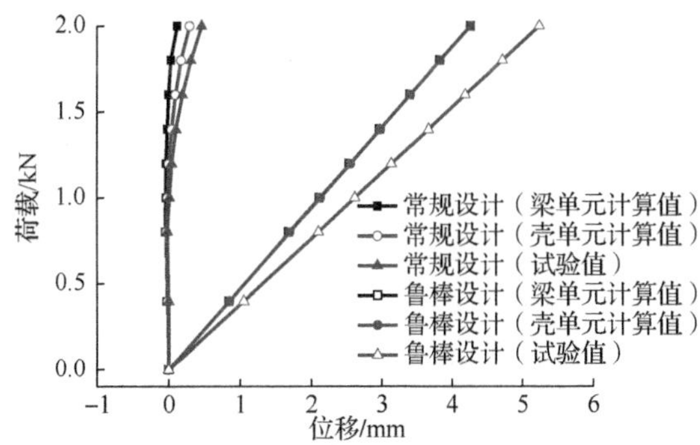

（c）C点位移

图9-12 试验模型的节点位移

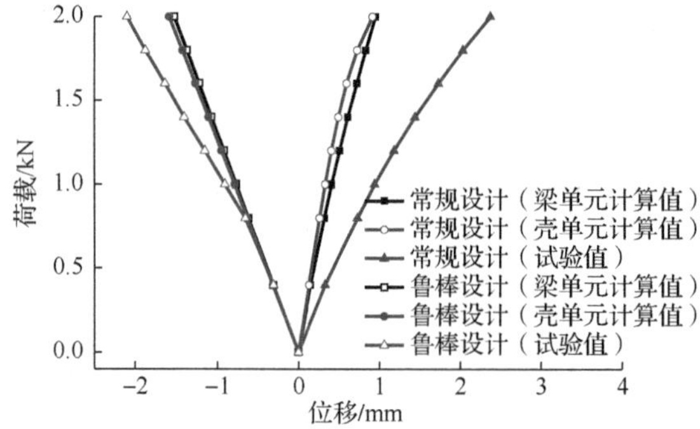

（d）D点位移

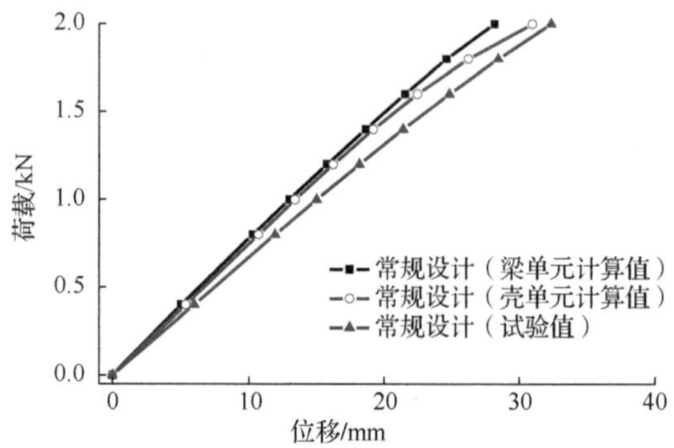

（e）E点位移

图 9-12（续）

表 9-2　梁单元和壳单元模型的节点位移

模型	参数	A	B	C	D	E
鲁棒设计模型	试验值/mm	6.85	2.86	5.24	−2.1	—
	壳单元计算值/mm	5.58	2.57	4.26	−1.58	—
	相对误差/%	18.5	10.1	18.7	24.8	—
	梁单元计算值/mm	3.69	3.73	4.26	−1.52	—
	相对误差/%	46.1	−30.4	18.7	27.6	—
常规设计模型	试验值/mm	74.11	54.58	0.46	2.37	32.37
	壳单元计算值/mm	72.86	53.82	0.29	0.91	30.97
	相对误差/%	1.7	1.4	58.6	160.2	4.5
	梁单元计算值/mm	60.54	45.34	0.12	0.95	28.15
	相对误差/%	22.4	20.4	283.3	149.5	15.0

试验中节点的变形如图 9-13 所示。采用壳单元模拟的结构，其节点位移大多处于梁单元模拟的计算值和试验值之间。这是由于试验中圆柱节点并不是完全刚性，而是发生了不同程度的变形；梁单元模型假定节点完全刚性连接，结构整体刚度较大，因此节点位移计算值较小。除了 C 点、D 点由于位移的绝对值较小而相对误差较大，其余节点的位移试验值与壳单元模拟的计算值较为接近，考虑到加工误差，如节点对中的偏差、杆件的弯曲及材料的残余应力，可以认为试验结果是可信的。

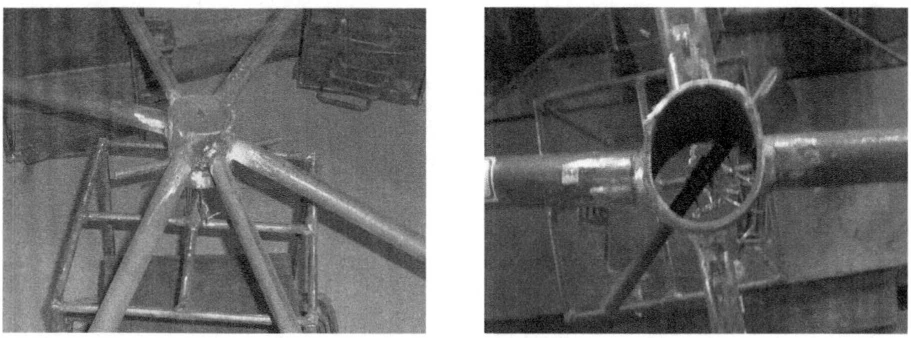

图 9-13　试验中节点的变形

如果以位移超过跨度的 1/100 为失效标准，在 $2.0F_0$ 的干扰下，常规设计结构除 4 条边以外的节点均已失效，失效面积为总投影面积的 50%；而优化后结构则没有失效。因此在相同的干扰或起因下，经过鲁棒设计的结构受到的影响较小。相比鲁棒设计的结构，常规的设计产生了与起因不相称的破坏，即其鲁棒性较差。

9.4　网壳动力冲击试验

常规的结构设计一般不计入冲击作用，但在鲁棒性设计中冲击作用是需要考虑的因素之一。结构在冲击荷载作用下产生动力响应，结构的性能会发生改变，可能因此发生不相称的破坏。

为模拟动力冲击的干扰场景，首先与 9.3 节的静力超载试验相同，在 5 个节点下悬挂 1kN 的砝码盘和砝码块，形成静平衡的初始态；然后剪断中间节点下的砝码盘，产生突然卸载的效果，使结构发生振动。对比不同设计模型的振动响应，验证本书提出的鲁棒性设计方法。

9.4.1　试验测量系统

本试验采用 TEC-R 系列磁致伸缩线性位移传感器测量结构节点的动位移，如

图 9-14 所示。试验中将磁铁块吸附于待测节点处，传感器竖直固定在独立于结构模型的支架上，传感器距离磁铁块一定距离，通过磁场的变化测量节点的动位移。

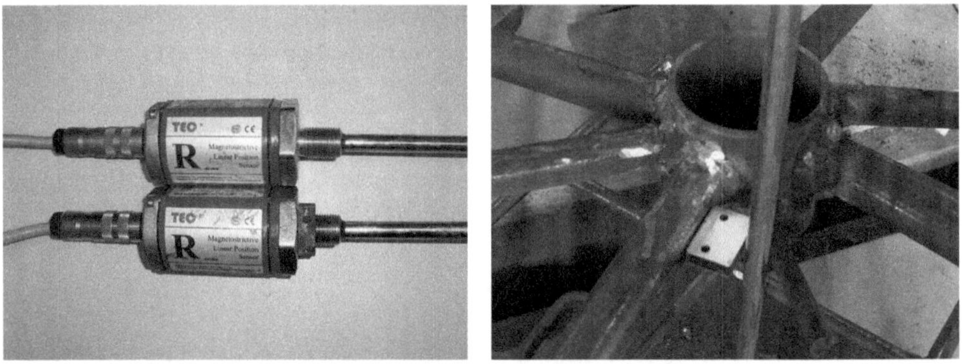

图 9-14　TEC-R 系列位移传感器

采用美国 NI-9205 采集卡和 NI cDAQ-9174 数据采集系统，采样频率 100Hz，通过计算机直接记录动位移结果，动位移数据采集系统如图 9-15 所示。

图 9-15　动位移数据采集系统

9.4.2　试验测点选择与布置

利用 ANSYS 中的梁单元 BEAM188 建立结构模型，计算结构在突然卸载以后的动力响应，得到节点的位移时程曲线，如图 9-16 所示，其中各节点位置如图 9-16 所示。可见经过鲁棒设计后，结构的最大振幅为 1-A 点的 1.72mm，远小于常规设计结构 2-A 点的 15.85mm。

考虑到测量读数方便及仪器数量，实际测量 1-B、1-D、2-A、2-B 节点的位移。

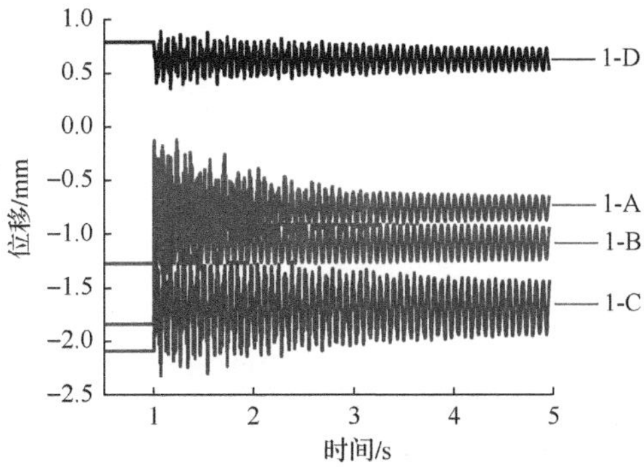

（a）鲁棒设计结构

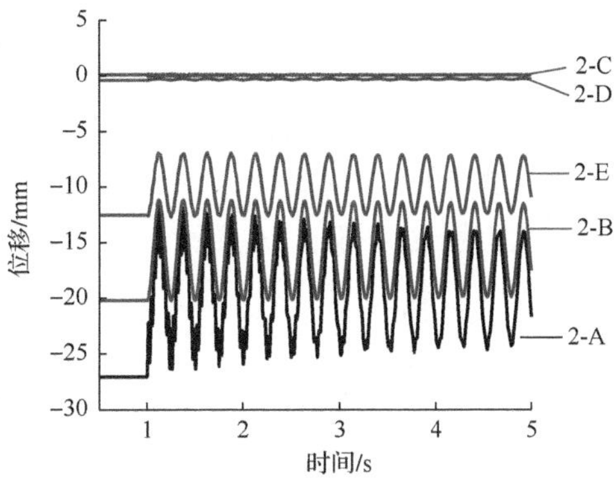

（b）常规设计结构

图 9-16　ANSYS 计算的冲击干扰下试验模型节点位移时程曲线

9.4.3　结果比较

记录试验时节点的位移如图 9-17 所示，可见结构节点振幅的试验结果与理论计算值接近，而鲁棒设计结构的节点振幅明显小于常规设计结构。因此，在冲击作用的干扰下，经过鲁棒性设计的结构受到的影响较小，鲁棒性得到提高。

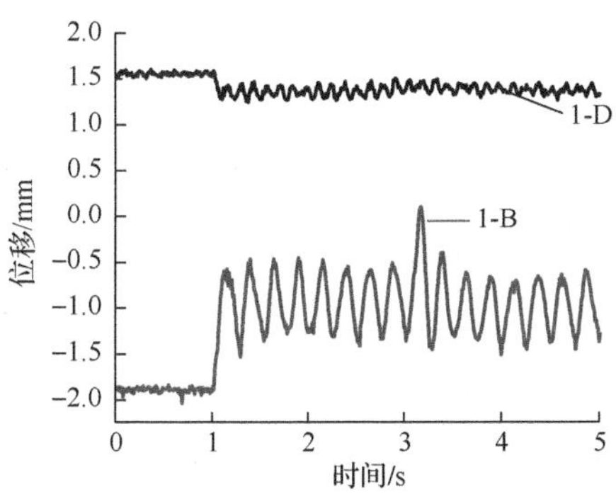

（a）鲁棒设计结构

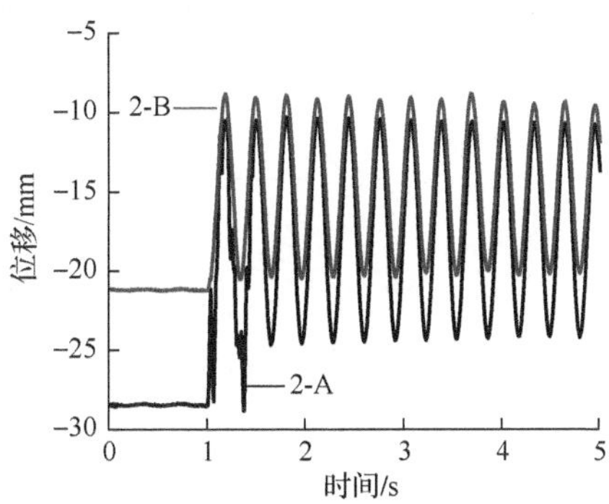

（b）常规设计结构

图 9-17　冲击干扰下试验模型节点位移试验值

9.5　弦支网壳试验研究

9.5.1　试验模型

在平面尺寸为 3m×3m、矢跨比为 1/5 的球面壳基础上，利用前述优化方法，获得如图 9-18 所示优化设计的弦支网壳结构杆件布置方案，并按照常见的上部网格结构形式做常规设计作为对比。上部网壳及竖杆采用钢管制作，下部拉索采用钢筋，材料为 Q235 钢材。进行截面设计时，假设杆件之间的连接为刚接，支承为简支，在图 9-18 中 5 个黑圆点处各作用集中荷载，每一集中荷载小于 1.8kN 时，结构满足强度及稳定性，模型构件截面分组如表 9-3 所示。常规设计模型和优化设计模型的初始状态为重力荷载作用下通过迭代计算保证拉索的预应力大小分别为 0.4kN、0.3kN。常规设计和优化设计模型的位移测量节点分别用 1-A、1-B、…、2-A、2-B、…表示，应变测点用 S1、S2、…表示。

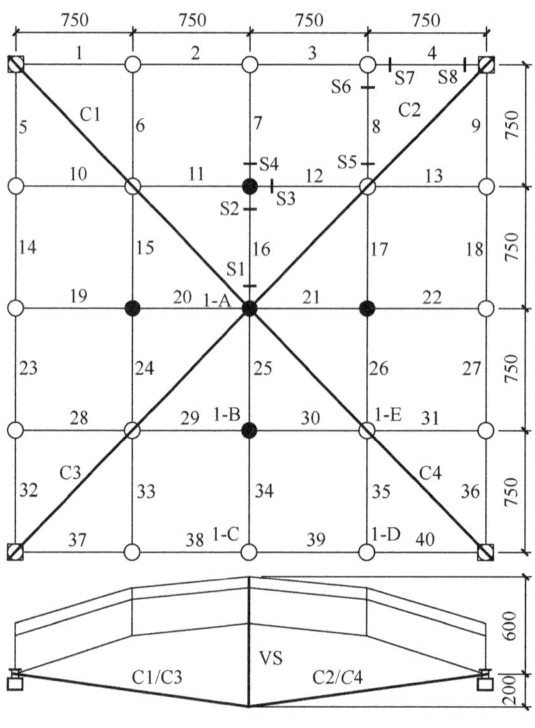

（a）常规设计

图 9-18　杆件布置方案

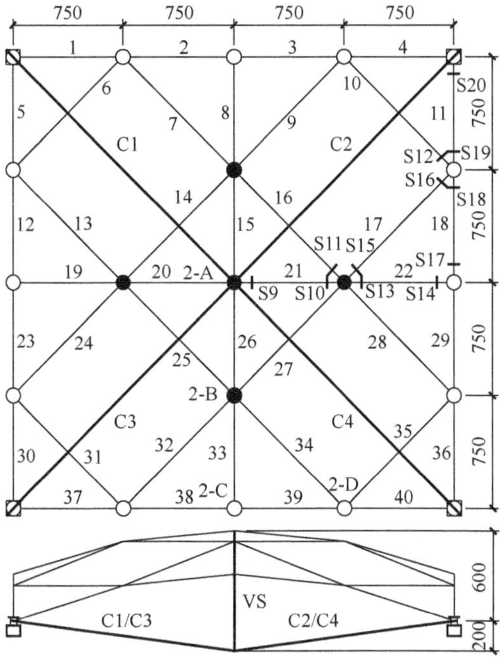

（b）优化设计

图 9-18（续）

表 9-3 模型构件截面分组

模型	构件编号	截面	质量*/kg	I_{R2} /（mm/kN）
常规设计模型	2,3,7,14,18,19,22,23,27,34,38,39	ϕ21.5mm×2.5mm	74,5.7,2.1	27.7
	1,4～6,8～13,15～17,20,21,24～26,28～33,35～37,40,VS	ϕ32mm×3.5mm		
	C1～C4	ϕ10mm		
优化设计模型	1～6,8,10～12,15,18～23,26,29～31,33,35～40	ϕ21.5mm×2.5mm	55,5.7,2.1	2.89
	7,9,13,14,16,17,24,25,27,28,32,34,VS	ϕ25mm×2.5mm		
	C1～C4	ϕ10mm		

* 本组数据分别为左侧 3 行杆件的质量。

弦支网壳试验如图 9-19 所示，支座节点采用ϕ114mm×4mm 钢管，长 100mm，通过 200mm×200mm×150mm×10mm 的箱型底座简支于周边铁块上；其余节点采用ϕ76mm×4mm 的钢管，长 80mm；采用ϕ10mm 钢筋作为索单元，钢筋两端设有螺纹，穿过支座用螺帽加以固定。

（a）常规设计结构

（b）优化设计结构

（c）上部网壳一般节点

（d）竖杆与网壳连接节点

（e）支座节点

图 9-19　弦支网壳试验

9.5.2　试验及结果分析

1. 静力试验

静力试验之前，先对结构施加预应力。每根钢筋设有一个测点，每个测点在相对位置粘贴 2 片应变片，4 个支座处同时同步拧紧螺帽进行张拉，直至实测应变达到设计值。

为了模拟超越荷载的场景，试验中施加 2 倍于设计值的荷载，分别测试了 2 个模型的节点位移和部分杆件的应变，考虑对称性，布置应变片的位置如图 9-18 所示。加载时，前 6 级采用 0.4kN/级，后 6 级采用 0.2kN/级，节点位移测量采用百分表和千分表，静力试验弦支网壳结构节点位移试验值如图 9-20 所示，杆件最终应变试验值如图 9-21 所示。理论计算采用 ANSYS 软件，单元采用 BEAM188，每根杆件划分为 10 个单元，节点位移计算值如图 9-22 所示。图中位移初始位置为施加预应力起拱后的位置。

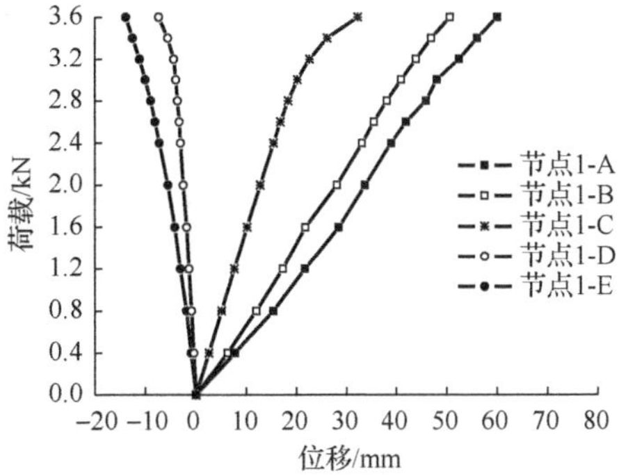

(a) 常规设计结构

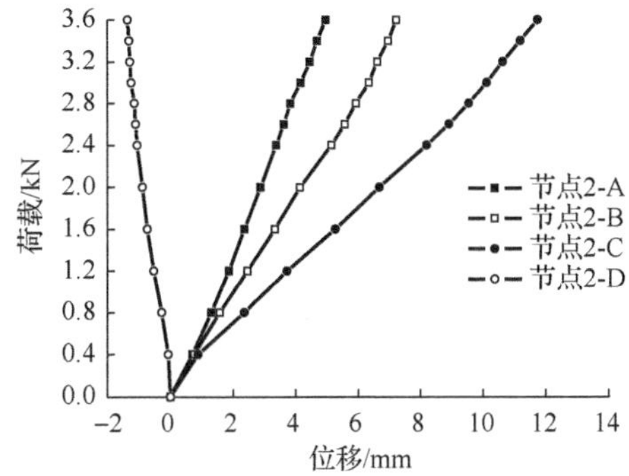

(b) 优化设计结构

图 9-20　弦支网壳结构节点位移试验值

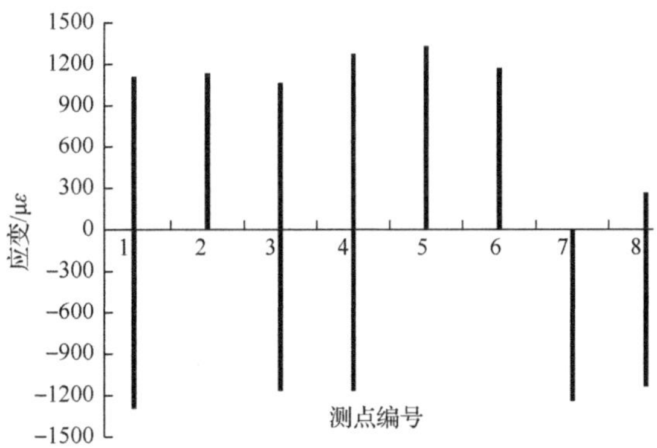

(a) 常规设计结构

图 9-21　弦支网壳结构杆件最终应变试验值

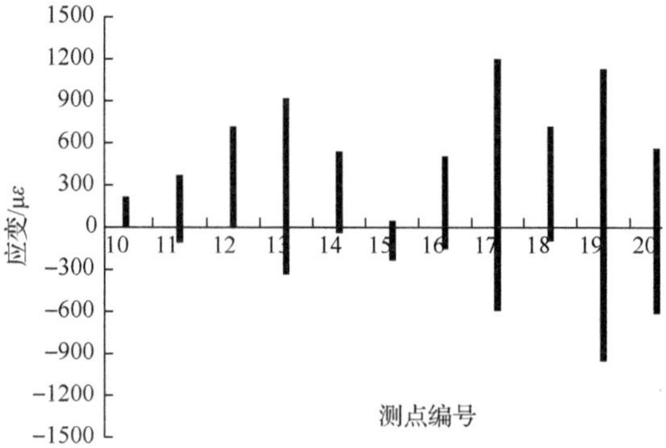

（b）优化设计结构

图 9-21（续）

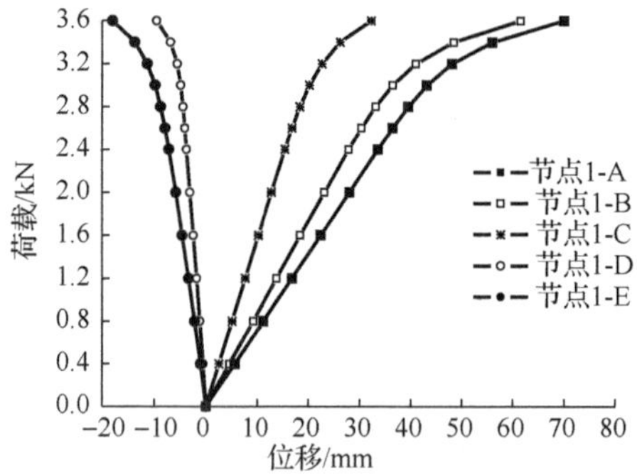

（a）常规设计结构

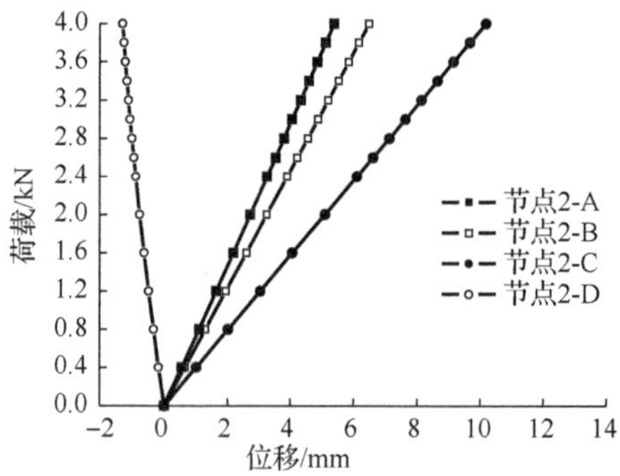

（b）优化设计结构

图 9-22　弦支网壳结构节点位移计算值

由图 9-20～图 9-22 可见，对于常规设计结构，当节点荷载小于 1.8kN 时，其位移响应基本呈线性；随着荷载的逐渐增大，除中心节点周围的杆件及 4 根拉索外，其他杆件逐渐进入塑性，荷载-位移曲线斜率逐渐减小。经过鲁棒优化设计的结构，在节点荷载达到 3.6kN 时仍为弹性，且应力水平与常规设计结构相比普遍较小，荷载-位移曲线也一直保持线性。如果以位移超过跨度的 1/100 为失效标准，节点荷载达到 3.6kN 时，常规设计结构除中心部位以外，其余区域均已失效，失效面积达到总投影面积的 75%，中心节点四周的杆件则在拉索的支撑下仍然保持承载能力，如果认为这种破坏后果与起因不相称，则常规设计结构产生了不相称的破坏；而优化设计结构则仍保持完好无损。因此在相同的干扰或起因下，经过鲁棒优化设计的结构受到影响较小。

为了清晰对比两个试验模型的能量鲁棒性与位移鲁棒性，依据试验和理论数据计算不同工作荷载下的鲁棒性评价指标 I_{R1}，如图 9-23 所示，依据试验和理论数据计算鲁棒性评价指标波动幅值 ΔI_{R1} 如图 9-24 所示。

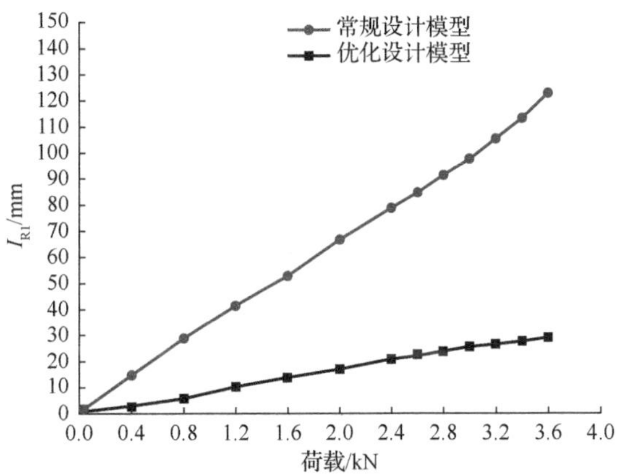

（a）试验值

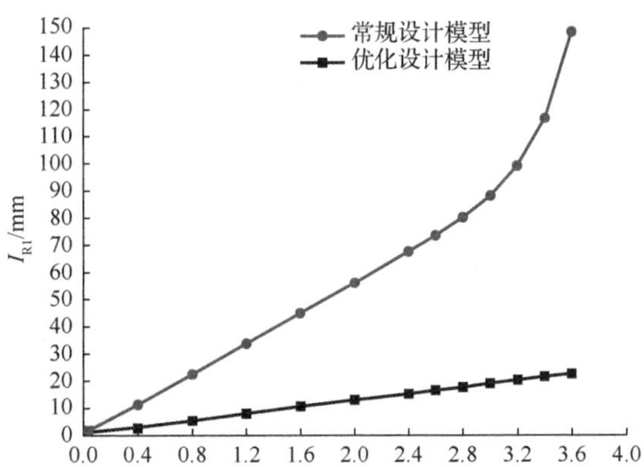

（b）理论值

图 9-23 不同工作荷载下的能量鲁棒性评价指标

观察图 9-23（a）可知，对于优化设计模型与常规设计模型，试验数据得出的能量鲁棒性评价指标均随着工作荷载的增加逐渐变差。优化设计模型的 I_{R1} 远小于常规设计模型的相应数值，具有更好的鲁棒性，在静力荷载波动干扰下具有更好的工作性能。

分别将图 9-23 中的试验值与理论值进行对比可知，总体上，鲁棒性评价指标的试验值与理论值均较为吻合，但由于在理论分析中考虑了节点和杆件的弹塑性，当荷载增加到接近 3.6kN 时，常规设计模型的部分杆件和节点进入塑性状态，鲁棒性评价指标的理论值出现快速增加，数值较试验值更大。尽管在实际的试验中，3.6kN 时常规设计的弦支结构模型还未进入塑性，但可以推断若荷载继续增加，常规设计模型将很快进入塑性，并出现理论分析中鲁棒性急剧变差的情形；相比而言，优化设计模型则要更晚才能进入塑性状态。

若考虑的干扰类型仅为静力超载，则在超载可以达到的范围内，可求能量鲁棒性评价指标在试验过程中的最大值。观察试验值［图 9-24（a）］可知，当荷载 F=1.2kN 时，优化设计模型ΔI_{R1}=2.19mm，当荷载达到 3.6kN 时，常规设计模型 I_{R1}=9.39mm，即优化设计模型比常规设计模型具有更好的鲁棒性，在指定的干扰范围内不易发生破坏。

观察理论值［图 9-24（b）］，当荷载达到设计值的 2 倍 3.6kN 时，优化设计模型和常规设计模型的能量鲁棒性评价指标的波动值分别为 1.26mm、31.73mm，极限状态下优化设计模型比常规设计模型具有更好的能量鲁棒性。当模型施加到荷载设计值时，考虑到实际模型并未进入塑性状态，干扰为小幅度的静力荷载波动，计入有限元模型中所有单元节点的影响，则求得优化设计模型和常规设计模型的能量鲁棒性评价指标分别为 2.48mm、6.66mm，此时优化设计模型比常规设计模型具有更好的能量鲁棒性。

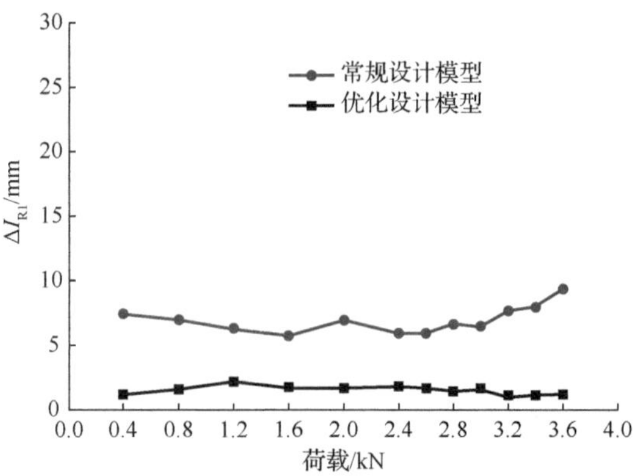

（a）试验值

图 9-24　不同工作荷载下的能量鲁棒性评价指标波动幅值

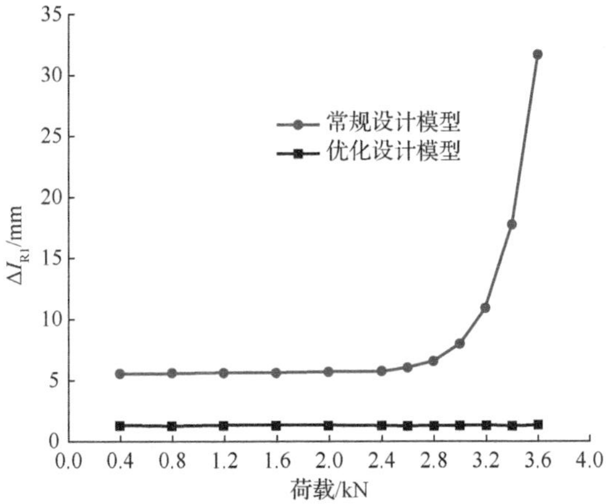

（b）理论值

图 9-24（续）

2. 失效场景分析

在静力超载试验后，继续对模型加载，直至结构出现整体倒塌。试验显示，优化设计模型总的极限荷载为 32kN，而常规设计模型总的极限荷载仅为 24.8kN。因此，依据鲁棒构型的设计，不仅具有较小的位移响应，能够承受更大的荷载波动，提高了结构的鲁棒性，结构的常规力学性能也有了显著提高。模型失效场景如图 9-25 所示，优化设计模型是由于整体失稳、局部变形过大而产生结构失效，没有发生整体倒塌；常规设计模型的结构则发生了局部杆件断裂现象，从而导致整体倒塌失效。

（a）常规设计模型

（b）鲁棒设计模型

图 9-25 模型失效场景

3. 冲击试验

首先在中部 5 个节点处各作用 1.2kN 的集中荷载，然后突然卸载，模拟结构冲击荷载场景。试验时采用 TEC-R 系列动位移传感器和 NI9205 数据采集系统，对每个结构分别测量 4 个节点的动位移 W，得到节点位移时程曲线如图 9-26 和图 9-27 所示。

采用 ANSYS 进行瞬态分析时，每根梁单元划分为 10 个单元，先进行特征值分析以决定结构的增量时间步长及阻尼比。动力分析时在结构中心处卸载，仅在中心节点周边 4 个节点处各施加集中荷载 1.2kN。

从试验实测的位移时程曲线可以看出，在自由振动的前 4.0s，两弦支结构响应衰减较慢，采用 2%的阻尼比计算响应不符合实测值。可见，对于常规设计的弦支结构，试验得到的振幅相对于无阻尼自由振动的理论值较为接近；而对于优化设计的弦支结构，试验值相对于理论值有较大误差。但是，无论从试验值还是从理论值来看，优化设计结构的位移响应相对于常规设计结构大大减小，因此经过优化设计的结构对初始干扰敏感性减小，具有较好的鲁棒性。

通过动力冲击试验获得优化设计模型和常规设计模型节点的时程曲线，同时采用 ANSYS 软件中的 BEAM188 梁单元模拟杆件、LINK10 单元模拟支承索、LINK8 单元模拟竖杆，每根杆件划分为 10 个单元，进行瞬态分析，不考虑阻尼的影响，设置积分步长为 0.002s，时长为 4.0s，迭代求得优化设计模型和常规设计模型节点的位移时程曲线，如图 9-26（b）和图 9-27（b）所示。

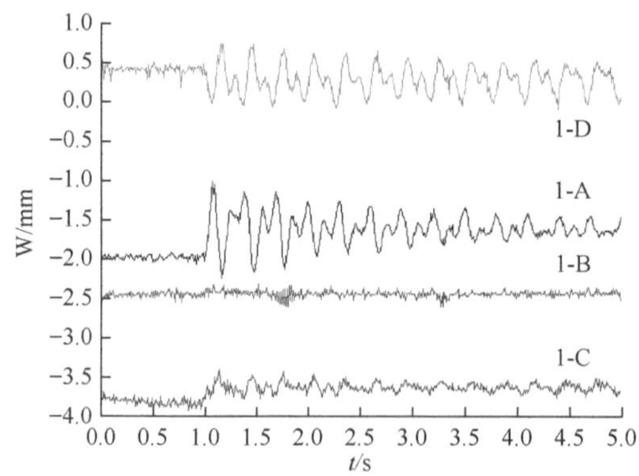

（a）试验值

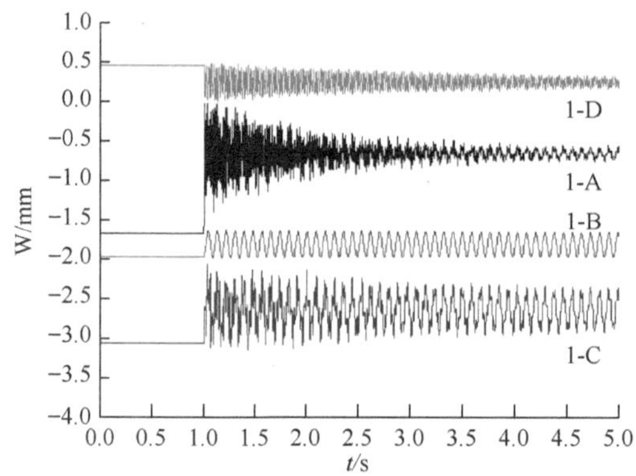

（b）理论值

图 9-26 优化设计模型节点的位移时程曲线

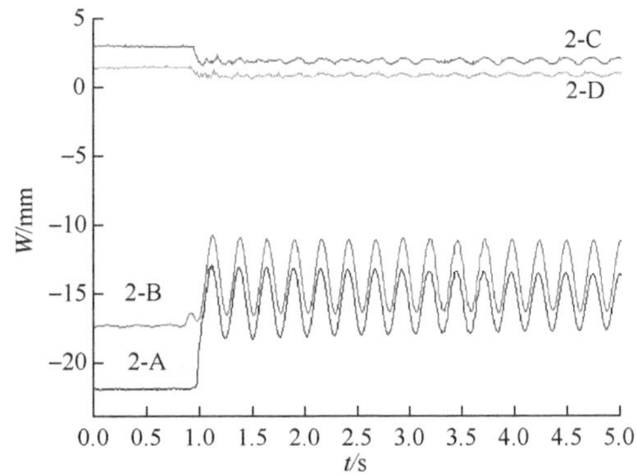

（a）试验值

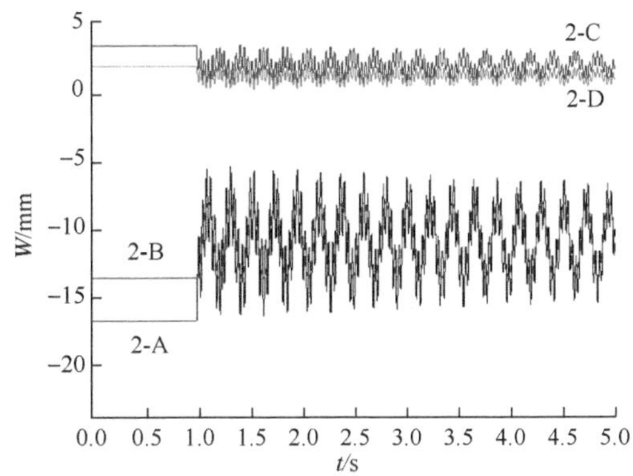

（b）理论值

图 9-27 常规设计模型节点的位移时程曲线

观察图 9-26 和图 9-27 中数据，可见经过优化设计后，试验获得的结构最大振幅为 1-A 点的 0.8mm，远小于常规设计结构 2-A 点的 4.5mm；同样，理论分析获得的优化设计模型最大振幅为 1-A 点的 1.6mm，远小于常规设计结构 2-A 点的 5.6mm。试验与理论分析均表明，在冲击荷载作用下，优化设计模型的节点振幅较小，具有更好的工作性能。

由于两个模型的振幅均衰减缓慢，结构阻尼系数较小，在 ANSYS 分析中忽略了阻尼的影响。对比冲击试验与理论分析数据可知，常规设计模型的动态响应与无阻尼系统更为接近，因而试验与理论获得的振幅误差小于优化设计模型的振幅误差；优化设计模型的节点振幅衰减趋势更加明显，在冲击荷载作用下，具有对动力冲击干扰敏感性较低的良好性能。

为了清晰对比两个试验模型的能量鲁棒能与位移鲁棒性，依据试验和理论数据计算不同时间下的能量鲁棒性评价指标如图 9-28 所示。

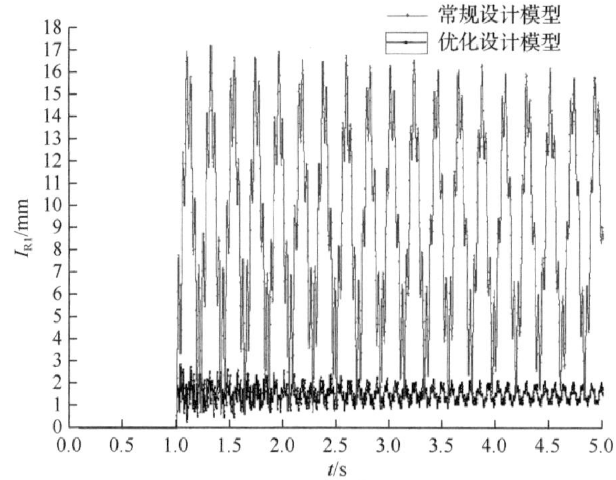

（a）试验值

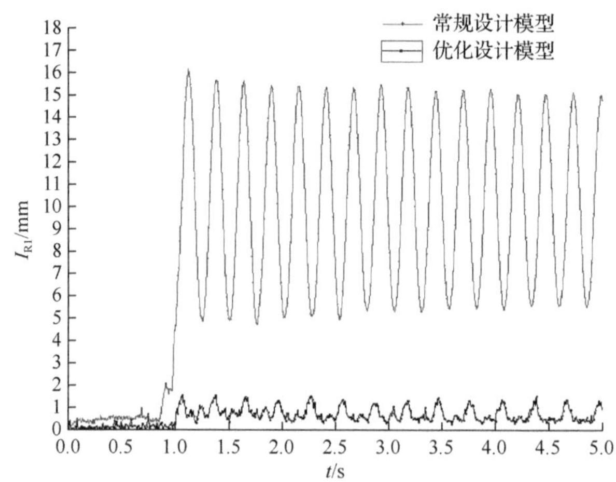

（b）理论值

图 9-28　不同时间下的能量鲁棒性评价指标

对图 9-28 中数据进行对比，无论是试验值还是理论解，优化设计模型的能量鲁棒性均远小于常规设计模型，较好地验证了优化设计明显改善了结构的鲁棒性。同时，由于在 ANSYS 分析中忽略了阻尼比的影响，高估了模型节点的位移，能量鲁棒性评价指标 I_{R1} 的理论值均略大于试验值。试验与理论分析均表明，在动力冲击干扰下，经过优化设计获得的结构具有更好的鲁棒性。

计算模型的位移鲁棒性，考虑的干扰类型仅为试验中的动力冲击荷载，则优化设计模型的位移鲁棒性评价指标试验值为 1.63mm，理论值为 2.87mm；常规设计模型的位移鲁棒性评价指标试验值为 16.2mm，理论值为 17.1mm。试验与理论分析均表明，在动力冲击干扰下，经过优化设计获得的结构具有更好的位移鲁棒性。

9.6　小　结

本章分别针对常规设计和优化设计的 3m×3m 双曲球面网壳结构模型、双曲弦支网壳结构模型，模拟了静力超载和动力冲击两种干扰场景，测试了结构的应变及位移的响应，验证了结构鲁棒性评价指标及鲁棒性设计的合理性。依据试验结果可得如下结论。

（1）静力超载与动力冲击试验中的测量结果如结构位移响应、能量鲁棒性评价指标、位移鲁棒性评价指标、节点振幅，均与通过限元求解出的理论值在整体上较为接近，验证了模型试验方法的可靠性。

（2）在静力超载的干扰下，经过优化设计的结构与常规设计的结构相比，其节点位移、构件应变和整体失效面积均较小，说明其鲁棒性较强。当荷载增加至结构破坏时，优化设计模型具有更高的极限荷载，结构失效的主要原因是局部变形过大和失稳，并未发生整体倒塌；常规设计模型失效时则发生了局部杆件断裂和结构整体倒塌。试验数据和理论分析验证了优化设计模型在静荷载下具有更好的结构性能和鲁棒性，极端情形下的破坏方式相对安全。

（3）在动力冲击荷载的干扰场景下，相比于常规设计模型，优化设计模型具有更小的动位移响应，更优的能量鲁棒性和位移鲁棒性评价指标，对动力干扰的敏感性较低。试验数据和理论分析均表明，基于鲁棒设计理论得出的结构具有较好的力学性能和鲁棒性。

参考文献

[1] MARTIN R, DELATTE N J. Another look at Hartford civic center coliseum collapse[J]. Journal of Performance of Constructed Facilities, 2001, 15(1): 31-36.

[2] PHILIPP D. Robustness of large-span timber roof structures: structural aspects[J]. Engineering Structures, 2011, 33(11): 3106-3112.

[3] ANDERSEN J M, DIETSCH P. Robustness of large-span timber roof structures – two examples[J]. Engineering Structures, 2011, 33(11): 3113-3117.

[4] 兰格钢铁. 鄂尔多斯那达慕会场钢结构罩棚坍塌[EB/OL]. (2011-02-23). http: //page. lgmi. com/html/201102/23/7840. htm.

[5] STAROSSEK U. Progressive collapse of structures: nomenclature and procedures[J]. Structural Engineering International, 2006, 16(2): 34-36.

[6] CHIANG J C. Quality engineering design and construction in malaysia: a fast disappearing and endangered commodity[R]. Kuala Lumpur: The Institution of Engineers, Malaysia, 2010.

[7] HUBER P J. The 1972 Wald lecture robust statistics: a review[J]. Annals of Mathematical Statistics, 1972, 43(4): 1041-1067.

[8] PEARSON C, DELATTE N. Roman point apartment tower collapse and its effect on building codes[J]. Journal of Performance of Constructed Facilities, 2005, 19(2): 172-177.

[9] OSTERAAS J D. Murrah building bombing revisited: a qualitative assessment of blast damage and collapse patterns[J]. Journal of Performance of Constructed Facilities, 2006, 20(4): 330-335.

[10] MAES M A, FRITZSONS K E, GLOWIENKA S. Risk-based indicators of structural system robustness[C]// Proceedings of the JCSS and IABSE Workshop on Robustness of Structures. Watford, England: JCSS, 2005: 220-225.

[11] FABER M H. Recent advances in assessment of structural robustness[C]//Proceedings of the Workshop on Structural Robustness. Stanford: Stanford University, 2008.

[12] BONTEMPI F, GIULIANI L. Nonlinear dynamic analysis for the structural robustness assessment of a complex structural system[C]//Structures Congress 2008: Crossing Borders. Reston: ASCE, 2008: 1-10.

[13] BIONDINI F. A measure of lifetime structural robustness[C]//Structures Congress 2009: Don't Mess with Structural Engineers: Expanding Our Role. Reston: ASCE, 2009: 1749-1757.

[14] ASCE. Minimum design loads for buildings and other structures: ASCE/SEI 7-10[S]. Reston: ASCE, 2010.

[15] Departments of Defense USA. Design of buildings to resist progressive collapse: UFC 4-023-03[S]. Washington, DC: Departments of Defense: 2010.

[16] European Committee for Standardization. Actions on structures. Part 1-7: general actions – accidental actions: EN 1991-1-7: 2006[S]. Brussels: European Committee for Standardization, 2006.

[17] 王元清, 胡宗文, 石永久, 等. 门式刚架轻型房屋钢结构雪灾事故分析与反思[J]. 土木工程学报, 2009, 42(3): 65-70.

[18] 张敏政. 从汶川地震看抗震设防和抗震设计[J]. 土木工程学报, 2009, 42(5): 21-24.

[19] 江晓峰, 陈以一. 建筑结构连续性倒塌及其控制设计的研究现状[J]. 土木工程学报, 2008, 41(6): 1-8.

[20] 蔡建国, 王蜂岚, 冯健. 大跨空间结构抗连续性倒塌概念设计[J]. 建筑结构学报, 2010, 31(S1): 282-287.

[21] TOMAZEVIC M, WEISS P. Robustness as a criterion for use of hollow clay masonry units in seismic zones: an attempt to propose the measure[J]. Materials and Structures, 2012, 45(4): 541-559.

[22] MASOERO E, WITTEL F K, HERRMANN H J, et al. Hierarchical structures for a robustness-oriented capacity design[J]. Journal of Engineering Mechanics, 2012, 138(11): 1339-1347.

[23] NÖLDGEN M, FEHLING E, RIEDEL W, et al. Vulnerability and robustness of a security skyscraper subjected to aircraft impact[J]. Computer-Aided Civil and Infrastructure Engineering, 2012, 27(5): 358-368.

[24] YAN D, CHANG C C. Vulnerability assessment of single-pylon cable-stayed bridges using plastic limit analysis[J]. Engineering Structures, 2010, 32(8): 2049-2056.

[25] 苏永华, 李翔. 基于 Info-Gap 理论的地下结构稳健性分析方法[J]. 岩土工程学报, 2011, 33(2): 227-233.

[26] HAMPEL F R. A General qualitative definition of robustness[J]. The Annals of Mathematical Statistics, 1971, 42(6): 1887-1896.

[27] HANSEN L P, SARGENT T J, Tallarini T D. Robust permanent income and pricing[J]. Review of Economic Studies, 1999, 66(4): 873-907.

[28] ZHOU K M, KHARGONEKAR P P. Stability robustness bounds for linear state-space models with structured uncertainty[J]. IEEE Transactions on Automatic Control, 1987, 32(7): 621-623.

[29] CALLAWAY D S, NEWMAN M, STROGATZ S H, et al. Network robustness and fragility: percolation on random graphs[J]. Physical Review Letters, 2000, 85(25): 5468-5471.

[30] ALLEN C R. Ecosystems and immune systems: hierarchical response provides resilience against invasions[J]. Conservation Ecology, 2001, 5(1): 1-5.

[31] LEE M, KELLY D W, DEGENHARDT R, et al. A study on the robustness of two stiffened composite fuselage panels[J]. Composite Structures, 2010, 92(2): 223-232.

[32] HAUKAAS T. Efficient computation of response sensitivities for inelastic structures[J]. Journal of Structural Engineering, 2006, 132(2): 260-266.

[33] BEER M, LIEBSCHER M. Designing robust structures: a nonlinear simulation based approach[J]. Computers & Structures, 2008, 86(10): 1102-1122.

[34] DOLTSINIS I, KANG Z. Optimization and robustness of deformable systems with randomness[M]. Beijing: Tsinghua University Press, 2006.

[35] ZANG C, FRISWELL M I, MOTTERSHEAD J E. A review of robust optimal design and its application in dynamics[J]. Computers & Structures, 2005, 83(4/5): 315-326.

[36] MILLER R K, MASRI S F, DEHGHANYAR T J, et al. Active vibration control of large civil structures[J]. Journal of Engineering Mechanics, 1988, 114(9): 1542-1570.

[37] AGARWAL J, ENGLAND J. Recent developments in robustness and relation with risk[J]. Structures & Buildings, 2008, 161(4): 183-188.

[38] STAROSSEK U, HABERLAND M. Disproportionate collapse: terminology and procedures[J]. Journal of Performance of Constructed Facilities, 2010, 24(6): 519-528.

[39] BAKER J W, SCHUBERT M, Faber M H. On the assessment of robustness[J]. Structural Safety, 2008, 30(3): 253-267.

[40] 吕大刚, 宋鹏彦, 崔双双, 等. 结构鲁棒性及其评价指标[J]. 建筑结构学报, 2011, 32(11): 44-54.

[41] GROSS J L, MCGUIRE W. Progressive collapse resistant design[J]. Journal of Structural Engineering, 1983, 109(1): 1-15.

[42] ALASHKER Y, LI H H, SHERIF E T. Approximations in progressive collapse modeling[J]. Journal of Structural Engineering, 2011, 137(9): 914-924.

[43] KWASNIEWSKI L. Nonlinear dynamic simulations of progressive collapse for a multistory building[J]. Engineering Structures, 2010, 32(5): 1223-1235.

[44] 王永昌. 通过改进节点性能确保火灾下钢框架结构的鲁棒性[J]. 防灾减灾工程学报, 2012, 32(1): 89-98.

[45] 张微敬, 胡帅领, 张毅刚. 大跨空间结构抗连续倒塌研究综述[C]//第九届全国现代结构工程学术研讨会论文集. 北京: 中国钢结构协会, 2009: 334-338.

[46] 张建兴, 施刚, 王元清, 等. 钢框架抗连续倒塌研究综述[J]. 钢结构, 2012(S1): 51-69.

[47] WU X, BLOCKLEY D, WOODMAN N J. Vulnerability of structural systems part 2: failure scenarios[J]. Civil Engineering Systems, 1993, 10(4): 319-333.

[48] LU Z, YU Y, WOODMAN N J, et al. A theory of structural vulnerability[J]. Structural Engineer, 1999, 77(18): 17-24.

[49] 中华人民共和国住房和城乡建设部. 高层建筑混凝土结构技术规程: JGJ 3—2010[S]. 北京: 中国建筑工业出版社, 2010.

[50] US Army Corps of Engineers. Design of buildings to resist progressive collapse: UFC4-023-03[S]. Washington, D. C: US Army Corps of Engineers, 2005.

[51] US General Services Administration. Progressive collapse analysis and design guidelines for new federal office buildings and major modernization projects[S]. Washington, D. C: GSA, 2000.

[52] ELLINGWOOD B R, LEYENDECKER E V. Approaches for design against progressive collapse[J]. Journal of the Structural Division, 1978, 104(3): 413-423.

[53] ERLING M S. Alternate path analysis of space trusses for progressive collapse[J]. Journal of Structural Engineering, 1988, 114(9): 1978-1999.

[54] BEEBY A W. Safety of structures and a new approach to robustness[J]. The Structure Engineer, 1999, 77(4): 16-21.

[55] LIGNON S, JEZEQUEL L. A robust approach for seismic damage assessment[J]. Computers & Structures, 2007, 85(1/2): 4-14.

[56] PARK G J, LEE T H, LEE K H, et al. Robust design: an overview[J]. AIAA Journal, 2006, 44(1): 181-191.

[57] STAROSSEK U, HABERLAND M. Approaches to measures of structural robustness[J]. Structure and Infrastructure Engineering, 2011, 7(7/8): 625-631.

[58] 姜健, 曹逸凡, 张其杰, 等. 建筑结构鲁棒性定量判定方法研究进展[J]. 建筑钢结构进展, 2022, 24(2): 1-21.

[59] FRANGOPOL D M, CURLEY J P. Effects of damage and redundancy on structural reliability[J]. Journal of Structural Engineering, 1987, 113(7): 1533-1549.

[60] 高扬, 刘西拉. 结构鲁棒性评价中的构件重要性系数[J]. 岩石力学与工程学报, 2008, 27(12): 2575-2584.

[61] WISNIEWSKI D, CASAS J R, GHOSN M. Load capacity evaluation of existing railway bridges based on robustness quantification[J]. Journal of the International Association for Bridge and Structural Engineering, 2006, 16(2): 161-166.

[62] 吕大刚, 崔双双, 李雁军, 等. 基于备用荷载路径 Pushover 方法的结构连续倒塌鲁棒性分析[J]. 建筑结构学报, 2010, 31(S2): 112-118.

[63] BIONDINI F, FRANGOPOL D M, RESTELLI S. On structural robustness, redundancy and static indeterminacy. Reston: ASCE, 2008: 1-10.

[64] SMITH J W. Energy approach to assessing corrosion damaged structures[J]. Proceedings of the Institution of Civil Engineers-Structures and Buildings, 2003, 156(2): 121-130.

[65] 张雷明, 刘西拉. 框架结构能量流网络及其初步应用[J]. 土木工程学报, 2007, 40(3): 45-49.

[66] BEEBY A W. Safety of structures, and a new approach to robustness[J]. Structural Engineer, 1999, 77(4): 16-21.

[67] 方召欣, 李惠强. 基于能量观点的结构安全性与鲁棒性[J]. 建筑结构学报, 2007, 28(S1): 269-273.

[68] 李六连, 李国强, 陆勇, 等. 结构鲁棒性研究进展与趋势[J]. 建筑钢结构进展, 2015, 17(5): 5-17.

[69] LIU C M, LIU X L. Structural vulnerability analysis of three dimensional truss[C]//IABSE Symposium Report. Zurich: IABSE, 2005: 57-64.

[70] 范峰, 支旭东, 沈世钊. 大跨度网壳结构强震失效机理研究[J]. 建筑结构学报, 2010, 31(6): 153-159.

[71] BLOCKLEY D, AGARWAL J, PINTO J T, et al. Structural vulnerability, reliability and risk[J]. Structural safety and reliability, 2002, (4): 203-212.

[72] AGARWAL J, I BLOCKLEY D, WOODMA N J. Vulnerability of 3-dimensional trusses[J]. Structural Safety, 2001, 23(3): 203-220.

[73] AGARWAL J, BLOCKLEY D, WOODMAN N J. Vulnerability of structural systems[J]. Structural Safety, 2003, 25(3): 263-286.

[74] LU Z, WOODMAN N J, BLOCKLEY D. A theory of structural vulnerability[J]. The Structural Engineering, 1999, 77(18): 17-24.

[75] WU X, I BLOCKLEY D, WOODMAN N J. Vulnerability of structural systems, part1: rings and clusters[J]. Civil Engineering Systems, 1993, 10(4): 301-317.

[76] PINTO J T, BLOCKLEY D, WOODMAN N J. The risk of vulnerable failure[J]. Structural safety, 2002, 24(2-4): 107-122.

[77] ENGLAND J, AGARWAL J, BLOCKLEY D. The vulnerability of structures to unforeseen events[J]. Computers & Structures, 2008, 86(10): 1042-1051.

[78] 李志安, 何江飞, 高博青. 大跨度张弦梁结构易损性及评估分析[J]. 建筑结构, 2013, 43(2): 41-45.

[79] 叶继红, 朱南海. 基于结构易损性理论的网壳失效模式分析初探[J]. 振动与冲击, 2011, (6): 248-255.

[80] YE J H, LIU W Z, PAN R. Research on failure scenarios of domes based on form vulnerability[J]. Science China Technological Sciences, 2011, 54(11): 2834-2853.

[81] SUNDARESAN S, ISHII K, HOUSER D R. A robust optimization procedure with variations on design variables and constraints[J]. Engineering Optimization, 24(2): 101-117.

[82] BUCHER C. Robustness analysis in structural optimization[J]. Structure and Infrastructure Engineering, 2009, 5(4): 287-293.

[83] HUANG B Q, DU X P. Analytical robustness assessment for robust design[J]. Structural and Multidisciplinary Optimization, 2007, 34(2): 123-137.

[84] MOURELATOS Z P, LIANG J H. A methodology for trading-off performance and robustness under uncertainty[J]. Journal of Mechanical Design, 2006, 128(4): 856-863.

[85] FU G K, FRANGOPOL D M. Balancing weight, system reliability and redundancy in a multiobjective optimization framework[J]. Structural Safety, 1990, 7(2-4): 165-175.

[86] LIND N C. A measure of vulnerability and damage tolerance[J]. Reliability Engineering & System Safety, 1995, 48(1): 1-6.

[87] ČIZMAR D, KIRKEGAARD P H, SØRENSEN J D, et al. Reliability-based robustness analysis for a Croatian sports hall[J]. Engineering Structures, 2011, 33(11): 3118-3124.

[88] HUSAIN M, TSOPELAS P. Measures of structural redundancy in reinforced concrete buildings[J]. Journal of Structural Engineering, 2004, 130(11): 1651-1658.

[89] TSOPELAS P, HUSAIN M. Measures of structural redundancy in reinforced concrete buildings. Ⅱ: redundancy response modification factor[J]. Journal of Structural Engineering, 2004, 130(11): 1659-1666.

[90] 宋春雷, 谢玲. 概率方法在鲁棒性裕度分析中的应用[J]. 北京理工大学学报, 2002, 22(3): 287-288.

[91] ELLINGWOOD B R, DUSENBERRY D O. Building design for abnormal loads and progressive collapse[J]. Computer-Aided Civil and Infrastructure Engineering, 2005, 20(3): 194-205.

[92] ZIHA K. Redundancy and robustness of systems of events[J]. Probabilistic Engineering Mechanics, 2000, 15(4): 347-357.

[93] BEER M, LIEBSCHER M. Designing robust structures: a nonlinear simulation based approach[J]. Computers & Structures, 2008, 86(10): 1102-1122.

[94] KANNO Y, YAKOV B H. Redundancy and robustness, or when is redundancy redundant?[J]. Journal of Structural Engineering, 2011, 137(9): 935-945.

[95] AU F, CHENG Y S, THAM L G, et al. Robust design of structures using convex models[J]. Computers & Structures, 2003, 81(28/29): 2611-2619.

[96] KANNO Y, TAKEWAKI I. Robustness analysis of trusses with separable load and structural uncertainties[J]. International Journal of Solids and Structures, 2006, 43(9): 2646-2669.

[97] LIGNON S, JEZEQUEL L. A robust approach for seismic damage assessment[J]. Computers & Structures, 2007, 85(1/2): 4-14.

[98] DU X P, SUDJIANTO A, CHEN W. An integrated framework for optimization under uncertainty using inverse reliability strategy[J]. Journal of Mechanical Design, 2004, 126(4): 562-570.

[99] 陈联盟, 章禾, 刘毅杰, 等. 基于鲁棒性的索穹顶结构形状优化设计[J]. 空间结构, 2021, 27(4): 38-42.

[100] LAGAROS N D, PAPADRAKAKIS M. Robust seismic design optimization of steel structures[J]. Structural and Multidisciplinary Optimization, 2007, 33(6): 457-469.

[101] GERASIMIDIS S, BISBOS C D, BANIOTOPOULOS C C. Vertical geometric irregularity assessment of steel frames on robustness and disproportionate collapse[J]. Journal of Constructional Steel Research, 2012, 74: 76-89.

[102] BRANCO J M, NEVES L A C. Robustness of timber structures in seismic areas[J]. Engineering Structures, 2011, 33(11): 3099-3105.

[103] SØRENSEN J D. Framework for robustness assessment of timber structures[J]. Engineering Structures, 2011, 33(11): 3087-3092.

[104] GHOSN M, MOSES F, FRANGOPOL D M. Redundancy and robustness of highway bridge superstructures and substructures[J]. Structure and Infrastructure Engineering, 2010, 6(1/2): 257-278.

[105] MURTHASMITH E. Alternate path-analysis of space-trusses for progressive collapse[J]. Journal of Structural Engineering, 1988, 114(9): 1978-1999.

[106] LI Y, LU X Z, GUAN H, et al. An improved tie force method for progressive collapse resistance design of reinforced concrete frame structures[J]. Engineering Structures, 2011, 33(10): 2931-2942.

[107] 中华人民共和国住房和城乡建设部. 建筑抗震设计规范（2016 年版）: GB 50011—2010[S]. 北京: 中国建筑工业出版社, 2016.

[108] 中华人民共和国住房和城乡建设部. 混凝土结构设计标准: GB/T 50010—2010[S]. 北京: 中国建筑工业出版社, 2024.

[109] 张成. 空间网格结构的鲁棒性理论与试验研究[D]. 杭州: 浙江大学, 2013.

[110] 单艳玲. 网格及弦支网格结构的鲁棒性理论与试验研究[D]. 杭州: 浙江大学, 2015.

[111] 何江飞. 概率及非概率条件下结构易损性分析理论研究[D]. 杭州: 浙江大学, 2012.

[112] 赵兴忠. 基于鲁棒性的自由曲面网格结构形状、拓扑、网格优化设计[D]. 杭州: 浙江大学, 2014.

[113] 朱吉吉. 网架结构的拓扑优化与鲁棒性分析[D]. 杭州: 浙江大学, 2016.

[114] 吴诚斌. 基于鲁棒性的网格结构全寿命周期造价优化及分析[D]. 杭州: 浙江大学, 2018.

[115] 张成, 吴慧, 高博青, 等. 非概率不确定性结构的鲁棒性分析[J]. 计算力学学报, 2013, 30(1): 51-56.

[116] HARTMAN P. Ordinary Differential Equations[M]. New York: Wiley, 1964.

[117] ZHOU J H, LI M. Advanced robust optimization with interval uncertainty using a single-looped structure and sequential quadratic programming[J]. Journal of Mechanical Design, 2014, 136(2): 21008.

[118] 黄琳, 王龙, 于年才. 系统鲁棒性的若干问题: 背景、现状与挑战[J]. 控制理论与应用, 1991, 8(3): 11-29.

[119] GEORGE Z. Functional analysis applied to nonlinear feedback systems[J]. IEEE Transactions on Circuit Theory, 1963, 10(3): 392-404.

[120] KALMAN R E. When is a linear control system optimal[J]. Journal of Basic Engineering, 1964, 86(1): 51-60.

[121] ZHU G, ROTEA M A, SKELTON R. A convergent algorithm for the output covariance constraint control problem[J]. Journal on Control and Optimization, 1997, 35(1): 341-361.

[122] ZAMES G, FRANCIS B A. Feedback, minimax sensitivity, and optimal robustness[J]. Automatic Control, IEEE Transactions on, 1983, 28(5): 585-601.

[123] ANG D M, ZHANG Q L, SHA C M. H_2 suboptimal control for discrete-time descriptor systems[J]. Computing Technology and Automation, 2002, 21(4): 1-5.

[124] ZONG G D, YANG D, HOU L L, et al. Robust finite-time H_∞ control for Markovian jump systems with partially known transition probabilities[J]. Journal of the Franklin Institute, 2013, 350(6): 1562-1578.

[125] LACERDA M J, OLIVEIRA R C, PERES P L. Robust H_2 and H_∞ filter design for uncertain linear systems via LMIs and polynomial matrices[J]. Signal Processing, 2011, 91(5): 1115-1122.

[126] 靳启文. 基于结构鲁棒性分析能量方法与数据挖掘技术的桥梁结构健康监测应用研究[D]. 合肥: 合肥工业大学, 2020.

[127] VACHIRASRICIRIKUL S, NGAMROO I. Robust controller design of heat pump and plug-in hybrid electric vehicle for frequency control in a smart microgrid based on specified-structure mixed H_2/H_∞ control technique[J]. Applied Energy, 2011, 88(11): 3860-3868.

[128] 方水良. 现代控制理论及 MATLAB 实践[M]. 杭州: 浙江大学出版社, 2005.

[129] 李少康. 现代控制理论基础[M]. 西安: 西北工业大学出版社, 2005.

[130] 梅生伟, 申铁龙, 刘康志. 现代鲁棒控制理论与应用[M]. 北京: 清华大学出版社, 2008.

[131] MATHEW A, FAIRMAN F. Transfer function matrix identification[J]. IEEE Transactions on Circuits and Systems, 1974, 21(5): 584-588.

[132] 吴敏, 何勇, 余锦华. 鲁棒控制理论[M]. 北京: 高等教育出版社, 2010.

[133] 俞立. 鲁棒控制: 线性矩阵不等式处理方法[M]. 北京: 清华大学出版社, 2002.

[134] 张成, 吴慧, 高博青, 等. 基于 H_∞ 理论的结构鲁棒性分析[J]. 建筑结构学报, 2012, 33(5): 87-92.

[135] 叶康生, 陆天天, 袁驷. 结构结合非线性分析中临界点的直接求解[J]. 工程力学, 2010, 27(10): 1-6.

[136] 克拉夫 R, 彭津 J. 结构动力学[M]. 王光远, 等译. 2 版. 北京: 高等教育出版社, 2006.

[137] ATSUMI T. Modified Bode plots for robust performance in SISO systems with structured and unstructured uncertainties[J]. Control Systems Technology, 2012, 20(2): 356-368.

[138] FANG C, IZZUDDIN B A, OBIALA R, et al. Robustness of multi-storey car parks under vehicle fire[J]. Journal of Constructional Steel Research, 2012, 75: 72-84.

[139] DINU F, DUBINA D. Robustness based design of steel building frames under extreme loads[M]// MAZZOLANI F, RICLES J M, SAUSE R. Behaviour of Steel Structures in Seismic Areas. London: CRC Press, 2009: 905-911.

[140] FORMISANO A, LANDOLFO R, MAZZOLANI F M. Robustness assessment approaches for steel framed structures under catastrophic events[J]. Computers & Structures, 2015, 147: 216-228.

[141] COMELIAU L, ROSSI B, DEMONCEAU J F. Robustness of steel and composite buildings suffering the dynamic loss of a column[J]. Structural Engineering International, 2012, 22(3): 323-329.

[142] 杜文风, 高博青, 董石麟, 等. 一种判定杆系结构动力稳定的新方法: 应力变化率法[J]. 浙江大学学报（工学版）, 2006, 40(3): 506-510.

[143] FAN F, YAN J C, CAO Z G. Stability of reticulated shells considering member buckling[J]. Journal of Constructional Steel Research, 2012, 77: 32-42.

[144] 沈世钊, 支旭东. 球面网壳结构在强震下的失效机理[J]. 土木工程学报, 2005, 38(1): 11-20.

[145] 杜文风, 高博青, 董石麟. 单层网壳动力失效的形式与特征研究[J]. 工程力学, 2009, 26(7): 39-46.

[146] 柳承茂, 刘西拉. 基于刚度的构件重要性评估及其与冗余度的关系[J]. 上海交通大学学报, 2005, 39(5): 746-750.

[147] 刘占省, 陈志华. 基于可靠度理论的预应力钢结构关键构件的评判方法[J]. 空间结构, 2011, 17(4): 28-32.

[148] 蔡建国, 王蜂岚, 韩运龙, 等. 大跨空间结构重要构件评估实用方法[J]. 湖南大学学报（自然科学版）, 2011, 38(3): 7-11.

[149] 卢家森, 张其林. 基于可靠度的单层网壳稳定设计方法[J]. 建筑结构学报, 2006, 27(6): 108-113.

[150] 蒋友宝. 斜拉双层圆柱面网壳结构可靠度计算及设计方法探讨[D]. 南京: 东南大学, 2006.

[151] 王多智, 范峰, 支旭东, 等. 冲击荷载下单层凯威特型球面网壳防护方法及建议[J]. 振动与冲击, 2012, 31(8): 136-142.

[152] 聂桂波, 范峰, 支旭东. 基于精细化本构的单层柱面网壳强震失效机理研究[J]. 土木工程学报, 2012, 45(S1): 30-35.

[153] 丁阳, 葛金刚, 李忠献. 空间网格结构连续倒塌分析的瞬时移除构件法[J]. 天津大学学报, 2011, 44(6): 471-476.

[154] MINGOTI S A, LIMA J O. Comparing SOM neural network with Fuzzy *c*-means, *K*-means and traditional hierarchical clustering algorithms[J]. European Journal of Operational Research, 2006, 174 (3): 1742-1759.

[155] 王晓可, 范峰, 支旭东, 等. 单层柱面网壳在强震下的破坏机理研究[J]. 土木工程学报, 2006, 39(11): 26-32.

[156] 杜文风, 高博青, 董石麟. 单层网壳动力失效的形式与特征研究[J]. 工程力学, 2009, 26(7): 39-46.

[157] FRANGOPOL D M. Life-cycle performance, management, and optimisation of structural systems under uncertainty: accomplishments and challenges[J]. Structure and Infrastructure Engineering, 2011, 7(6): 389-413.

[158] 高小旺, 李荷. 工程抗震设防标准若干问题的探讨[J]. 土木工程学报, 1997, 30(6): 52-59.

[159] 高小旺, 李荷. 不同重要性建筑抗震设防标准的探讨[J]. 建筑科学, 1999, 15(2): 11-16.

[160] 杜文风, 高博青, 董石麟. 网壳结构寿命周期总费用的计算方法研究[J]. 土木工程学报, 2011, 44(6): 127-137.

[161] XIE Y M, STEVEN G P. Evolutionary structure optimization for dynamic problems[J]. Computers & Structures, 1996, 58(6): 1067-1073.

[162] ROZVANY G I. A critical review of established methods of structural topology optimization[J]. Structural and Multidisciplinary Optimization, 2009, 37(3): 217-237.

[163] MIN S, NISHIWAKI S, KIKUCHI N. Unified topology design of static and vibrating structures using multiobjective optimization[J]. Computers & Structures, 2000, 75(1): 93-116.

[164] ZHU J H, ZHANG W H, QIU K P. Bi-directional evolutionary topology optimization using element replaceable method[J]. Computational Mechanics, 2006, 40(1): 97-109.

[165] 谢亿民, 黄晓东, 左志豪, 等. 渐进结构优化法（ESO）和双向渐进结构优化法（BESO）的近期发展[J]. 力学进展, 2011, 41(4): 462-471.

[166] 彭梁. 双向渐进结构拓扑优化方法的改进及应用[D]. 哈尔滨: 哈尔滨工程大学, 2012.

[167] 罗震, 刘加光, 陈义保. 连续体结构的模糊多目标拓扑优化设计方法研究[J]. 系统仿真学报, 2007, 19(5): 1095-1099.

[168] 罗阳军, 亢战. 连续体结构非概率可靠性拓扑优化[J]. 力学学报, 2007, 39(1): 125-131.

[169] 罗震. 基于变密度法的连续体结构拓扑优化设计技术研究[D]. 武汉: 华中科技大学, 2005.

[170] ZHENG J, LONG S Y, LI G Y. Topology optimization of free vibrating continuum structures based on the element free Galerkin method[J]. Structural and Multidisciplinary Optimization, 2012, 45(1): 119-127.

[171] 陈建军, 杜雷, 崔明涛, 等. 基于概率的平面连续体结构拓扑优化[J]. 应用力学学报, 2006, 23(2): 203-207.

[172] 赵龙彪, 高亮, 陈志敏, 等. 基于比例微分优化准则的拓扑优化方法[J]. 中国机械工程, 2011, 22(3): 345-350.

[173] 葛继科, 邱玉辉, 吴春明, 等. 遗传算法研究综述[J]. 计算机应用研究, 2008, 25(10): 2911-2916.

[174] 黄少荣. 粒子群优化算法综述[J]. 计算机工程与设计, 2009, 30(8): 1977-1980.

[175] STORN R, PRICE K. Differential evolution: a simple and efficient adaptive scheme for global optimization over continuous spaces[R]. Berkeley: International Computer Science Institute, 1995.

[176] STORN R, PRICE K. Differential evolution: a simple and efficient heuristic for global optimization over continuous spaces[J]. Journal of Global Optimization, 1997, 11(4): 341-359.

[177] 刘明广. 差异演化算法及其改进[J]. 系统工程, 2005, 23(2): 108-111.

[178] 谢晓锋, 张文俊, 张国瑞, 等. 差异演化的实验研究[J]. 控制与决策, 2004, 19(1): 49-52.

[179] 祝顺来. 自由曲面结构网格生成研究与实现[D]. 杭州: 浙江大学, 2012.

[180] MIN S, NISHIWAKI S, KIKUCHI N. Unified topology design of static and vibrating structures using multiobjective optimization[J]. Computers & Structures, 2000, 75(1): 93-116.

[181] XIA L J, WU J M, JIN X D. Study on topology optimum design of engineering structures[J]. Journal of Ship Mechanics, 2002, 6(6): 107-113.

[182] 隋允康, 叶红玲, 杜家政. 结构拓扑优化的发展及其模型转化为独立层次的迫切性[J]. 工程力学, 2005, 22(S1): 107-118.

[183] ZUO Z H, XIE Y M, HUANG X D. Evolutionary topology optimization of structures with multiple displacement and frequency constraints[J]. Advances in Structural Engineering, 2012, 15(2): 359-372.

[184] TAKEZAWA A, NII S, KITAMURA M, et al. Topology optimization for worst load conditions based on the eigenvalue analysis of an aggregated linear system[J]. Computer Methods in Applied Mechanics and Engineering, 2011, 200(25-28): 2268-2281.

[185] ROZVANY G I. A critical review of established methods of structural topology optimization[J]. Structural and Multidisciplinary Optimization. 2009, 37(3): 217-237.

[186] 左孔天. 连续体拓扑优化理论与应用研究[D]. 武汉: 华中科技大学, 2004: 23-30.

[187] ZHANG W S, ZHONG W L, GUO X. An explicit length scale control approach in SIMP-based topology optimization[J]. Computer Methods in Applied Mechanics and Engineering, 2014, 282: 71-86.

[188] DAS R, JONES R. Fatigue life enhancement of structures using shape optimisation[J]. Theoretical and Applied Fracture Mechanics, 2009, 52(3): 165-179.

[189] 乔惠云, 周克民. 多工况应力约束下的拓扑优化格栅[J]. 工程力学, 2009, 26(6): 46-51.

[190] ROZVANY G I. Stress ratio and compliance based methods in topology optimization: a critical review[J]. Structural and Multidisciplinary Optimization, 2001, 21(2): 109-119.

[191] WU C Y, TSENG K Y. Topology optimization of structures using modified binary differential evolution[J]. Structural and Multidisciplinary Optimization. 2010, 42(6): 939-953.

[192] 孔丹丹, 丁洁民, 何志军. 张弦空间结构的构成形式与空间工作机理[J]. 空间结构, 2009, 15(2): 9-15.

[193] 陆赐麟, 尹思明, 刘锡良. 现代预应力钢结构[M]. 北京: 人民交通出版社, 2007.

[194] 王国宏, 敏孔, 何友. Hough 变换及其在信息处理中的应用[M]. 北京: 兵器工业出版社, 2005.

[195] 蔡玉军. 呼和浩特东站站台雨棚结构设计与分析[J]. 铁道标准设计, 2013(4): 101-104.

[196] 周学军. 济南奥体中心场馆钢结构设计特色与健康监测[J]. 工程力学, 2010, 27(S2): 105-113.

[197] ELLINGWOOD B R. Earthquake risk assessment of building structures[J]. Reliability Engineering and System Safety, 2001, 74(3): 251-262.

[198] 陈志华, 刘红波. 暴雪荷载作用下轻钢结构破坏形式研究[J]. 工业建筑（增刊）, 2008(7): 1135-1138.

[199] HWANG H, 刘晶波. 地震作用下钢筋混凝土桥梁结构易损性分析[J]. 土木工程学报, 2004, 37(6): 47-51.

[200] 吕大刚, 李晓鹏, 王光远. 基于可靠度和性能的结构整体地震易损性分析[J]. 自然灾害学报, 2006, 15(2): 107-114.

[201] PARK J, TOWASHIRAPORN P, CRAIG J I, et al. Seismic fragility analysis of low-rise unreinforced masonry structures[J]. Engineering Structures, 2009, (31): 125-137.

[202] JI J, ELNASHAI A S, KUCHMA D A. Seismic fragility relationships of reinforced concrete high-rise buildings[J]. The Structural Design of Tall and Special Buildings, 2009, 18 (3): 259-277.

[203] 中华人民共和国住房和城乡建设部. 建筑结构可靠性设计统一标准: GB 50068—2018[S]. 北京: 中国建筑工业出版社, 2018.

[204] 张晓峰. 2008 奥运羽毛球馆弦支穹顶结构整体稳定及动力性能研究[D]. 北京: 北京工业大学, 2006.

[205] 付志强. 弦支穹顶结构动力灾变研究[D]. 杭州: 浙江大学, 2007.

[206] 洪彩玲. 大跨度预应力空间钢结构施工过程分析与索力优化研究[D]. 郑州: 郑州大学, 2013.

[207] ZAREIAN F, KRAWINKLER H. Assessment of probability of collapse and design for collapse safety[J]. Earthquake Engineering and Structure Dynamics, 2007, 36 (13): 1901-1914.

[208] 叶列平, 马千里, 缪志伟. 结构抗震分析用地震动强度指标的研究[J]. 地震工程与工程振动, 2009, 29(4): 9-22.

[209] 施炜, 叶列平, 陆新征, 等. 不同抗震设防 RC 框架结构抗倒塌能力的研究[J]. 工程力学, 2011, 28(3): 41-48.

[210] WEN Y K, KANG Y J. Minimum building life-cycle cost design criteria methodology and applications[J]. ASCE Journal of Structure Engineering, 2001, 127(3): 330-346.

[211] 郭复初, 王庆成. 财务管理学[M]. 3 版. 北京: 高等教育出版社, 2009.

[212] YE J H, LIU W Z, PAN R. Research on failure scenarios of domes based on form vulnerability[J]. Science China Technological Sciences, 2011, 54(11): 2834-2853.

[213] 王多智, 范峰, 支旭东, 等. 单层球面网壳抗冲击试验研究[J]. 建筑结构学报, 2011, 32(8): 34-41.

[214] MOSTAFAVIAN S A, DAVOODI M R, AMIRI J V. Ball joint behavior in a double layer grid by dynamic model updating[J]. Journal of Constructional Steel Research, 2012, 76: 28-38.

[215] WU H, GAO B Q, CHEN Q. Load-carrying capacity and practical calculation method for hollow cylinder joints connected with H-shaped beams[J]. Journal of Zhejiang University Science A, 2012, 13(3): 174-181.